iCourse · 教材

 高等学校电气名师大讲堂推荐教材

U0184996

电力系统继电保护

主　编　韩　笑

副主编　陈福锋　潘晓明　张金华

主　审　陆于平　郑　涛

高等教育出版社·北京

内容提要

本书是中国大学 MOOC 国家精品在线开放课程"电力系统继电保护"配套教材。本书以电力行业高水平应用型人才需求为导向,以实际工作所需专业理论与应用技术为着眼点,由浅入深,为读者构建了一个完整而清晰的继电保护专业技术体系。全书共分为 10 章,主要内容有绪论、故障分析与录波图识读、继电保护相关二次回路、微机型继电保护装置、电网保护、主设备保护、输配电线路继电保护的工程实用整定,以及与继电保护密切相关的电网常用自动装置、智能变电站继电保护、电力电子化电力系统继电保护等知识。全书叙述平实易懂,重视知识迁移,面向工程实际,突出创新应用。

本书为新形态教材,全书一体化设计,将重点难点讲课视频、每章讲义(PPT)、课后习题答案和课外阅读资料等资源制作成二维码,读者可扫描阅读;为方便教师开展线上线下混合式教学和学生自学,本书配套 Abook 数字课程网站,主要内容为与主教材配套的重点难点讲课视频、电子教案 PPT(可下载)、课外拓展阅读资料、课后习题答案、模拟试卷等。

本书可作为全国高等学校本科、高职高专学生的教材及电力行业员工的培训教材,也可供从事继电保护工作的技术人员参考。

图书在版编目(C I P)数据

电力系统继电保护 / 韩笑主编. -- 北京:高等教育出版社,2022.9

ISBN 978-7-04-057808-9

Ⅰ. ①电… Ⅱ. ①韩… Ⅲ. ①电力系统-继电保护-高等学校-教材 Ⅳ. ①TM77

中国版本图书馆 CIP 数据核字(2022)第 019614 号

Dianli Xitong Jidian Baohu

| 策划编辑 | 孙 琳 | 责任编辑 | 孙 琳 | 封面设计 | 张 楠 | 版式设计 | 马 云 |
| 插图绘制 | 邓 超 | 责任校对 | 刁丽丽 | 责任印制 | 耿 轩 | | |

出版发行	高等教育出版社	网　　址	http://www.hep.edu.cn
社　　址	北京市西城区德外大街 4 号		http://www.hep.com.cn
邮政编码	100120	网上订购	http://www.hepmall.com.cn
印　　刷	北京宏伟双华印刷有限公司		http://www.hepmall.com
开　　本	787 mm×1092 mm　1/16		http://www.hepmall.cn
印　　张	17.75		
字　　数	430 千字	版　　次	2022 年 9 月第 1 版
购书热线	010-58581118	印　　次	2022 年 9 月第 1 次印刷
咨询电话	400-810-0598	定　　价	37.50 元

电力系统
继电保护

韩 笑

1 计算机访问 http://abook.hep.com.cn/1260201，或手机扫描二维码、下载并安装 Abook 应用。

2 注册并登录，进入"我的课程"。

3 输入封底数字课程账号（20位密码，刮开涂层可见），或通过 Abook 应用扫描封底数字课程账号二维码，完成课程绑定。

4 单击"进入课程"按钮，开始本数字课程的学习。

课程绑定后一年为数字课程使用有效期。受硬件限制，部分内容无法在手机端显示，请按提示通过计算机访问学习。

如有使用问题，请发邮件至 abook@hep.com.cn。

扫描二维码
下载 Abook 应用

前言

本书是中国大学 MOOC 国家精品在线开放课程"电力系统继电保护"配套教材,该课程获首批国家级线上一流本科课程及江苏省"本科教育省级课程思政建设示范课程"称号。

继电保护伴随着电力系统而生,被称为电力系统的"安全卫士",是保障电力系统安全运行的关键。它蕴含着严谨而富有创新性的科学哲理,也折射出现代科学技术发展的光芒。

本书作者结合长期从事电力系统继电保护教学与科研体会,立足于多年的课程建设与改革积累,确立了总体编写思路:以培养学生能力发展为中心,以行业最新需求为导向,打造适应于"金课"建设目标的立体化教材。首先,在专业理论方面,介绍继电保护实用新技术,以体现课程内容的"高阶性";其次,在能力培养方面,以复杂工程问题为导向,介绍在电力施工建设、运行维护过程中与继电保护相关的技术问题及解决方法,引导学生主动分析并解决复杂工程问题,以体现课程内容的"创新性";第三,重视课程思政,以继电保护的哲理为"魂",突出继电保护之"美",培养学生服务社会的职业素养与爱国情怀。

本书是一本具有产教融合特色的新形态教材,与工程实践联系紧密。除了保护原理外,还包括常用互感器、保护装置、保护算法、保护测试、整定案例、二次施工图、录波图、智能变电站保护配置等与生产实际密切相关的内容。

全书共分为 10 章,主要内容有绪论、故障分析与录波图识读、继电保护相关二次回路、微机型继电保护装置、电网保护、主设备保护、输配电线路继电保护的工程实用整定,以及与继电保护密切相关的电网常用自动装置、智能变电站继电保护、电力电子化电力系统继电保护等知识。全书叙述平实易懂,重视知识迁移,面向工程实际,突出创新应用。

本书为新形态教材,一体化设计,将重点难点讲课视频、每章讲义 PPT、课后习题答案和课外阅读资料等资源制作成二维码,读者可扫描阅读;为方便教师开展线上线下混合式教学和学生自学,本书配套 Abook 数字课程网站,主要内容有与主教材配套的讲课视频、每章讲义 PPT(可下载)、课外拓展阅读资料、课后习题答案、模拟试卷等。

本书由南京工程学院韩笑教授担任主编并编写第 1 章、第 2 章、第 5 章、第 7 章;国电南京自动化股份有限公司陈福锋担任副主编并编写第 6 章;国网江苏省电力有限公司苏州供电分公司潘晓明担任副主编并编写第 3 章;南京工程学院张金华担任副主编并编写第 4 章;南京工程学院宋丽群编写第 8 章;国网江苏省电力有限公司电力科学研究院王晨清编写第 10 章;国网江苏省电力有限公司苏州供电分公司邓立晨编写第 9 章;全书由韩笑负责统稿。

本书承蒙东南大学陆于平教授、华北电力大学郑涛教授主审。国网江苏省电力有限公司吴奕、国网江苏省电力有限公司电力科学研究院袁宇波等多位继电保护专家参与了本书大纲的审定。

参与本书编写工作的还有南京工程学院顾艳、李斌、隆贤林、刘微、王玉忠、钟华,国电南京自动化股份有限公司薛明军、包明磊、郭晓、陈琦以及南京工程学院研究生孙杰、王凡、蒋剑涛、梅雨菲、刘建婷、张森、张益伟、丁煜飞、齐沛锋、夏寅宇、汪缪凡等。

　　本书编写过程中,参阅了相关论文及国内外继电保护公司的有关资料,并得到广大从事继电保护工作同仁们的支持。在此,一并向大家表示感谢!

　　由于时间仓促及编著水平有限,书中如有不当之处,敬请读者批评指正。编者 E-mail: hanxiao@ njit. edu. cn

编　者

2022 年 1 月

目录

第1章 绪论

电力系统继电保护是保障电力系统安全的一种重要的技术措施,既蕴含着严谨而富有创新的科学哲理,也折射出现代技术发展的光芒。什么是继电保护的"使命"与"初心"？它是如何构成,又是如何工作的？对它的技术与功能又有什么要求？让我们走进继电保护的世界,探究其中的奥秘吧!

1.1 定义、由来与任务

1.1.1 思维导图

PPT 资源：
1.1 继电保护概述

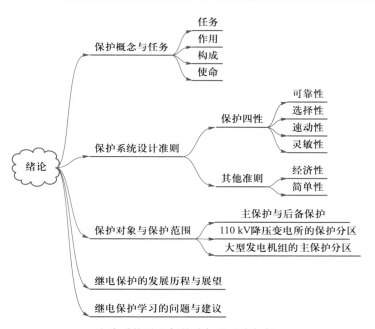

电力系统继电保护认知的基本框架

学习继电保护,首先要了解继电保护的由来、基本概念及主要任务。学习时应从一条馈电线路入手,了解继电保护在电力系统中所扮演的角色;通过学习保护装置及二次回路知识,理解继电保护的构成;通过学习保护系统的设计准则,掌握继电保护的"四性";通过学习保护对象与范围,掌握继电保护装置所保护范围的划分方法。基于以上四点的学习,建立电力系统继电保护认知的基本框架。本章将简要介绍继电保护的发展历程及展望,并对如何学习提出一些建议,供学习者参考。

电力系统是现代经济发展和社会进步的重要基础和保障。电力系统在运行过程中,不可避免地会遭受诸如电源突然消失、电压突然升高或者突然下降、电气设备故障、自然灾害、外力破坏、人为误操作等情况,而这些情况大部分将导致故障或不正常工作状态的发生。

电力系统继电保护是对电力系统中发生的故障或异常状况进行检测,从而发出报警信号,或直接将故障部分隔离、切除的一种重要的技术措施。

1.1.2　继电保护的由来

1882 年,爱迪生在纽约市建造了世界上第一座商业化的供电系统——珍珠街电站(pearl street station),它是由发电机、电缆、熔丝、电表及电灯负荷构成的110 kV 直流照明系统。这个系统使用了铅制的熔丝熔断器。当故障引起供电线路电流过大时,熔丝将熔断切断故障电流,以达到保护设备不受损坏的目的。这个熔丝熔断器就是"继电保护"的最初雏形。继电保护最原始的功能就是切断电源与故障部分的联系。

随着电力系统的发展,世界上最早的断路器出现于 19 世纪末,代替了熔断器完成切断故障电流的任务。这种设备既能切断更大的短路电流,又能熄灭切断电流时危险的电弧。断路器发明之初,延续了熔断器的设计思路,可直接反应于流过断路器的电流,但其直接与高压部分相连,维护使用多有不便。

历史上具有保护功能的继电器(protective relay)是由美国 GE 公司的史迪威(Lewis B. Stillwell)于 1900 年发明的,目前这种继电器仍在使用。继电器可通过相应设备(如安装于断路器中的电流互感器)采集故障电流信息,通过其他继电器(relay)向断路器发出相应指令,再由断路器切断故障电流。

1.1.3　继电保护的任务

电力系统稳定性指电力系统受到扰动后保持稳定运行的能力,其中稳定性包括了功角稳定性、电压稳定性和频率稳定性三个方面。电力系统中的扰动可分为小扰动和大扰动两类。

小扰动是指由于负荷正常波动、功率及潮流控制、变压器分接头调整和联络线功率自然波动等引起的扰动。当这些扰动的范围(如负荷变化)超过了设备的允许值时(如负荷电流超过额定电流),相应继电保护装置将发出警告信号。

大扰动是指系统元件短路、切换操作和其他较大功率或阻抗变化引起的扰动。与继电保护密切相关的大扰动,可按由轻到重的程度分为三类:第一类为单一故障,如单回输电线路遭受雷击瞬时发生接地故障,该类故障出现的概率较高;第二类为单一严重故障,如母线上发生故障,造成多个电气元件失电,该类故障出现的概率较低;第三类为多重严重故障,如系统故障时部分断路器无法进行切除故障操作,该类故障出现的概率很低。当上述三类大扰动发生时,相应继电保护装置应及时发出"跳闸"命令。

从安全稳定的角度考虑,电力系统运行状态可分为正常(安全)、警戒、紧急、极端紧急、恢复、崩溃等状态,我们最不愿电力系统出现崩溃,因此当电力系统出现警戒、紧急、极端紧急等不正常工作状态时,继电保护及相关安全自动装置都应发挥积极作用。

综上所述,电力系统继电保护的任务是维护电力系统的安全稳定运行。当系统元件发生短路等大扰动时,继电保护装置发出相应的跳闸命令;当系统元件出现不正常运行状态时,继电保护装置发出告警信号;故障切除后,继电保护装置与电力系统中的其他自动化装置配合,尽快恢复供电。

通过继电保护向断路器发出"跳闸"命令,将故障元件从电力系统中切除,相当于对电力系统实施"切除手术"。因此继电保护可比喻为电力系统的"外科医生",在这个"外科医生"的眼里,"切除手术"的目的是保证其他系统部分的完好。

1.2　一条馈线的继电保护

PPT 资源:
1.2 一条馈线
的继电保护

继电保护是如何具体履行电力系统"外科医生"的职责?让我们先从一条简单馈线的继电保护讲起。

如图 1-2-1(a)所示为馈线所在系统示意图。图中 T 为一台降压变压器,其高压侧经断路器 QF_5 与 110 kV 母线 B_1 相连,母线 B_1 再经断路器 QF_2、线路 L_1、断路器 QF_1 上接 110 kV 电源。当然,这个电源是等效的,它的上级是 220 kV 甚至更高电压等级的电力系统。变压器 T 的低压侧经断路器 QF_6 接 10 kV 母线 B_2,母线 B_2 经断路器 QF_7 接馈线 L_3,馈线的终端接有负荷,QF_8 和 QF_9 的下方也是馈线,母线 B_2 上接有多条馈线。

电力系统的馈线是从电源母线分配出去的配电线路,直接与负荷相连。馈线在配电系统中大量存在,相当于我们电力大树上的一个个小叶片。它的上级 110 kV 电网、220 kV 电网应属于"支(树枝)",再向上电压等级为超高压、特高压电网才是"干(杆)"。馈线相对电力系统而言,可谓是"沧海一粟",但它又离我们如此之近。

为说明方便,我们将图 1-2-1 中的馈线所连接母线及上级系统等效为一个 10 kV 电源,它是本系统中的唯一电源,或称单电源。馈线 L_3 的继电保护示意图如图 1-2-1(b)所示。图中的 TA 为电流互感器,装设在线路出口处,用于将本线路的一次电流,变换成较小电流,供继电保护装置(以下简称保护)采集电流信息。TV 为电压互感器,装设在母线出口处,用于将母线的一次电压变换成较小电压,供保护采集电压信息。该图用单线图表示,注意图中一次设备都是三相的。

由图 1-2-1(b)可见,假设此时等效电源正常供电,合上断路器 QF_7,电源通过馈线向负载供电,线路中流过的电流为负荷电流,系统处于正常运行状态。此时,保护采集到母线电压及负荷电流,由于一切正常,它只需要向上级控制系统定期发送一些代表"平安无事"的状态信息即可。

由图 1-2-1(c)可见,电源仍通过馈线向负载供电。突然,出现了一些异常,如线路中流过的负荷电流较大,超过了线路的额定电流值,但超限并不多(如110%),这时系统处于不正常运行状态。如果这种状态一直持续,有可能因线路过热造成设备损坏。因此,保护要向上级控制系统发送告警信号,本例中应发送"线路 L_3 过负荷"信号。

在图 1-2-1(d)中,初始状态仍为电源通过馈线向负载正常供电。突然,馈线上发生相间短路故障,流过线路的电流由负荷电流突然上升为短路电流,需要借助于保护跳开断路器使故障点失去能量来源以切除该故障。保护的测量元件经电压互感器、电流互感器不间断地测量母线电压和线路电流等信息,保护的逻辑元件进一步判断出故障确实存在,通过执行元件向断路器发出跳闸命令,后者执行跳闸操作,跳开断路器的三相主触头,切断故障点与电源之间的联系,线路停电。同时,保护还要向上级控制系统发出"线路 L_3 跳闸"信号。这样做,达到了将发生故障的线路与系统隔离的目的。由于保护动作时间很短,本馈线所遭受的损害也较小。

注:为了清晰明了反映接线情况,一般采用单线图表示,即用一根线表示连接了三根线。

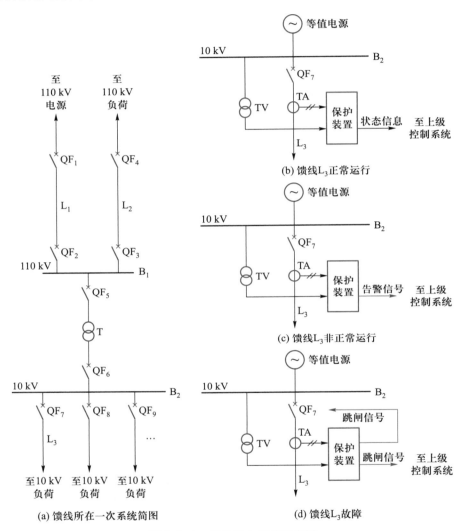

图 1-2-1　馈线继电保护示意图

综上可知,电力系统继电保护的主要行为可总结为正常时"不动作"、故障时"跳闸"、异常时"告警"。

1.3　装置与二次回路

PPT 资源:
1.3 继电保护装置与二次回路

纵观电力系统继电保护,根据不同的应用需求、不同的产品特性以及不同的产品发展阶段,继电保护系统的具体技术方案设计和外在特性千差万别。但无论怎样,保护的基本组成都应包含测量部分、逻辑部分和执行部分。图 1-3-1 为继电保护装置的组成方框图。

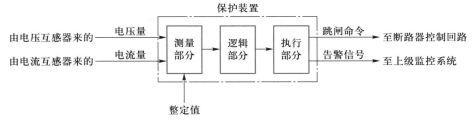

图 1-3-1　继电保护装置的组成方框图

（1）测量部分。保护装置获得被保护对象（如馈线）的有关电气量（如电压、电流）,在保护装置内部将所获得的电气量参数与保护装置预先设定的整定值（setting value）或动作条件加以比较,给出相应的判断结论。

（2）逻辑部分。在保护装置内部,逻辑部分根据测量部分的参数、性质、输出状态等出现的顺序或组合,执行布尔逻辑和时序逻辑操作,并将有关执行指令传递给执行部分。

（3）执行部分。根据逻辑部分发出的指令,如跳闸、发出信号、不动作等,完成保护装置所承担的任务。例如,向断路器控制回路发出跳闸命令,或者向上级监控系统发出告警信号等。

不难看出,继电保护装置收集信息、分析判断、执行决策的行为都是自动完成的。它是一个复杂的思维操作过程,是信息搜集、加工,最后做出判断、得出结论的过程。因此,继电保护的优劣侧面反映了人们科学决策水平的高低,只有以客观的、科学的思维方式,应用各种科学的分析手段和方法,按照科学的决策程序进行符合客观实际的决策活动,才能真正起到应有的效果。

观察馈线故障时,由继电保护装置发出命令使断路器跳闸这一过程可知,仅有继电保护的决策活动并不能切除故障。电力系统继电保护泛指继电保护技术以及由各种继电保护装置构成的继电保护系统。在切除故障的"队伍"中,它只是一份子。结合图 1-2-1 所示的馈线保护示例,以电力系统"外科医生"打比方,电压互感器和电流互感器相当于"外科医生"的"眼睛",断路器相当于"外科医生"的"手脚",保护装置本身相当于"外科医生"的"大脑"。

（1）"眼睛"。对于继电保护装置而言,这些通过互感器而获得的电压量、电流量称为二次（secondary,从属的,次生性的）电压与二次电流,它们间接地反映了被保护对象的一次（primary,最初的,主要的）电压与一次电流情况。互感器本身对电气量的传变质量差、二次部分接线不正确等都会造成电气量传变出现异常。这些异常的出现将使继电保护装置被蒙蔽,自然会"昏招"迭出了。

（2）"大脑"。保护装置提供了感受故障的"大脑",但作为一个弱电元件,它不可能亲自完成故障隔离的任务。继电保护装置的设计与制造水平、检修质量、整定值、硬件完好程度、直流电源、电磁干扰甚至环境温度等,都会影响到"大脑"对电力系统实际状态的判断。

（3）"手脚"。用于切断强电回路的元件（如断路器）,能够完成故障隔离,提供切除故障的"手脚"。但断路器、断路器操动机构本身并没有故障判断功能,需要听来自保护装置的"命令"。断路器机构的完好性、操作所需能源的完好性、反映断路器闭合(或打开)状态的辅助触点及其接线的正确性、与继电保护装置相连接的控制回路的完好性等,都会影响整个继电保护系统的成功。

综上所述,结合工程实际,我们可将测量回路、继电保护回路、断路器控制和信号回路、操作电源回路、断路器和隔离开关的电气闭锁回路等,统称为二次回路(secondary circuit)。这是一种对一次设备进行监测、控制、调节和保护的电气回路。继电保护与二次回路密不可分,继电保护系统的不正常动作多半是由二次回路引起的。因此我们既要学习继电保护知识,又要学习相应二次回路的知识。

PPT 资源:
1.4 继电保护的"初心"

1.4　继电保护的"初心"

从安全科学的观点出发认为,世界上不存在绝对安全的事物,任何人类活动中都潜伏着危险因素,电力系统亦是如此。一切供给能量的能源和能量的载体都是在一定条件下产生的,都可能是危险、灾害的因素,因此被称为第一类危险源。现代电力系统是目前世界上最庞大和最复杂的人造系统,具有地域分布广、传输能量大、动态过程复杂等特点。如此庞大的电力系统,如同一座随时有可能喷发的火山,危险时时存在。

电力系统继电保护被称为电力系统的"安全卫士",是电力系统的第一道安全防线,也被称为电力系统的"外科医生"。"不忘初心,方得始终",学习继电保护之初,我们有必要了解电力系统这一"安全卫士"的"初心",并将这个"初心"贯穿本课程学习及未来生活的始终。

电力系统是由发电、输变、配电和用电等环节组成的电能生产与消费系统,是社会的重要组成部分。电力系统能否安全稳定运行,直接关系到人类社会经济系统、文化系统、政治系统的安全运行,直接影响社会成员的人身安全以及经济利益、文化利益和政治利益。因此,保障电力系统的安全稳定运行是电力人所肩负的重大责任和艰巨的历史使命。继电保护的"初心"也必须遵从这个责任与使命。

电力系统继电保护的发展及其成就很少在电力行业引起轰动。显然,相对于发电机、变压器等一次设备而言,继电保护的物理规模、面积及成本往往微不足道。在电力系统正常运行时,继电保护装置就在那儿静静地准备着,电力系统出现故障时,继电保护正确动作,这是其本分之事,谈不上是什么壮举,但是一旦继电保护无法正确动作,就将给电力系统带来更大的灾难。因此,有关继电保护话题,往往只有在电力系统发生异常或停电后才会被讨论到,而且大多数时候是负面性的。

PDF 资源:
继电保护失效案例分析

本节通过二维码中的电子文档介绍了两个事故扩大事例,说明继电保护失效的后果。

分析近 40 年来世界典型的十次电网大停电的原因不难发现,事故往往都起源于某一个非常庞大的电力系统中的某一条输电线路或某一台电力设备的故障,这个看似很轻微的故障引起了断路器断开、负荷转移、电压或频率失去稳定、电网四分五裂、恶性循环……最终电网崩溃。美国电气和电子工程师协会(IEEE)继电保护委员会的调研表明:70%的大停电事故是由继电保护诱发或加剧的。那么,从继电保护的角度出发,如何避免小的事故发展为电网崩溃呢?

多年的国内外工程实践证明:顾全大局、标本兼治,在任何时候都不可偏废,更不应把两者对立起来。《道德经》第六十四章"其安易持,其未兆易谋;其脆易泮,其微易散;为之于未有,治之于未乱"的意思是:在局势稳定时,保持这种稳定的状态是容易的;在问题还没有露出明显的征兆时,我们可以从容地考虑对策方案;在问题刚刚开始形成时,不难想办法恢复正常态;在问题已经形成但尚未恶化之前,比较容易减弱或消除其危害程度;解决问题,要在它没有出现时就着手解决;治理动乱,要在它还没有乱起来的时候就着手治理。老子对于安全问题的哲学思辨告诉我们,问题越是处于早期,其可控性就越大。因此,当故障初发时,可通过继电保护将发生故障的微小部分快速地与正常运行系统隔离开,而在故障蔓延时要从电力系统安全稳定的整体需求出发,尽可能维持系统的完整性,通过继电保护装置与其他自动装置的配合,有选择地进行某个故障区域的隔离,达到"治之于未乱"的目的。

"继电保护"常被翻译为"protective relaying","relay"的本意是"驿站",即是古代供传递军事情报的官员途中食宿、换马的场所。我国古代文字中,"继"字的篆体解释如图1-4-1所示。"继"字篆体左边是个"丝"字,右边也有"丝"的形状,只是这个丝断了,中间有个"人"把断了的丝再续上。因此,"继"字含意是把断了的丝续上,"继,续也"(许慎《说文解字》)。"继电"就是指电气信息的传接、继承,也就是我们常说的信息流。"护"字篆体左边为"言",上面是代表辛苦的"辛",下面是个"口"。"护"字右部上面代表"获得",下面为"手",意思我们只有动手,动口,付出辛苦,才能保护好我们的收获。通过咬文嚼字,我们就能理解继电保护的"初心"了。

继电保护是一种科学、一项技能,更是一门艺术。精诚所至,金石为开。继电保护技术工作来不得半点虚假。只有这样才能真正施展"卫士"的抱负——保障电力系统安全稳定运行。

图1-4-1 "继"字和"护"的含义

1.5　保护系统的设计准则

PPT 资源：
1.5 保护系统的设计准则

伦·赖特曾说过："一个高明的外科医生应有一双鹰的眼睛,一颗狮子的心和一双女人的手。"继电保护要想做好电力系统的外科医生,需要有一双"鹰的眼睛",即需要在非常短的时间内,通过合理的保护算法,根据所测量的电流、电压、功率方向、阻抗的变化,正确地做出是不是要动作切除电力系统某些元件或线路的判断命令;继电保护需要有一颗"狮子的心",在非常短的时间内对电气量进行大量的分析与处理,严格按照预先的设定毫不犹豫地做出动作行为;继电保护需要有"一双女人的手",尽可能地减小切除的范围,缩短切除时间,同时还要考虑切除失败后的补救措施。在我国继电保护的设计准则,或者说是继电保护的基本要求,被称为保护"四性",即:可靠性、选择性、速动性、灵敏性。

1.5.1　可靠性

可靠性泛指元件、产品或系统在一定时间内、一定条件下无故障地执行指定功能的能力。保护的可靠性(reliability of protection)指的是在给定条件下、给定时间间隔内,保护能无故障地完成所需功能的程度或能力。

一台仪器设备,当人们要求它工作时,它就能工作,则称它是可靠的;而当人们要求它工作时,它有时工作,有时不工作,则称它是不可靠的。对于继电保护而言,可靠性越高,仪器设备的无故障工作的时间就越长。

继电保护的可靠性可细分为两个方面,即安全性和可信赖性。其中,继电保护的安全性(security of protection)是指在给定的条件下、给定的时间间隔内,继电保护装置或继电保护系统不发生误动的程度或能力。可以理解为,在电力系统希望继电保护不发生误动作时,它能够"呆若木鸡"。

保护的可信赖性(dependability of protection),指的是在给定的条件下、给定的时间间隔内,继电保护装置或继电保护系统不发生拒动的程度或能力。可以理解为,在电力系统希望继电保护动作时,它能够"挺身而出"。

从系统的角度而言,保护系统构成越简单,其可靠性越高;保护系统越复杂,其可靠性越低。在继电保护系统的设计上,安全性和可信赖性往往无法同时兼顾,只能根据实际的需要,权衡得失,折中处理。

如图 1-5-1 所示,K_1、K_2 为保护元件或指某种保护功能,"+"代表控制跳闸出口的直流电源,K_1、K_2 满足动作条件后,其触点闭合,称为"某某保护启动"。直流电源经过相应触点接通相应跳闸回路,称为"动作出口"。下面分别加以说明。

(1)图 1-5-1(a)中,只要 K_1 保护启动即可满足动作条件。在 10 kV 馈线保护中,常用此种设计方案。10 kV 馈线故障能量相对较小,如果 K_1 保护拒绝动作或无法实现跳闸,则由它的上级保护经延时加以补救。

(2)图 1-5-1(b)中,K_1、K_2 两种保护元件在逻辑上构成与门关系。例如在 500 kV 及以上电压等级母线所配置的母线差动保护装置中,K_1 代表对于母线是否发生故障的一种判断元件,K_2 代表对于母线电压是否降低的一种判断元件。

增加 K_2 有效地突出了该保护防止误动作的能力,以免给电力系统稳定造成不良影响。同时,我们也应注意到,相对于图 1-5-1(a)而言,图 1-5-1(b)中保护的防误动作的能力(即安全性)增加了,但同时防拒动的能力也随之减弱了。

　　(3)图 1-5-1(c)中,K_1、K_2 两种保护元件在逻辑上构成**或**门关系。例如,对于 220 kV 及以上电压等级输电线路,如果保护元件拒动,将会造成电力元件的损坏甚至引起电力系统进入紧急状态或极端状态。因此,要求每回输电线路都装设两套工作原理不同、工作回路完全独立的快速保护元件(装置),采取各自独立跳闸的方式,无延时地切除故障,以提高继电保护不发生拒绝动作的概率。相对于图 1-5-1(a),图 1-5-1(c)中保护的信赖性增加了,但安全性随之减弱了。

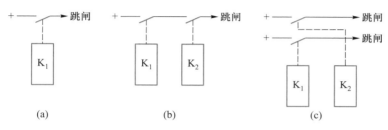

图 1-5-1　保护的安全性与可信赖性的对比示例

　　安全性与可信赖性两者是相互矛盾的。在某种程度上继电保护如何在两者之间找到一个恰当的尺度是一个复杂的命题。我们必须对被保护对象的故障可能性及后果进行判断,有针对性地对安全性与可依赖性做出取舍,这将是一个非常具有科学性与艺术性的问题。

　　每次故障以后,相应的管理部门会根据故障信息的记录(如故障录波图、断路器跳闸顺序)对继电保护的动作行为给予科学的评价。继电保护动作结果可被界定为"正确动作"与"不正确动作",其中不正确动作包括"误动"和"拒动"。继电保护不正确动作的原因,至少可归纳为以下之一:

- 保护方案不合理;
- 保护装置损坏;
- 保护相互配合失当;
- 误整定;
- 个人误碰或误接线。

　　总之,可靠性主要取决于保护装置本身的制造质量、保护回路的连接和运行维护的水平。提高继电保护的可靠性,应有"防患于未然"的理念。保护的可靠性研究不仅要从"关键时候掉不掉链子"着眼,还应从"平时表现"的角度关注保护系统的缺陷信息。从保护系统的整个服役生涯来看,切除故障的时间可能只有短短的几秒钟或几分钟,而保护系统的缺陷多发生在日常运行与维护过程中。这种缺陷主要表现为保护装置、相关二次回路及通信设备等出现问题导致整个保护系统部分失效,保护系统的缺陷率比不正确动作率要高得多。

　　按照《国家电网公司继电保护和安全自动装置缺陷管理办法》(国网(调/4)527—2014),对于继电保护的缺陷,按严重程度可分为危急缺陷、严重缺陷和一般缺陷,三类应分别于 24 h、72 h 和 1 月内对相应缺陷完成消除。2018 年,国家电网所辖 220 kV 及以上电压等级继电保护及相关设备动作次数为 17 196 次（其中正确动作 17 192 次，误动 4 次），正确动作率为 99.977%，而正确动作率持续稳定保持在 99.9% 以上的高水平已持续多年。据 2018 年统计，继电保护及相关设备总体缺陷率为 1.260 次/（100 台·年），智能变电站继电保护及相关设备缺陷率为 1.354 次/（100 台·年）。在全部缺陷中，危急缺陷、严重缺陷和一般缺陷的占比分别为 40.73%、36.35% 和 22.92%。由此可见，提高运行管理水平，减少并及时消除各种缺陷，是保障继电保护高可靠性的关键。

1.5.2　选择性

选择性是世界的基本性质之一，一切发生的事实都属于选择性的反映与表达的结果。保护的选择性（selectivity of protection）是指保护检出电力系统的故障区和（或）故障相的能力。当发生故障时，应尽可能缩小电力系统被停电的范围，只将故障部分从系统中切除，最大限度地保证系统中无故障的部分仍能继续安全运行。

可见，保护的选择性是一种有目的选择，选择的背后是"舍得"。"千里之堤，溃于蚁穴"，针对可能会迅速蔓延的故障，为了"得"到全系统的安全，继电保护必须学会合理的"舍"，对电力系统实施尽可能小的"切除手术"，可理解为"壮士断腕"，当然继电保护也要有大局意识。不能一味地实施"断舍离"，否则"壮士"就成了"莽夫"了。

根据上述思路，结合图 1-5-2 所示某单电源电力网络，对保护选择性做简要说明。在此网络中，各相应的线路附近都安装有断路器且都处于闭合状态。k_1、k_2、k_3 代表不同的故障点，并非同时发生故障。k_1 故障时，保护应动作跳开 QF_1、QF_2；k_2 故障时，保护应动作跳开 QF_5；k_3 故障时，保护应动作跳开 QF_6。这些动作行为都以缩小故障切除范围为目的，即满足"选择性"。下面以 k_3 故障为例，说明某些保护拒动时，其他保护如何保证选择性。

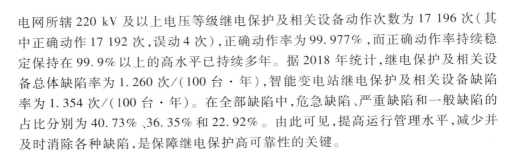

图 1-5-2　单电源电力网络保护选择性说明图

此时 QF_6 保护未能动作跳开断路器，而是经延时，由上级 QF_5 处保护动作跳开 QF_5，从而保护切除 BC、CD 两条线路，但有效地防止了故障的蔓延，这也是保护选择性的体现。

综上所述，"选择性"的初衷是将故障时切除区域控制在最小，保证系统其他部分的正常运行。考虑继电保护的"选择性"问题，要有大局观，要有"舍得"意识。不能"事不关己，高高挂起"，保护之间要相互"补台"。

1.5.3　速动性

保护的速动性（speed of protection）是指保护尽可能快地切除故障的能力。故障的快速切除有利于防止故障的蔓延，减轻对系统的不利影响。速动性是反映保护系统整体性能的一个重要指标。

如图 1-5-3 所示的是发生故障时电流的波形图,约在 0.5 s 时刻发生故障,电流幅值突然增大,在 0.6 s 时刻电流变为零。0.8 s 后的波形略去。从故障发生,到故障切除的总时间约 100 ms。由于切除故障所需时间等于保护装置的动作时间与断路器动作时间之和,所以除去断路器的固有动作时间,留给继电保护做出反应,并发出跳闸命令的时间就非常短了。一般要求相应继电保护在 5 ~ 20 ms 内,即一个工频周期内做出是否启动的判断。同时我们也要认识到,所谓无延时动作,实际指的是继电保护的启动,不再追加人为的延时。在当今技术条件下,继电保护装置存在约 30 ms 固有延时是正常的。真正 0 s 动作出口的继电保护是不存在的。

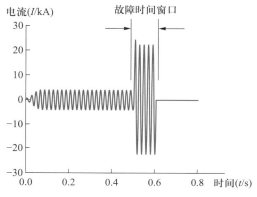

图 1-5-3   发生故障时电流的波形图

对于超高压电网和大型机组而言,尽可能快速地切除故障,是保障系统稳定极为重要的前提条件,快速动作的保护与快速动作的断路器相配合,在两个工频周期(即 40 ms)内切除故障已能实现,按国家标准《继电保护和安全自动装置技术规程》GB/T 14285—2006 要求,对于 220 kV 及以上电压等级线路,其全线速动保护装置对于近处故障的动作出口时间,应控制在 20 ms 以内,这样故障切除的总时间应控制在 3 个工频周期以内。2018 年,国家电网有限公司所辖 220 kV 及以上电压等级保护设备全年共发生快速切除故障 2 341 次,故障快速切除率为 99.74%。

实现速动性需要相应的技术支持和设备保障,对速动性的要求越高,继电保护的投入也就越大。对于中低压电网的保护系统,无需过分地、不计成本地追求保护的速动性。

1.5.4   灵敏性

保护的灵敏性(sensitivity of protection)是指对保护范围内发生故障或不正常运行状态保护的反应能力。满足灵敏性要求的保护装置必须在规定的保护范围内、系统任意运行条件下,无论故障点的位置和故障类型如何变化,保护都能敏锐感知。灵敏性通常用灵敏系数或灵敏度来衡量,增大灵敏度,将增加保护动作的信赖性,但有时与安全性相矛盾。

在国家标准《继电保护和安全自动装置技术规程》GB/T 14285—2006 中,对各类保护的灵敏系数要求都做了具体规定。关于这个问题在以后各章中还将分别讨论。

当好电力系统"外科医生"不容易,继电保护工作涉及多种技术与技能,极富挑战性。

1.5.5　其他准则

"万物之始,大道至简,衍化至繁"(出自《道德经》)。一门技术一门学问,弄得很深奥是因为没有看穿实质,搞得很复杂是因为没有抓住程序的关键。继电保护作为电力系统的"卫士",也同样需要"少而精",避免"多而广"。

在数字式保护流行的当代,为了迎合不同用户的需求许多保护厂家所生产的保护设计了多种可供选择的功能,许多用户也因此推崇保护功能的"多多益善"。经过多年的运行证明,这样做反而是"作茧自缚",适得其反。对于保护而言,每附加一个功能或装置,就为复杂性增加了一笔,从而也附加了一个潜在的事故隐患。而存在于保护系统中的隐患,在经年累月的运行过程中,更容易使保护系统犯错。

保护能否实现简单性,也依赖于电力系统本身,如果电力系统采用相对简单的网架结构和运行方式,保护的配置与功能就能相对简单。在保护原理设计方面,应尽可能回避理论上有可能发生故障,而在实际运行中该故障发生概率低的问题,而应采用相对简单的方案加以解决。

总之,继电保护系统需要尽可能地保持朴实、简捷的面貌,同时又能保证完成预期的任务。在强化主保护的同时,尽可能地简化后备保护。对保护的功能加以理性的思考,合理地取舍,避免"大而全"的保护方案。

经济性主要关注的是资源投入和使用过程中成本节约的水平和程度以及资源使用的合理性。"一粥一饭当思来之不易,半丝半缕恒念物力维艰",《朱子家训》厉行节约,降本增效是电网公司需要重视的问题。

继电保护的经济性是指在保证保护功能的基础上,使用性价比最高的保护装置。相对于被保护对象而言,继电保护装置的投资相对较小,但仍需对继电保护的经济性加以重视,尽量避免资源及人力的浪费。

例如,电网公司在为同一等级、同一类型的保护对象(如 220 kV 线路)配置保护时,在规划设计阶段不认真细致分析,而是一律按最高的技术标准配置保护,实质上也是一种浪费行为。相反,国外的电力公司及设备厂商更重视继电保护的经济性,尽可能地延长继电保护装置的使用寿命。目前,提高电网设备全寿命周期的管理水平,已被提上议事日程,力求主要继电保护装置的使用寿命达到20 年。

1.5.6　小结

对立统一规律是唯物辩证法的根本规律,矛盾分析法是认识世界和改造世界的根本方法。可靠性、选择性、速动性、灵敏性,即保护"四性"之间,以及保护"四性"与简单性、经济性之间的关系,都存在对立统一的矛盾关系。在处理此类问题时,一定要采用科学的方法论,从社会的需求着眼,遵从电力系统运行之"道",抓住主要矛盾与矛盾的主要方面,协调好继电保护各设计准则之间的关系,使继电保护的设计、配置、整定等应用技术方案既科学合理,又经济可行。有关继电保护的唯物辩证法思辨,将贯穿于本书始终。

确定有关继电保护的设计准则,应综合考虑以下几点:

(1)电力设备和电力网的结构特点和运行特点;

(2)故障出现的概率和可能造成的后果;

(3)电力系统的近期发展规划;

(4)相关专业的技术发展状况;

(5)简单性与经济性;

(6)国内和国外的经验。

"治大国,若烹小鲜"(出自《道德经》)是 2000 多年前春秋战国时期思想家老子的一句名言。小鲜,指小鱼。这句话说的是烧鱼的时候,原材料及炊具要齐备,水量和火候要把控好,油、盐、酱、醋等调味要恰当。最关键的是不能性急,不能折腾。只有这样,才能烧出美味。这是烹饪的奥妙,也是治国之道,这句话同样也适用于电力系统,适用于继电保护。

总之,继电保护工作需要我们统一各方面的智慧和力量,科学地处理好各方面的矛盾问题,举重若轻,对电力系统实施精准而快速的"微创手术",有效抑制系统状态恶化,保障电力系统安全可靠运行。

1.6 保护对象与保护范围

PPT 资源:
1.6 保护对象与保护范围

随着电力系统的不断发展,我国的主干电网已逐步由特高压、超高压电网构成,电源也多以大容量发电机组的形式存在。与此同时,110 kV 及以下电压等级的输电、配电网络已成为城乡电网的主流,新型能源、直流电网的存在增加了电力系统的复杂程度。因此,区域的划分必须适应电力系统不同的保护对象、不同的电压等级及不同的保护需求。

按其保护对象的不同,继电保护可分为电网保护与元件保护两个大类。其中电网保护对象是交流或直流形式的不同电压等级的输电或配电线路,因此可称为线路保护;元件保护对象主要包括:

(1)发电机或发电机变压器组;

(2)主变压器;

(3)重要的母线;

(4)电气设备,如电动机、电抗器等。

这里先要引入主保护与后备保护的概念。主保护(primary/main protection)是指在被保护元件整个保护范围内发生故障都能以最短的时间切除,并保证系统中其他非故障部分继续运行的保护。系统发生故障时,应由主保护发挥作用。

后备保护(backup protection)是指主保护或断路器拒动时切除故障的保护。若主保护因为各种原因没有动作,而另一个保护能正确反应该故障,可作为主保护的后备,则这个保护就是主保护的后备保护。后备保护类似于战争中某一方的预备队。

为了保护整个电力系统,一般要求各个保护区的保护除了完成保护各自被保护对象的主要任务之外,还兼作相邻设备的后备保护。下面以图 1-6-1 所示典型 110 kV 降压变电所为例,进行主保护与后备保护保护区域的说明。

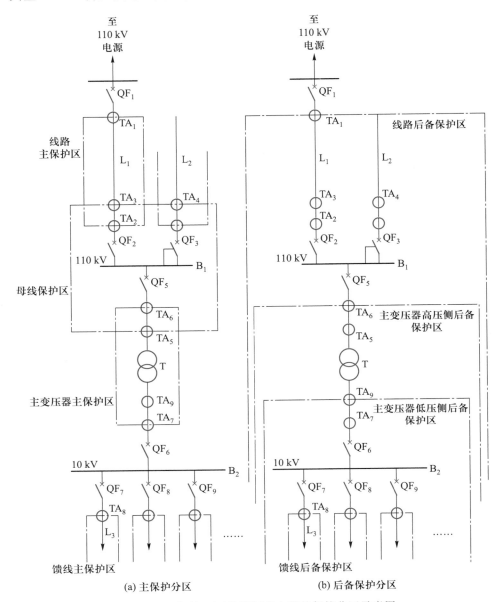

(a) 主保护分区　　　　　　　　(b) 后备保护分区

图 1-6-1　典型 110 kV 降压变电所的保护分区示意图

· 1.6.1　110 kV 降压变电所的主保护分区

如图 1-6-1(a) 所示,电源来自断路器 QF_1 上端母线,代表 110 kV 母线所联系的上级电力系统。线路 L_1 为 110 kV 线路,是本变电所的一条进线,通过断路器 QF_2 接于母线 B_1,该母线上另有一条 110 kV 出线,接有另一个 110 kV 电源或负荷。图 1-6-1(a) 中 T 代表的主变压器为降压变压器。主变压器低压侧电压等级为 10 kV,与配电系统相连。如按电网保护与元件保护来划分,110 kV 线路保护和 10 kV 线路保护属于电网保护,主变压器 T 保护和 110 kV 母线 B_1 保护属于元件保护。以下分别对各种保护的主保护区域进行说明。

（1）线路保护。电网中的线路 L_1 电压等级为 110 kV，所在电网为中性点接地电网。若该电网发生相间短路或接地故障，将产生较大的短路电流和零序电流（对称分量的一种），线路 L_1 的主保护范围为本线路全长，靠电源侧配置的距离保护（一种测量阻抗的保护）或零序电流保护将发出跳闸命令。

（2）母线保护。对于母线 B_1，其保护范围在 TA_3、TA_4、TA_5 之间，母线发生故障时，母线差动保护将不带延时动作。注意母线差动保护与上述线路保护之间存在重叠区域。母线保护采集 TA_3、TA_4、TA_5 的电流，进行类似于基尔霍夫节点电流的计算，以判断母线是否发生故障。但对于 10 kV 母线 B_2，由于其电压等级相对较低，故障能量较小，对系统造成的影响较小，因此不设专门的母线保护。

（3）主变压器保护。对于主变压器 T，其保护范围在 TA_6、TA_7 之间，变压器发生故障时，变压器差动保护将不带延时动作。注意变压器差动保护与上述母线保护之间存在重叠区域。主变压器保护采集 TA_6、TA_7 的电流，可进行类似于基尔霍夫节点电流的计算，以判别主变压器内部是否发生故障。

（4）馈线保护。对于 10 kV 馈线，所在电网一般为中性点不接地电网，只有发生相间短路时，才会有短路电流存在，其保护范围在 TA_8 以远，主要反应本馈线的主干线路的相间短路故障。

上述 110 kV 线路或元件的保护区有重叠部分，其目的就是使整个保护范围内发生的故障都能以最短的时间切除。对于馈线，其主保护范围是本馈线全长。馈线的主保护范围与变压器的主保护范围并不重叠。值得指出的是，母线 B_1 上所接 110 kV 线路有可能不止一条，变压器的数量也有可能不止一台，本例只是概括说明。

通过上例不难发现，保护区域的细致划分往往取决于电力系统继电保护的主要信息源——电流互感器的配置及安装位置的实际状况。如本例中，线路保护区域从理论上应从本侧母线开始，但工程实际中，电流互感器安装于断路器的线路侧（见 TA_1），因此线路保护的实际范围只能从 TA_1 开始。这种方案使得线路断路器被排除于线路保护的保护区之外，必须靠母线保护或其他保护来反应该断路器本身的故障。

1.6.2　110 kV 降压变电所的后备保护分区

如图 1-6-1(b) 所示，从电网末端向主干端依次对后备保护的分区进行说明。

（1）馈线保护。对于 10 kV 馈线，其后备保护范围仍在 TA_8 以远，主要反应本馈线的主干线路相间短路故障和分支线路相间短路故障，动作带有延时。

（2）主变压器低压侧的后备保护。主变压器 T 设置有低压侧后备保护，其保护范围在 TA_9 之下，主要任务首先是反应 10 kV 母线 B_2 上的故障，动作带有较短的延时；其次是作为各条馈线的后备保护，故障发生一段时间后（如 1s），如果馈线的后备保护还不能切除本馈线的故障，则低压侧后备保护应动作。

（3）主变压器高压侧的后备保护。主变压器 T 设置有高压侧后备保护，其保护范围在 TA_6 之下，主要任务首先是反应主变压器 T 的故障，作为主变压器 T 主保护的后备；其次是作为主变压器 T 低压侧后备保护的后备，若母线 B_2 上有故障,主变压器 T 低压侧后备保护拒动,则高压侧后备保护应动作。

(4)母线保护。对于母线 B_1 差动保护,受到其保护原理的限制,只能反应其主保护范围内的故障。

(5)线路 L_1 的后备保护。电网中的线路 L_1 配置的距离保护(一种测量阻抗的保护)和零序电流保护都设置有后备保护功能,其首要任务是反应线路 L_1 的故障,作为线路主保护的后备,同时可以作为主变压器 T 保护的后备。

当主保护或断路器拒动时,由相邻电力设备或线路的保护来实现的后备保护,称为远后备保护。

1.6.3　大型发电机组的主保护分区

图 1-6-2 所示为典型 600 MW 火力发电机组主保护分区图。图中,G 为发电机,机组为单元机组;MT 为主变压器,发电机出口接有厂用变压器 AT;断路器用 QF 表示。图中还给出了电流互感器图的安装位置示意(未编号)。

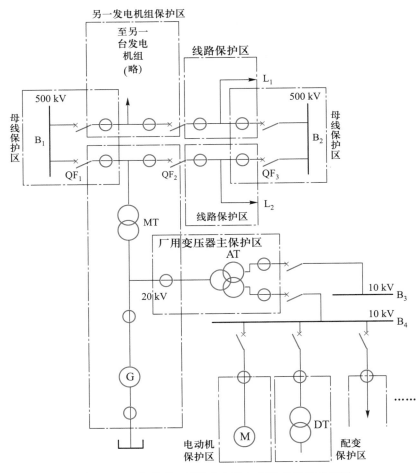

图 1-6-2　典型 600 MW 火力发电机组主保护分区图

图 1-6-2 中,MT 高压侧接于 500 kV 系统。高压侧的这种接线被称为"3/2 接线方式",即在母线 B_1、B_2 之间,有 3 个断路器串联,形成一串。在一串中从相邻的 2 个断路器之间引出元件,即 3 个断路器供 2 个元件,中间断路器为共用,相

当于每个元件用 1.5 个断路器,因此也称为一个半断路器接线。在 3/2 接线的一串中,接于母线的两台断路器(图中的 QF_1、QF_3)称为边开关,中间的断路器称为中间开关或联络断路器(图中的 QF_2)。本机组经这两串接线,实现与线路 L_1、L_2 及另一台发电机组的能量联系,可靠性较高。

在继电保护中,发电厂最重要"元件"就是发电机、主变压器及其高压侧母线,这些元件的故障对电网频率和电压稳定将产生较大的负面影响。

500 kV 线路 L_1、L_2 的保护属于电网保护。发电机 G 和主变压器 MT 的保护、500 kV 母线 B_1 和 B_2 的保护属于元件保护,但对于 10 kV 母线 B_3、B_4 不设专门的元件保护,分别说明如下。

提示:对于大型的发电机组,一般要求配置两套保护,两套保护互为后备,也称为"近后备"。

(1)发电机-变压器组保护。对于单元机组,发电机与主变压器间无断路器,因此,可将发电机与主变压器看作一个被保护的统一单元,目的是在机组发生故障或异常时,继电保护能加以综合考虑并作出合理的反应,其主要保护有纵联差动保护、失磁保护、匝间短路保护、转子接地保护等。

(2)母线保护。对于母线 B_1、B_2,采用差动保护,无延时动作切除故障。对于 500 kV 母线,一般要求配置两套保护,两者构成"近后备"。同时装设断路器失灵保护,当该母线所连接断路器拒绝跳闸时,启动它来切除与故障断路器同一母线的其他断路器。

(3)线路保护。电网中的线路 L_1、L_2,电压等级为 500 kV,为主干电网线路,其所在电网为中性点接地电网,该电网发生相间短路或接地故障时,都有较大的短路电流和零序电流存在,短路容量越大,对电力系统稳定的危害也越大,因此要求继电保护无延时动作切除故障。其主保护为纵联差动原理的保护,只能反应本线路上的故障。一般要求配置两套保护,两者构成"近后备"。

(4)厂用变压器主保护。采用纵联差动原理,受到保护原理的限制,也只能反应本变压器的故障。

上述 500 kV 线路或元件的保护区也有重叠部分,发电机-变压器组主保护与厂用变主保护区之间也有重叠部分。在大型机组或 220 kV 及以上高压电网中,继电保护多采用"近后备"方式,即采用继电保护双重化配置的方式加强元件本身的保护,使之在保护区内发生故障时,保护拒绝动作的可能性减小。

1.7 继电保护的发展历程与展望

PPT 资源:
1.7 继电保护发展历程与展望

继电保护有着近 140 年的发展历史,经历了机电式保护装置、静态继电保护装置和数字继电保护装置三大发展阶段。

在我国继电保护与其他电气一次设备一样,最初都属于"舶来品"。新中国成立后,我国工程技术人员创造性地吸收、消化、掌握了国外先进的继电保护系统设计、制造、施工、运行、维护等技术,使我国的继电保护取得飞跃式的发展。以阿城继电器厂为例,它由最初的东北抗联军工小厂起步,生产仿照苏联技术的电磁型继电器,通过艰苦卓绝的技术创新,至 1958 年已能生产出高压线路成套保护装置。到 20 世纪 60 年代中期,我国建成了继电保护研究、设计、制造、运行和教学的完整体系,为我国继电保护技术创新奠定了坚实基础。

20 世纪 50 年代,随着晶体管的发展,国外出现了晶体管式继电保护装置。这种保护装置体积小、动作速度快、无机械转动部分、无触点。20 世纪 60 年代中期到 80 年代中期,是晶体管型继电保护蓬勃发展和广泛使用的时代,直到 20 世纪 90 年代初期,晶体管型继电保护才逐渐被微机型继电保护取代。其中天津大学与南京电力自动化设备厂合作研制的 500 kV 晶体管方向高频保护和南京电力自动化研究院研制的晶体管高频闭锁距离保护,运行于葛洲坝 500 kV 线路上,结束了 500 kV 线路保护完全依靠国外进口的时代。但经过 20 余年的研究与实践,晶体管保护抗干扰问题一直未得到很好的解决。

　　为适应行业的发展,提升继电保护的整体水平,1983 年,由行业主管部门、多个设计院所及多个主力生产厂家联合“四个统一”设计工作组,实施对于电力系统继电保护的标准化改造,“四个统一”是指接线原理统一、技术要求统一、图形符号统一、端子排统一。采用“四个统一”标准生产的继电保护装置,其可靠性大大提高,降低了检修难度,带来可观的经济效益和社会效益。同时,也对未来微机型继电保护装置的设计与制造产生了深远的影响。

　　1984 年,由华北电力学院杨奇逊(现中国工程院院士,北京四方继保自动化股份有限公司创始人)主持研制的输电线路微机保护装置首先通过技术鉴定,并在110 kV 线路获得应用,揭示了继电保护进入了“数字化”时代! 由南京电力自动化研究院沈国荣(现中国工程院院士,南京南瑞继保电气有限公司创始人)研制的微机线路保护装置也于 1991 年通过鉴定。

　　微机保护设备具有适应能力强、平台统一、可自检、动作定值整定灵活、可与计算机交换信息、便于进行事故后分析等诸多优点,为继电保护技术与性能的进一步优化提供了技术保障,保护的各项技术性能指标都远优于前一代的保护。可以说,微机型继电保护的出现,引发了继电保护的新一代技术革命!

　　在此形势下,上述两家企业及国电南京自动化股份有限公司、许继电气股份有限公司、深圳南瑞科技有限公司等专业从事数字化(当时称微机型)电力系统继电保护装置的企业应运而生。通过创业创新实践,创造了多个技术奇迹与财富神话,初步展现了“中国制造”的魅力。

　　截至 2018 年底,国家电网有限公司所辖 220 kV 及以上系统继电保护设备数量达到 182 172 台,20 kV 及以上系统主网保护设备已实现全面微机化,主保护双重化覆盖率达到 100% ,国产化率达到 98.22% ,光纤化率达到 95.33% 。

　　随着继电保护技术的发展,国产保护设备制造水平日趋成熟,在复杂电网和复杂运行方式下,特殊故障的识别与隔离、防止系统振荡时继电保护装置的误动,以及防止大电网过负荷情况下距离保护误动等方面考虑得更加充分,技术较国外更加先进。目前,国产保护已经形成了覆盖各电压等级和不同类型的成熟体系,实现了由“中国制造”到“中国引领”的跨越。

　　近年来随着中国电网的飞速发展,交直流混联格局已逐步形成,清洁能源并网容量持续增长,伴随着大量的电力电子装备接入原有的交流电力系统,电力系统的电力电子化特征日趋明显,电力系统的故障特性发生了显著改变,从而对继电保护提出了新的挑战。

　　自 2009 年开始,我国智能变电站的建设发展迅速。基于 IEC 61850 标准的继电保护得到应用。二次电流、电压信息量及控制信号的传递方式发生了巨大的改变。互感器与继电保护装置之间、保护装置与断路器之间通过光纤传递数字信号的技术在不断地被推广应用。数字化变电站是一个全新的课题,也是未来变电站的发展方向。在新型智能变电站的继电保护这一领域还有许多工程技术难题需要解决。

近年来,广域保护与行波保护的应用正在推广。广域保护的主要功能是在同一时间基准条件下,借助于分布于电网各关键节点的同步相量测量单元(phasor measurement unit,PMU)实时采集数据,并经计算后确定一系列的控制手段以维持电网的安全稳定运行。目前,广域保护在电网大面积停电事故起因的分析与判断,进行可靠的实时通信,实现有效的监测与控制等方面还有许多研究与应用工作要做。行波保护是一种利用输电线路发生故障时出现的故障行波来判别故障的新型保护。该保护具有超高速动作性能,不受电力系统振荡、分布电容电流、过渡电阻和电流互感器饱和的影响。

集成芯片、信息通信、计算机、传感器等技术的迅速发展,为继电保护技术的发展创造了有利条件。芯片技术的发展使集成电路性能大幅提升,芯片的处理能力比 10 年前提升了 10 倍以上,功耗降低了 80% 以上;现代通信技术的进步使得通信速率、数据带宽成倍增长,可靠性不断提高;电子式互感器等先进传感器技术的发展,使得继电保护可以更加准确地获得测量信息。上述优势使得继电保护可以处理和利用更多的信息资源。

同时,云计算、大数据、人工智能等先进的信息处理和分析技术可以在设备状态评价、整定计算、在线监视与智能诊断等方面全面增强继电保护专业的技术支撑能力,为继电保护的专业管理奠定基础。物联网、移动物联网、虚拟现实技术有力地促进了智能变电站和直流换流站运维检修的技术创新和模式变革,有助于构建智能化的运行检修体系。

即插即用的就地化保护、优化配置的后备保护、智能化运行维护体系、三大继电保护技术支撑平台(保护设备运行管理平台、智能整定与在线校核平台、设备在线监视与智能预警平台)、直流系统新型保护控制系统、继电保护前瞻性技术研究与应用,将是继电保护现阶段重点发展方向。上述领域的突破将为继电保护学科开拓更加广阔的发展空间。

总之,继电保护技术的发展工作要立足于现代电网的安全保障需求,注重结合应用最新的前沿技术,在基础理论、构建模式、硬件设备、运维检修等方面统筹推进新技术的研究。继电保护技术的发展通常遵循技术发展的基本规律:最初可能是悄无声息的探索状态,紧接着往往是层出不穷的爆发状态,最终走向百炼成钢的稳定状态。德国继电保护专家汉斯·蒂策(Hans Tietze)曾说过:"新观念的出现有时就像雪崩——于无声处听惊雷。"

1.8 学习须知

PPT 资源:
1.8 学习继
电保护须知

在学习本课程之前,建议先学习下列专业基础课程及专业课程:

电路、模拟电子基础、数字电子基础、电机学、电力电子技术、数字信号处理、微机原理、通信原理基础、自动控制原理、电力系统稳态分析、电力系统暂态分析等。

要想成为一名合格的继电保护工作者,使继电保护真正发挥电力系统"外科医生"的作用,为电力系统的安全稳定运行保驾护航,我们需要学习并掌握以下几种本领。

首先,要学会"望闻问切",掌握"患者"的第一手资料。结合电力系统相关基础知识的学习,应掌握所保护对象在电力系统中的地位、运行机理、电气图、额定参数、故障前状态等资料。

接着,要学会"分析会诊",找出电力系统的"病因"。结合电力系统故障分析知识、数字信号处理知识,能根据故障时等值阻抗及阻抗图计算出相关电流值、电压值,分析出与电力系统继电保护判据密切相关的数据。

然后,要学会"简单手术",即掌握各继电保护的动作原理、整定方法,了解相关继电保护如何实现断路器跳闸以及如何向监控系统发出告警信号。

最后,结合未来工作,不断学习治疗"疑难杂症"。找出影响继电保护正确动作的种种因素,分析互感器异常、控制回路异常、保护装置异常等工程实际问题,制订相应对策。

学习者在学习过程中,普遍存在以下三个方面的问题:

(1)学习者应付考试的动机强烈,被动地观看相应视频课件。对于知识多停留在记忆和背诵层面,很少读教材、参考论文及其他参考资料,很少主动进行习题的练习,很少做主动的思考。

(2)学习者个体间的自主学习能力差异较大,部分学习者不能适应网络自主学习这种形式,在自控能力、选择和使用学习策略、人际交流等方面都遇到了困难。

(3)学习者与教师间缺乏交流。学习者使用网络交流的积极性不高,使用频率也比较低。

因此,想学好本课程,首先要有"道",要敬畏学习之"道";其次,要有"法",要掌握学习之"法"。以下是有关学习本课程的几点建议:

(1)掌握多媒体学习方法,基本了解认知心理学基本理论,掌握个人的认知特点,主动学习。尽可能多地获得并利用各种文字、图片、教学视频等多媒体资料进行学习。充分利用"遗忘曲线",量力而行,在大脑理解后再加深记忆,争取高效学习。

(2)养成从继电保护"四性"之间对立统一的辩证关系出发去思考问题的习惯。多思考继电保护工程技术与社会需求的关系。学习过程中不要硬背,利用思维导图,进行横向、纵向知识点的梳理,多做一些计算分析题。学习不能局限于基本原理的分析计算,要多学习继电保护装置软硬件设计、安装施工、性能测试、故障分析等工程实例,积极参与工程实践及项目教学活动。

(3)尽可能多地学习新知识。结合本课程学习,对电力工程技术、数字信号处理技术、通信技术、电力电子技术等知识,进行总结与提高。同时,对数字化变电站技术、在线监测与智能诊断、新型电力电子、应用大数据、物联网、移动互联网等大量先进技术和创新元素与继电保护技术相结合的新型技术成果加以追踪。

蔡元培先生曾说过:"大学并不是贩卖毕业证的机关,也不是灌输固定知识的机关,而是研究学历的机关。所以,大学的学生并不是熬资格,也不是硬记教员讲义,是在教员指导之下自动地研究学问。平时则放荡冶游,考试则熟读讲义,不问学问之有无,惟争分数之多寡。试验既终,书籍束之高阁,毫不过问。敷衍三四年,潦草塞责,文凭到手,即可借此活动于社会,岂非与求学初衷大相背驰乎?"

谨以此语与诸君共勉!

本 章 小 结

本章的主题主要包括:继电保护的定义与任务,继电保护的构成、保护对象、保护区域、动作行为,继电保护的设计准则、学习方法。

在学习过程中要牢记继电保护的宗旨是服务于系统的安全稳定运行。继电保护的原理设计、配置、整定、调试技术以及对继电保护装置的"四性"要求都是围绕这一主题展开的。

电力系统继电保护专业知识具有"高阶性"和"创新性"特征,并与工程实践和社会需求紧密相关。

"知行合一"(王阳明《传习录》),在学习中应养成从电力系统实际需求角度出发去理解分析继电保护的习惯,养成利用唯物辩证法分析处理继电保护技术中各种矛盾对立统一问题的习惯,养成积极消化吸收其他新技术并创新应用于继电保护的习惯,养成将继电保护理论应用于工程实践的习惯。只有这样,才能真正做到"学以致用"。

本章主要复习内容:

(1)继电保护的定义与任务;

(2)继电保护的构成;

(3)保护对象及保护范围;

(4)保护的可靠性、选择性、速动性、灵敏性;

(5)继电保护的未来发展趋势。

习 题

1.1 什么是继电保护的定义?

1.2 为什么称继电保护为电力系统的"外科医生"?

1.3 什么是继电保护的可靠性? 它分为哪两个方面?

1.4 什么是继电保护的选择性?

1.5 什么是继电保护的速动性?

1.6 什么是继电保护的灵敏性?

1.7 继电保护装置一般由哪几部分组成? 简述其各部分的作用。

1.8 "电力系统继电保护就是指电力系统继电保护装置"这种说法错在何处?

1.9 保护的区域为什么需要存在部分重叠?

PDF 资源:
第 1 章习题
答案

第 2 章 故障分析与录波图识读

如果将电力系统继电保护的动作行为比喻为医生的"诊断",那么电力系统的故障分析就是"诊",继电保护的行为即为"断"。合理的"诊"是正确"断"的前提。本章从继电保护的视角出发,介绍阻抗计算、复合序网、电气量分析的方法,并简要介绍故障录波图的读取方法。

2.1 故障分析方法概述

• 2.1.1 思维导图

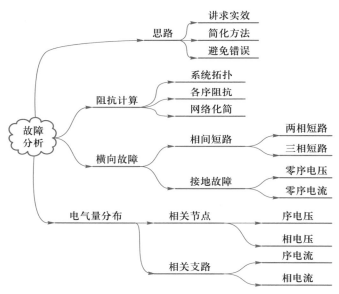

电力系统故障分析思维导图

与继电保护相关的电力系统故障分析工作主要分为两个步骤:首先是调查研究,要尽可能多地收集故障相关资料,以获取故障时电气量变化、高压电气设备行为变化、继电保护装置反应等方面的信息;其次是运筹帷幄,要采用科学的手段,分析上述信息,找出故障原因,判断继电保护动作行为的正确性。

由本章思维导图可知,故障分析首先应讲求实效,不要做无谓、多余的计算;其次是简化计算方法和分析过程;再次是结合工程实际,形成一种相对固定的分析模式,避免张冠李戴,标准不统一,参数及模型错误等。

在电气工程中,交流电路的分析都是在复数域中以相量运算的形式进行的。任何故障分析的最终简化模型都可以等效为一个理想交流电压源和一个等值阻抗串联而成的线性正弦交流电路。该电路中的等值阻抗与故障相关电力系统元件的拓扑结构、阻抗的计算方法以及网络的简化方法密切相关。因此,阻抗网络的建模和化简工作是故障分析的重点。

本章思维导图还给出了横向故障的相关分类。本章将简要介绍各类横向故障的简化分析手段。对于相间短路,主要介绍三相短路与两相短路电流的计算方法;对于接地短路,主要介绍零序电压与零序电流的计算方法。在此基础上,本章还将结合电力系统继电保护的实际需要,介绍求取相关节点与支路电气量的简便方法。

2.1.2 阻抗计算

对于初学者而言,阻抗计算的主要难点在于:
- 不清楚哪些元件需要纳入计算范畴;
- 对阻抗值的计算及折算问题手足无措;
- 不理解网络化简的意义。

限于篇幅,本书仅结合实例对该方面知识加以回顾,基础定义及计算公式请参阅《电力系统故障分析》《电力系统暂态分析》等书籍。

1. 原始参数

（1）标幺值型参数

该类型参数主要有电源等值系统参数、变压器参数、发电机参数等。标幺值（pu,per unit）中"幺"的读音是"yāo",代表着数目 1,可理解为百分数除以 100 即得到标幺值,两者量纲都为 1。

在故障计算中,假设电源电压都是满压,工程计算中,基准电压一般取额定电压值的 1.05 倍。例如,110 kV 电压等级的基准电压,取为 115 kV。基准容量一般设为 100 MV·A 或 1 000 MV·A。

基准容量、基准电压、基准电流、基准阻抗的百分数表示均为 100%,标幺值表示均为 1.0 pu。

所有厂家提供设备的铭牌参数都必须对应该设备的额定容量值,如某变压器 T 的容量 $S_{TN}=31.5$ MV·A,短路电压百分数 $U_k=10.5\%$。可以理解为在当前基准容量为 31.5 MV·A 条件下,变压器等值阻抗标幺值为 0.105。这个值未来还需进一步折算,无论折算到变压器的高压侧还是低压侧,其标幺值都是相同的。

（2）有名值型参数

该类型参数主要有线路参数或给定的有名值型参数。线路处于某一电压等级,求出有名值阻抗后,有可能需要折算到另一电压等级。如果对该参数进行标幺值计算,则要确定标准容量及该元件所处的电压等级。

2. 有名值阻抗与标幺值阻抗

根据故障分析的假设,阻抗元件以电抗为主,电阻可忽略不计,因此可将元件的阻抗近似以电抗代替,这在工程计算中是容许的。

以下结合实例加以说明,该实例取材于图 1-2-1 所示网络。该网络在 110 kV 及以下电压等级电网故障分析计算中比较常见,电源的能量经过输电线路、变压器到达配电网络,期间涉及不同电压等级的线路和变压器。

【**例 2-1-1**】　如图 2-1-1(a)所示单侧电源网络,设其中配电线路 L_3 末端发生三相短路。已知 110 kV 系统等值系统 S 的电抗标幺值 $X_{S.*}=1.1$,对应额定容量为 $S_{B.110}=1\ 000\ \text{MV}\cdot\text{A}$,线路 L_1 长度 $l_{L_1}=20\ \text{km}$,单位公里正序电抗为 $x_1=0.4\ \Omega/\text{km}$,变压器 T 的容量 $S_{N.T}=31.5\ \text{MV}\cdot\text{A}$,变比为 $k=110\ \text{kV}/10\ \text{kV}$,短路电压百分数 $U_k=10.5\%$。配电线路 L_3 长度 $l_{L_3}=10\ \text{km}$,单位公里正序电抗 $x_1=0.4\ \Omega/\text{km}$。基准容量 $S_B=100\ \text{MV}\cdot\text{A}$,110 kV 基准电压 $U_{B.110}=115\ \text{kV}$,10 kV 基准电压 $U_{B.10}=10.5\ \text{kV}$。

试计算:(1) 从电源处至故障点的电抗有名值之和(归算到 10 kV 侧);

(2) 从电源处至故障点的电抗标幺值之和。

解:(1) 计算归算到 10 kV 侧的有名值电抗。由于只计算三相短路,需要计算从电源到故障点的相阻抗值,严格地说,应称为"正序阻抗",所以三相短路属于对称性故障。仅需考虑正序阻抗,且由于三相对称,可任取某一相加以分析,因此只需要计算相阻抗即可。对应图 2-1-1(a)、(b)可知,从理想电源到故障点的短路回路阻抗分别是 Z_S、Z_{L_1}、Z_T、Z_{L_3},根据故障分析的假设,回路的阻抗将变为 jX_S、jX_{L_1}、jX_T、jX_{L_3}。因此阻抗计算实质上只要求各元件的电抗值(标量)即可。

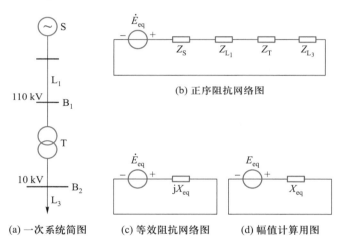

(a) 一次系统简图　　(c) 等效阻抗网络图　　(d) 幅值计算用图

图 2-1-1　正序阻抗图及化简示例

对于系统 S,已知其电抗 $X_{S.*}=1.1$,对应的标准容量 $S_{B.110}=1\ 000\ \text{MV}\cdot\text{A}$,折算到 10 kV 侧,基准电压 $U_{B.10}=10.5\ \text{kV}$,有

$$X_S=X_{S.*}\cdot\frac{U_{B.10}^2}{S_{B.110}}=1.1\times\frac{10.5^2}{1\ 000}\ \Omega=0.121\ 3\ \Omega$$

对于线路 L_1,折算到 10 kV 侧,110 kV 侧阻抗折算到 10 kV 侧,需要除以变比 k 的平方,在工程计算中,将该变比修正为 $k=115/10.5$,即

$$X_{L_1}=\frac{x_1 l_{L_1}}{k^2}=\frac{0.4\times20}{(115/10.5)^2}\ \Omega=0.066\ 7\ \Omega$$

对于变压器 T,短路电压百分数 U_k 代表对应于变压器额定容量 $S_{N.T}$ 的短路阻抗的标幺值,折算到 10 kV 侧,有

$$X_T=U_k\cdot\frac{U_{B.10}^2}{S_{N.T}}=0.105\times\frac{10.5^2}{31.5}\ \Omega=0.367\ 5\ \Omega$$

线路 L_3 所在电压等级为 10 kV，无需折算，直接计算，即

$$X_{L_3} = x_1 l_{L_3} = 0.4 \times 10 \ \Omega = 4 \ \Omega$$

根据上述计算，可以得到从电源处至故障点的电抗有名值之和，即

$$X_{eq} = X_S + X_{L_1} + X_T + X_{L_3} = (0.121\ 3 + 0.066\ 7 + 0.367\ 5 + 4) \ \Omega = 4.555\ 5 \ \Omega$$

（2）计算对应于基准容量 $S_B = 100 \ \text{MV} \cdot \text{A}$ 的标幺值。标幺值量纲为 1。

对于系统 S，对应的基准容量 $S_{B.110} = 1\ 000 \ \text{MV} \cdot \text{A}$，归算出标幺值电抗 $X'_{S.*}$ 为

$$X'_{S.*} = X_{S.*} \cdot \frac{S_B}{S_{B.110}} = 1.1 \times \frac{100}{1\ 000} = 0.11$$

线路 L_1 在高压侧，对应的基准电压 $U_{B.110} = 115 \ \text{kV}$，有

$$X_{L_1.*} = x_1 L_1 \frac{S_B}{U_{B.110}^2} = 0.4 \times 20 \times \frac{100}{115^2} = 0.060\ 5$$

变压器 T 与系统 S 的归算方法类似，给定参数对应的变压器容量 $S_{N.T} = 31.5 \ \text{MV} \cdot \text{A}$，有

$$X_{T.*} = U_k \frac{S_B}{S_{N.T}} = 0.105 \times \frac{100}{31.5} = 0.333\ 3$$

线路 L_3 在低压侧，对应的基准电压 $U_{B.10} = 10.5 \ \text{kV}$，有

$$X_{L_3.*} = x_1 L_3 \frac{S_B}{U_{B.10}^2} = 0.4 \times 10 \times \frac{100}{10.5^2} = 3.628\ 1$$

根据上述计算，可以得到从电源处至故障点的电抗标幺值之和，即

$$X_{eq.*} = X'_{S.*} + X_{L_1.*} + X_{T.*} + X_{L_3.*} = 0.11 + 0.060\ 5 + 0.333\ 3 + 3.628\ 1 = 4.131\ 9$$

通过上面的分析，可以使我们认识到，对于原始参数的演变，可归纳为从标幺值到有名值、从有名值到有名值和从有名值至标幺值三种方式。

> 注意：在计算过程中要么将电抗全部归为带有欧［姆］单位的有名值，要么全部归为无单位的标幺值，不得混淆！

2.1.3 正序网络化简

1. 单侧电源网络化简

仍结合图 2-1-1（a）所示单侧电源网络进行说明，化简结果如图 2-1-1（c）所示，如果未来只进行标量计算，则可采用图 2-1-1（d）表示。这种简化将二维度的相量运算简化为一维度标量计算（一个最简单的欧姆定律类问题），十分方便。

值得指出，对比图 1-2-1 所示网络，图 2-1-1（a）已相对简化，有些元件并未纳入计算，如线路 L_2 和母线 B_2 上的其他出线，原因是在馈线 L_3 发生三相短路故障时，这些线路上并无故障能量流过，而故障前各负荷线路均为空载，联络线上的潮流也为零。因此在阻抗计算之前，已将这些线路（或元件）删去了。

2. 双侧电源正序网络

双侧电源网络在 220 kV 及以上电压等级电网故障分析计算中比较常见，涉及两个或多个电源。以下结合实例加以说明正序网络化简方法，该实例取材于图 1-6-2 所示网络。

【例 2-1-2】 如图 2-1-2（a）所示网络，其中发电机 G 的额定有功功率为 $P_{N.G} = 600 \ \text{MV} \cdot \text{A}$，直轴次暂态电抗 $X''_d = 0.112$，功率因数为 $\cos \varphi = 0.85$，发电机

额定电压为 $U_{N.G} = 20$ kV；主变压器 MT 容量 $S_{N.MT} = 750$ MV·A，变比为 $k =$ 20 kV/550 kV，短路电压百分数 $U_k = 14\%$ ；高压厂用变压器 AT 容量 $S_{N.AT} = 36$ MV·A，变比为 $k = 20$ kV/10 kV，短路电压百分数 $U_k = 10\%$ 。基准容量取为 $S_B =$ 1 000 MV·A，500 kV 基准电压 $U_{B.500} = 525$ kV，10 kV 基准电压 $U_{B.10} = 10.5$ kV。

（1）母线 B_1 三相短路时，试求从发电机处至故障点的阻抗有名值之和（归算到 550 kV 侧）及标幺值之和，画出阻抗网络图；

（2）画出母线 B_3 处三相短路时，相应正序阻抗的网络图。

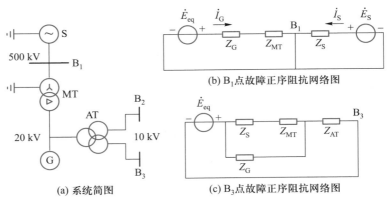

(a) 系统简图　　(b) B_1点故障正序阻抗网络图　　(c) B_3点故障正序阻抗网络图

图 2-1-2　双侧电源系统三相短路阻抗网络示意图

解：（1）计算阻抗。

发电机 G 额定有功功率 $P_{N.G}$ 需转成对应的额定容量 $S_{N.G} = P_{N.G}/\cos\varphi$ 。折算到500 kV侧电抗有名值为

$$X_G = X_d'' \frac{U_{B.500}^2}{P_{N.G}/\cos\varphi} = 0.112 \times \frac{525^2}{600/0.85} \ \Omega = 43.73 \ \Omega$$

对于变压器 MT，折算到 500 kV 侧电抗有名值为

$$X_{MT} = U_k \frac{U_{B.500}^2}{S_{N.MT}} = 0.14 \times \frac{525^2}{750} \ \Omega = 51.45 \ \Omega$$

则从发电机到母线 B_1 的电抗有名值之和为

$$X_{eq} = X_G + X_{MT} = (43.73 + 51.45) \ \Omega = 95.18 \ \Omega$$

发电机 G 标幺值

$$X_{G.*} = X_d'' \frac{S_B}{P_{N.G}/\cos\varphi} = 0.112 \times \frac{1000}{600/0.85} = 0.158\ 7$$

变压器 MT 标幺值

$$X_{MT.*} = U_k \frac{S_B}{S_{N.MT}} = 0.14 \times \frac{1\ 000}{750} = 0.186\ 7$$

则从发电机到母线 B_1 电抗标幺值之和为

$$X_{eq.*} = X_{G.*} + X_{MT.*} = 0.158\ 7 + 0.186\ 7 = 0.345\ 4$$

相应正序阻抗网络图如图 2-1-2（b）所示，图中 $\dot{E}_{eq}$ 为系统等值电势（相量）；Z_S 为系统阻抗；Z_G 为发电机阻抗，$Z_G = jX_G$ ；Z_{MT} 为变压器阻抗，$Z_{MT} = jX_{MT}$ 。

（2）母线 B_3 处三相短路时，相应正序阻抗网络如图 2-1-2（c）所示，图中 Z_{AT} 为变压器阻抗。

通过上述分析可知,当母线 B_1 处发生三相短路故障时,故障点三相被短接,见图 2-1-2(b)。如果只计算发电机侧所提供的故障电流 $\dot{I}_G$,实际与其对侧网络(即系统侧)无关。因此为获得如图 2-1-1(d)所示的简化网络,只需求取发电机 G 与主变压器 MT 的阻抗之和,而并不需要考虑系统阻抗。同时,B_1 处故障时,变压器 AT 并无故障电流流过。故障之前,发电机经主变压器与系统之间也无潮流,故障前初始电流为零,这些都为简化计算打下良好基础。

当计算母线 B_3 处发生三相短路故障时,实际又变成了一个单侧电源故障计算问题。见图 2-1-2(c),此时通过变压器 AT 的故障能量来源于发电机及系统。由于故障之前发电机经主变压器与系统之间无潮流,因此可认为发电机电源与系统电源的电势幅值相等,相角相同,两者可合二为一,相应阻抗并联。图中 Z_{AT} 左侧的三个阻抗可等效为一个阻抗值,便于变压器 AT 及其下一级配电网的短路计算,这在故障分析中是一种常见的手段,不是每一次故障计算都是从零开始的。为提高工作效率,我们要养成获取上一级系统等值参数的习惯。

2.1.4 对称分量法与复合序网法

从三相短路电流计算到简单的两相短路电流求取,一般采用正序阻抗网络就能解决。在接地故障分析中,由于涉及零序分量,故要用到对称分量法。

对于三相对称系统而言,作用在上面的正弦电压必然产生同频率正弦电流,只是在不对称故障时,虽然三相电压、电流同频率,三相的相量(Phasor,相量是电子工程学中用以表示正弦量大小和相位的矢量)也存在固定的相位差,且幅值不一,形成"奇形怪状"的相量。1918 年加拿大电气学家 Charles LeGeyt Fortescue 发明了十分具有创造性的数学分析方法——对称分量法(method of symmetrical components),即通过对称分量法,将一个三相不平衡电压或电流分解为平衡的正序、负序、零序电压或电流。

旋转的相量包含了正弦电气量信号的所有信息,因此通过相量表达正弦信号可以得到数学上的简化,将一维的标量(瞬时值)运算转化为二维(幅值与相角)相量运算。对称分量法就是在此基础上再加入"相序"这个维度。分别形成正序分量(positive-sequence set)、负序分量(negative-sequence set)、零序分量(zero-sequence set)三种不同的三维相量相序系统。由于加入了"相序"这个维度,正序、负序、零序系统不能够通过"线性"的方式相互转化,在数学上称为"不相关"。

无论是正序、负序还是零序电气量,由于其三相幅值是相等的,相角关系唯一,都属于"对称"分量。各序"对称"三相分量施加于"对称"三相系统,则三相电路可按单相电路进行分析,使故障分析计算得以简化。

对称分量法的另一大贡献是对不对称故障的能量流动规律进行了形象解释说明。如图 2-1-3 所示,图中等值电源 $\dot{E}_{eq}$ 为理想电压源,内阻抗为零,只提供正序能量,端口电压规定的正方向为:由 K 点指向 N 点为正。电流规定正方向为:N 点经阻抗流向 K 点为正。下标 1、2、0 分别代表正序、负序和零序。

如果系统中 K 点发生对称性故障,即三相短路,其能量转换示意如图 2-1-3(a)所示。从对称分量法的角度来看三相短路,K、N 相当于被短接。电源所产生的正序性质的能量将全部消耗于电源到故障点的正序阻抗 $Z_{1\Sigma}$ 上。故障点 K 点没有出现正序能量向其他序能量的转换。

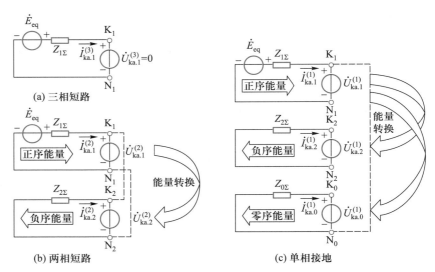

图 2-1-3　各序能量转换示意图

如果发生的是非接地类型不对称故障,如 BC 两相短路,则在故障点 K(或称边界处)的正序能量将有一部分转化为负序能量,如图 2-1-3(b)所示。为突出能量转换,故障点处的电压以电势的形式表示。根据能量转换关系,对于特殊 A 相有

$$\begin{cases} \dot{U}_{ka.1}^{(2)} \dot{I}_{ka.1}^{(2)} + \dot{U}_{ka.2}^{(2)} \dot{I}_{ka.2}^{(2)} = 0 \\ \dot{U}_{ka.1}^{(2)} = \dot{U}_{ka.2}^{(2)} \\ \dot{I}_{ka.1}^{(2)} = -\dot{I}_{ka.2}^{(2)} \end{cases} \quad (2-1-1)$$

式中,$\dot{U}_{ka.1}^{(2)}$、$\dot{U}_{ka.2}^{(2)}$——两相短路时,A 相正序、负序的电压分量,上标(2)代表两相短路;

$\dot{I}_{ka.1}^{(2)}$、$\dot{I}_{ka.2}^{(2)}$——两相短路时,A 相正序、负序的电流分量。

结合图 2-1-3(b)可见,正序网络中,能量的流动方向是从电源流向故障点;而负序网络中,能量的流动方向相对正序能量方向则是反方向,负序电势代表一种转换出来的新能量,它也是负序网络中的唯一能量源,负序能量消耗于负序阻抗 $Z_{2\Sigma}$ 上。

如果发生的是接地类型的不对称故障,如 A 相单相接地,则在故障点 K(或边界处),到达的正序能量($Z_{1\Sigma}$)将有一部分转化为负序能量($Z_{2\Sigma}$)、零序能量($Z_{0\Sigma}$),如图 2-1-3(c)所示。同上,三序能量之间存在转化关系,且在故障点处,能量总和应为零。根据单相接地的边界条件推导可知,三序电流方向是一致的,三序电压相加为零。根据能量转换关系,对于特殊相 A 相有

$$\begin{cases} \dot{U}_{ka.1}^{(1)} \dot{I}_{ka.1}^{(1)} + \dot{U}_{ka.2}^{(1)} \dot{I}_{ka.2}^{(1)} + \dot{U}_{ka.0}^{(1)} \dot{I}_{ka.0}^{(1)} = 0 \\ \dot{I}_{ka.1}^{(1)} = \dot{I}_{ka.2}^{(1)} = \dot{I}_{ka.0}^{(1)} \\ \dot{U}_{ka.1}^{(1)} = -(\dot{U}_{ka.2}^{(1)} + \dot{U}_{ka.0}^{(1)}) \end{cases} \quad (2-1-2)$$

式中,$\dot{U}_{ka.1}^{(1)}$、$\dot{U}_{ka.2}^{(1)}$、$\dot{U}_{ka.0}^{(1)}$——单相接地时,A 相正序、负序、零序的电压分量,上标(1)代表单相接地;

$i_{ka.1}^{(1)}$、$i_{ka.2}^{(1)}$、$\cdots\cdots$单相接地时,A 相正序、负序、零序的电流分量。

因此,负序、零序网络的源头是故障点,故障点的负序、零序电势是该网络中唯一能量源。能量的本源仍是正序能量,在正序网络中,其流动方向仍是从电源流向故障点,而对于负序、零序能量,其流动方向则是由故障点流向电源侧,这符合能量转化与能量守恒定律。值得注意的是,零序阻抗网络与正序、负序阻抗网络是有区别的。

复合序网法的实质是一种图解法,是在上述理论的基础上,求取各种不对称短路故障时电气量的一种简便等效方法,各序网络虽被一起连接在 $i_{ka.0}^{(1)}$,但并不能说正序电流流入了负序网络,正序电流变成了零序电流。只是根据上述能量转换关系,进行的一种图解示意,表述各序网络之间的电压与电流间的数值对比结果,以便计算出正序电流值。当分析两相短路时,根据能量转换关系,将正序网络与负序网络复合,形成一种并联型序网,在序网中只保留正序能量源。根据复合序网计算出正序电流值,然后再根据正序电流与负序电流的关系,求出负序电流及故障点各序电压,接着再进行相电压、相电流的计算等。同理在分析单相接地故障时,需要建立正序网络、负序网络、零序网络,形成一种串联型序网,应先求取正序电流值,再进行后续计算。

能量流动方向相对于电流方向的表示更为明确。在后续的继电保护分析中,会经常遇到负序功率方向的判别问题,因此建立牢固的能量流动方向的概念是很有必要的。

【例 2-1-3】 如图 2-1-2(a)所示网络。已知变压器高压侧中性点接地,高压侧为中性点接地系统,其等值正序阻抗为 Z_S,等值负序阻抗为 $Z_{S.2}$,等值零序阻抗为 $Z_{S.0}$,画出 B_1 母线 A 相单相接地故障的复合序网图。

解:(1)正序网络,参照图 2-1-3,故障点仍以 K 表示,见图 2-1-4 中最上层网络。图中含有 $\dot{E}_G$ 和 $\dot{E}_S$,为两侧电源等值电势,其标幺值一般取 1,网络中含有等值电源是正序网络的典型特征。端口电压 $\dot{U}_{ka.1}^{(1)}$ 由 K_1 指向 N_1 为其正方向,电流 $\dot{I}_T$、$\dot{I}_S$ 分别为变压器 MT 侧、系统 S 侧由 N_1 经阻抗元件流向 K_1 的电流。该网络中的正序等值阻抗为

$$Z_{1\Sigma} = (Z_G + Z_{MT})/\!/Z_S$$

(2)负序网络,相对于正序网络,其阻抗构成完全一样。工程计算中,默认正序阻抗等于负序阻抗。等值阻抗为

$$Z_{2\Sigma} = (Z_{G.2} + Z_{MT.2})/\!/Z_{S.2}$$

(3)零序网络,该网络中的零序等值阻抗为

$$Z_{0\Sigma} = Z_{MT.0}/\!/Z_{S.0}$$

经简化,得出等效后的复合序网如图 2-1-4 所示。

特别注意,变压器的零序参数与其结构、绕组的接线方式,以及中性点是否接地等多种因素相关。本例中,升压变压器 MT 采用中性点直接接地,接线组别为 Yn,d11,且在高压侧接地,变压器的零序阻抗 $Z_{MT.0}$ 与正序阻抗 Z_{MT} 相等。而发电机并未纳入复合序网中,原因是升压变压器 MT 低压侧为三相角形接法,无法流出零序能量,发电机所在系统本身也为中性点不接地系统,无法流过零序能量。也可以这样理解,故障点零序能量流动的起点是故障点,终点是 Yn,d11,变

压器 MT 的接地中性点,该能量只能在变压器内被等值的零序阻抗 $Z_{\text{MT.0}}$ 消耗。

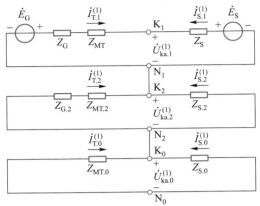

图 2-1-4　例 2-1-3 复合序网图

　　综上所述,正序网络就是计算三相短路时所用的网络,实现起来比较简单;对于同一故障点而言,负序网络与正序网络在组成元件上完全相同,只是该网络中没有电源电动势,负序网络的电压、电流皆由故障点的负序电动势产生;在零序网络中,没有电源电动势,只有故障点的零序电动势,零序网络的电压、电流皆由故障点的零序电动势产生。另外,零序网络中各元件均以零序参数和零序等值电路代替。

　　各序阻抗网络在构成过程中常见的错误如下:

　　(1) 在负序与零序网络中添加电源;

　　(2) 零序网络中包含发电机、中性点未接地变压器等无法流过零序电流的元件;

　　(3) 在正序及负序网络中,未删除空载或不可能流过短路电流的元件;

　　(4) 变压器中性点的阻抗值,或接地点过渡电阻的阻抗值未乘以 3。

2.1.5　电流量的简便计算

　　电流量值突然升高是电力系统故障的典型特征之一。对于不对称故障如单相接地故障,还需要考虑零序电流值。

1. 相间故障点电流

　　三相短路为对称性短路。结合图 2-1-1(d)可知,短路电流可采用标量计算方法,根据电抗有名值计算故障点三相短路电流值(三相电流相同,任取某一相) $I_{\text{k}}^{(3)}$,算式为

$$I_{\text{k}}^{(3)} = \frac{E_{\text{eq}}}{X_{\text{eq}}} \tag{2-1-3}$$

式中,E_{eq}——等值相电势有名值;

　　　　X_{eq}——等值相电抗有名值,等于正序电抗有名值。

　　根据三相短路电流标幺值 $I_{\text{k. }*}^{(3)}$ 计算三相短路电流 $I_{\text{k}}^{(3)}$,算式为

$$I_{\text{k}}^{(3)} = I_{\text{k. }*}^{(3)} I_{\text{B}} = \frac{E_{\text{eq. }*}}{X_{\text{eq. }*}} I_{\text{B}} = \frac{1}{X_{\text{eq. }*}} \cdot \frac{S_{\text{B}}}{\sqrt{3}\, U_{\text{B}}} \tag{2-1-4}$$

式中,$E_{eq.*}$——等值相电势标幺值,一般取1;

　　$X_{eq.*}$——等值相电抗标幺值,等于正序电抗标幺值;

　　I_B——基准电流;

　　S_B——基准容量;

　　U_B——基准电压(线电压)。

工程计算中,两相短路的相电流值 $I_k^{(2)}$ 与三相短路电流 $I_k^{(3)}$ 关系式为

$$I_k^{(2)} = \frac{\sqrt{3}}{2}I_k^{(3)} \approx 0.866 I_k^{(3)} \qquad (2-1-5)$$

值得指出,这种"打折"处理的方法是建立在正序阻抗未变化的条件下。系统有不同的运行方式,同一故障点的等值正序阻抗有可能发生变化。因此在计算时要根据实际,计算出三相短路电流后再求两相电流。

2. 接地故障点电流

对于继电保护而言,接地故障分析的核心难点是三倍零序电流的求取。结合前文分析及图 2-1-3 可知,对于单相接地故障,故障点三倍零序电流 $3I_0^{(1)}$ 等于故障相电流 $I_k^{(1)}$,有

$$3I_0^{(1)} = I_k^{(1)} = \frac{E_{eq}}{2X_{1\Sigma} + X_{0\Sigma}} \qquad (2-1-6)$$

式中,$X_{1\Sigma}$——等值正序电抗有名值;

　　$X_{0\Sigma}$——等值零序电抗有名值。

对于两相接地短路故障,三倍零序电流有名值 $3I_0^{(1.1)}$ 的算式为

$$3I_0^{(1.1)} = \frac{E_{eq}}{X_{1\Sigma} + 2X_{0\Sigma}} \qquad (2-1-7)$$

3. 故障电流的分布

故障点的总电流并不一定等于流过各支路的电流。不同的电压等级,体现的故障电流有名值也不相同。因此,仅求出故障点的相电流或序电流并不能代表计算已大功告成!以下结合实例加以说明。

【例 2-1-4】 结合例 2-1-1,参数不变,故障点 k 位于配电线路 L_3 末端。试计算:

(1) k 点发生三相短路及两相短路时,流过故障点的电流;

(2) k 点故障时,对应流过变压器高压侧 T 的电流。

解:(1) k 点发生三相短路时,根据式(2-1-3),可得故障点电流 $I_k^{(3)}$ 为

$$I_k^{(3)} = \frac{E_{eq}}{X_{eq}} = \frac{10.5 \times 10^3 / \sqrt{3}}{4.555\,5}\ A = 1\,330.7\ A$$

也可根据标幺值计算,根据式(2-1-4)有

$$I_k^{(3)} = I_{k.*}^{(3)} I_{B.10} = \frac{1}{X_{eq.*}} \cdot \frac{S_B}{\sqrt{3}\,U_{B.10}} = \frac{1}{4.131\,9} \times \frac{100 \times 10^3}{\sqrt{3} \times 10.5}\ A = 1\,330.7\ A$$

以上方法任选一种即可。

对于两相短路,有

$$I_k^{(2)} = 0.866 I_k^{(3)} = 0.866 \times 1\,330.7 = 1\,152.4\ A$$

（2）k 点发生三相短路时，流过变压器高压侧的电流 $I_T^{(3)}$ 为

$$I_T^{(3)} = \frac{I_k^{(3)}}{k} = \frac{1\,330.7}{115/10.5}\,A = 121.5\,A$$

对于两相短路，有

$$I_T^{(2)} = 0.866 I_T^{(3)} = 0.866 \times 121.5\,A \approx 105.2\,A$$

以下为验算。对于同一点、同一种类型的故障，电源所提供的短路容量是唯一的。因此，若不考虑电压降落，各处维持额定电压，则流过 T 处的短路容量 $S_{T.k}^{(3)}$ 应等于流过故障点短路容量 $S_k^{(3)}$。对于三相短路，有

$$S_{T.k}^{(3)} = \sqrt{3}\,U_{B.110} I_T^{(3)} = \sqrt{3} \times 115 \times \frac{121.5}{10^3}\,MV\cdot A = 24.2\,MV\cdot A$$

$$S_k^{(3)} = \sqrt{3}\,U_{B.10} I_k^{(3)} = \sqrt{3} \times 10.5 \times \frac{1\,330.7}{10^3}\,MV\cdot A = 24.2\,MV\cdot A = S_{T.k}^{(3)}$$

不难看出，10 kV 侧系统的短路电流较大，110 kV 侧系统的短路电流较小，但其表征的短路容量是一致的，短路容量标幺值 $S_{k.*}^{(3)}$ 表示为

$$S_{k.*}^{(3)} = \frac{S_k^{(3)}}{S_B} = \frac{24.2}{100} = 0.242$$

而短路电流标幺值 $I_{k.*}^{(3)}$ 与短路容量标幺值始终相等。

$$I_{k.*}^{(3)} = \frac{1}{4.131\,9} = 0.242 = S_{k.*}^{(3)}$$

因此，获得电抗标幺值等同于获得短路容量的标幺值，计算更为简便。如已知系统电抗标幺值为 0.1，基准容量为 100 MV·A，即可知系统所能提供的短路容量为 1 000 MV·A，反之亦然。

在运用有名值计算时，应注意：三相短路分析是任意选取对称系统中的一相进行计算的，等值电势应取相电压，而非线电压。

综上所述，三相短路电流计算依据的是正序网络，可直接求取某电源至故障点的短路电流，并不需要求取总电流后再加以归算，过程相对简单，两相短路电流可以从三相短路电流衍生（乘以 0.866）得到，并不一定要通过复合序网法推导出。

在故障电流计算中，常见的错误有：

（1）鱼目混珠，求出标幺值后，加上欧姆单位，代入电流有名值计算公式；

（2）张冠李戴，线电压和相电压值不分，高压和低压不分；

（3）答非所问，以故障点电流为结果，未求取各支路电流。

2.1.6　电压量的简便计算

在输电线路保护分析中，经常需要求取线路故障时保护安装处的电压，以下介绍几种简便的求取方法。先假设输电线路所在的母线称为"M 母线"。M 母线处即为继电保护装置的安装处，简称"保护安装处"。$X_{Mk.1}$、$X_{Mk.0}$ 为保护安装处与故障点之间线路（或其他元件）的正序、零序电抗。

1. 相电压

三相短路时，以 A 相为例，保护安装处（即 M 母线处，下同）相电压 $U_{Ma}^{(3)}$ 与故

障点(k点,下同)相电压 $U_{ka}^{(3)}$(为零值)关系式的标量形式可表示为

$$U_{Ma}^{(3)} = I_{Ma}^{(3)} X_{Mk.1} + U_{ka}^{(3)} = I_{Ma}^{(3)} X_{Mk.1} \qquad (2-1-8)$$

式中,$I_{Ma}^{(3)}$——k点三相短路时,流过保护安装处的A相电流值;

$X_{Mk.1}$——保护安装处与故障点之间的正序电抗。

由于此时故障点的相电压为零,保护安装处电压只与短路电流、保护安装处到故障点的正序阻抗有关,计算十分简便,且正序电压与相电压相等。

对于两相短路(以BC相为例)故障,故障点的故障相电压差为零,两相电流幅值相同,相角相反,即 $\dot{I}_{Mb}^{(2)} - \dot{I}_{Mc}^{(2)} = 2\dot{I}_{Mb}^{(2)}$。以标量形式表示,保护安装处B、C两相电压之差 $U_{Mbc}^{(2)}$ 与故障点B、C两相电压之差 $U_{kbc}^{(2)}$ 的关系为

$$U_{Mbc}^{(2)} = 2I_{Mb}^{(2)} X_{Mk.1} + U_{kbc}^{(2)} = 2I_{Mb}^{(2)} X_{Mk.1} \qquad (2-1-9)$$

式中,$I_{Mb}^{(2)}$——两相短路时,流过保护安装处的B相电流值(标量)。

同理,保护安装处故障点两相电压差的计算变得方便。

对于单相接地(以A相为例)故障,故障点的故障相电压 $U_{ka}^{(1)}$ 为零,根据对称分量法定义,M点相电压由三序压降组合而成,则有

$$U_{Ma}^{(1)} = (I_{Ma.1}^{(1)} X_{Mk.1} + I_{Ma.2}^{(1)} X_{Mk.1} + I_{Ma.0}^{(1)} X_{Mk.0}) + U_{ka}^{(1)} \qquad (2-1-10)$$

式中,$I_{Ma.1}^{(1)}$、$I_{Ma.2}^{(1)}$、$I_{Ma.0}^{(1)}$——单相接地时,流过保护安装处的A相正序、负序、零序电流值(标量);

$X_{Mk.0}$——保护安装处与故障点之间的零序电抗。

同理,故障点相电压的求取也可以简化。

2. 序电压

继电保护分析时,有时需要用到负序电压与零序电压。下面仍以输电线路为例,其等值网如图 2-1-5 所示,设母线 M 处为保护安装处,$Z_{S.2}$ 为保护安装处背后(即母线 M 左侧)的系统等值负序阻抗,$Z_{Mk.2}$、$Z_{Mk.0}$ 是从保护安装处(即母线 M 处)到故障点(k 点)之间线路(或其他元件)的负序、零序阻抗。注意此处的阻抗不再以电抗标量表示,而用矢量 Z 表示,主要目的是反映保护安装处电压与电流的相角关系,为继电保护分析做准备。

如图 2-1-5(a)所示为两相短路(以 BC 相为例,A 为特殊相)故障对应的负序网络示意图,根据该网络,可求取保护安装处 A 相的负序电压 $\dot{U}_{Ma.2}^{(2)}$。

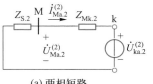
(a) 两相短路

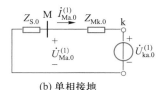
(b) 单相接地

图 2-1-5 序电压关系示意图

$$\begin{cases} \dot{U}_{Ma.2}^{(2)} = 0 - \dot{I}_{Ma.2}^{(2)} Z_{S.2} = -\dot{I}_{Ma.2}^{(2)} Z_{S.2} \\ \dot{U}_{Ma.2}^{(2)} = \dfrac{Z_{S.2}}{Z_{S.2} + Z_{Mk.2}} \dot{U}_{ka.2}^{(2)} = \dfrac{Z_{S.2}}{Z_{S.2} + Z_{Mk.1}} \cdot \dfrac{\dot{E}_{eq.a}}{2} \end{cases} \qquad (2-1-11)$$

式中,$\dot{I}_{Ma.2}^{(2)}$——A相负序电流相量。

$\dot{E}_{eq.a}$——A相系统等值电势相量。

上式第一行给出了根据短路电流求取保护安装处负序电压的算式。第二行

注意:保护安装处的负序电压相量 $\dot{U}_{Ma.2}^{(2)}$ 与负序电流 $\dot{I}_{Ma.2}^{(2)}$ 的关系取决于 $Z_{S.2}$,而不是保护安装处到故障点的负序阻抗 $Z_{Mk.2}$。

给出了根据电压直接求取保护安装处负序电压的算式。工程计算中,由于正序等值阻抗与负序等值阻抗近似相等,故障点的负序电压与正序电压将相等,均为电源电势的一半,即 $\dot{U}_{ka.2}^{(2)}=\dot{U}_{ka.1}^{(2)}=\dot{E}_{eq.a}^{(2)}/2$,因此根据分压比可以直接求得保护安装处的负序电压。

在求 $\dot{U}_{Ma.2}^{(2)}$ 幅值时,注意公式中阻抗的阻抗角都相同。计算分压比时,最好采用标幺值阻抗运算。当然也可采用有名值阻抗比,但需要归算到同一电压等级。

观察图 2-1-5(a)可知,故障点(图中 k 点)的负序电压在网络中最高,而 $Z_{S.2}$ 所占网络总阻抗比例越小,保护安装处(图中 M 点)的负序电压就越低。因此由图 2-1-5(a)可知,保护安装处的位置离故障点越近,负序电压就越高,反之负序电压越低,其最低处位于系统中性点。如图 2-1-2 所示的发电机 G 的中性点,注意该点并未接地。

单相接地故障时的零序等值网络如图 2-1-5(b)所示,保护安装处(母线 M 处)的零序电压 $\dot{U}_{Ma.0}^{(1)}$ 与故障点(k 点)零序电压的关系式为

$$\begin{cases} \dot{U}_{Ma.0}^{(1)}=0-\dot{I}_{Ma.0}^{(1)}Z_{S.0}=-\dot{I}_{Ma.0}^{(1)}Z_{S.0} \\ \dot{U}_{Ma.0}^{(1)}=\dfrac{Z_{S.0}}{Z_{S.0}+Z_{Mk.0}}\dot{U}_{ka.0}^{(1)} \end{cases} \qquad (2-1-12)$$

注意:零序电压 $\dot{U}_{Ma.0}^{(1)}$ 与零序电流 $\dot{I}_{Ma.0}^{(1)}$ 关系式前出现了负号,且两者之前的关系取决于 $Z_{S.0}$。

式中,$\dot{I}_{Ma.0}^{(1)}$——单相接地故障时,流过保护安装处的 A 相零序电流分量;

$\dot{U}_{ka.0}^{(1)}$——单相接地故障时,故障点处的零序电压;

$Z_{S.0}$——系统零序阻抗;

$Z_{MK.0}$——保护安装处与故障点之间的零序阻抗。

上式中,第一行的"0"是为了强调在零序网络中,并不存在系统零序等值电势。

观察图 2-1-5(b)以及本公式所示 $\dot{U}_{Ma.0}^{(1)}$ 与 $\dot{U}_{ka.0}^{(1)}$ 电压比例关系可知,故障点 k 点的零序电压在网络中最高,而 $Z_{S.0}$ 所占网络总阻抗比例越小,M 点零序电压就越低。因此可知,保护安装处的位置离故障点越近,零序电压就越高;反之零序电压越低,其最低处位于接地中性点。如图 2-1-2 所示的主变压器 MT 的接地中性点,注意该点必须接地才有此结论。

如果 S 侧零序电流无法流通,则等效阻抗 $Z_{S.0}=\infty$,零序电流 $\dot{I}_{Ma.0}^{(1)}=0$,$\dot{U}_{Ma.0}^{(1)}$ 与 $\dot{U}_{ka.0}^{(1)}$ 电压比例为 1:1,该情况适用于中性点不接地系统,或在接地故障系统中零序电流无法流通的支路。

在故障电压计算中,较常见的错误如下:

(1)条件不清,不清楚故障的性质及边界条件;

(2)方向不明,不清楚故障能量的流动方向;

(3)方法不当,如不会采用分压法求取保护安装处电压。

故障分析过程中,应避免上述错误,抓住分析重点。同时应注意计算的准确性,重视对计算结果的分析。

2.2　故障录波图识读

PPT 资源:
2.2 故障录波图识读

故障录波装置(fault wave recorder)的作用类似于公路上抓拍机动车违章的

监测探头。在电力系统发生故障时,故障录波装置能自动、准确地记录故障发生时刻前、后的各种电气量的变化信息,这些信息对分析处理故障性质与演变过程、判断保护是否正确动作有着重要作用。

2.2.1　基本构成

各类故障录波图的格式基本相同,主要包括:文字信息、录波图比例标尺、通道注解、时间刻度、录波波形五个部分。

（1）文字信息

文字信息是指对本次故障录波的文字性说明,主要描述故障录波设备信息、被录波对象信息、录波启动的绝对时间等。部分故障录波图的文字信息会给出故障相别、故障电流、故障电压、故障距离的一些基本信息,以供技术人员参考。

（2）录波图比例标尺

录波图比例标尺有电流比例标尺、电压比例标尺、时间比例标尺,它们是对录波图进行量化阅读的重要工具。比例标尺由录波装置自动生成,其比例标尺可以是瞬时值标尺,也可以是有效值标尺,以二次瞬时值比例标尺最为常见。

（3）通道注解

通道注解是对所录波形的内容进行定义,标明当前通道中所录波形的对象名称。

（4）时间刻度

时间刻度一般以 s(秒)或 ms(毫秒)作为刻度单位,相当于坐标系中的横轴,一般每一格对应一个工频周期,如 20 ms。以 0 为故障突变时刻,要求误差不超过 1 ms。同时要求 0 ms 前输出不小于 40 ms 的正常波形。实际现场的很多故障录波器并不完全是以 0 时刻为故障突变时刻,因此在分析录波图时要注意区分。

在录波图打印输出过程中,为了减小篇幅,方便阅读,一般会将录波图中电气量较长时间无明显变化的录波段省略。

（5）录波波形

对于模拟量,主要录取三相电压、电流及三倍零序电压、电流信号。对于开关量,主要录取保护动作信号、断路器位置及重要的告警信号等。

2.2.2　阅读方法

学会阅读故障录波图,判断故障类别,分析保护动作行为,是继电保护工作者需要掌握的一项技能,主要包括幅值阅读、相位关系阅读、时间阅读。

1. 幅值阅读

录波图的幅值阅读主要分为交流峰值阅读、交流有效值阅读和非周期分量阅读,相当于读取录波波形各点在坐标系中纵轴上的投影刻度。

（1）不含非周期分量的录波图幅值阅读

典型大电流接地系统的单相接地短路故障录波图如图 2-2-1 所示。从中可看出,以 0 ms 为故障发生的零时刻,-60 ~ 0 ms 为故障前正常状态,占时间轴 3 格。此时三相电压为工频、正序,幅值为额定电压,三相电流幅值为零,代表故障前空载。

模拟量通道：

i_a=17.0 A/格	i_b=17.0 A/格	i_c=17.0 A/格	$3i_0$=17.0 A/格
u_a=100.00 V/格	u_b=100.00 V/格	u_c=100.00 V/格	$3u_0$=100.00 V/格

开关量通道：

1=发信	2=发信	3=A相跳闸	4=B相跳闸
5=C相跳闸	6=永跳	7=重合闸	8=其他保护动作

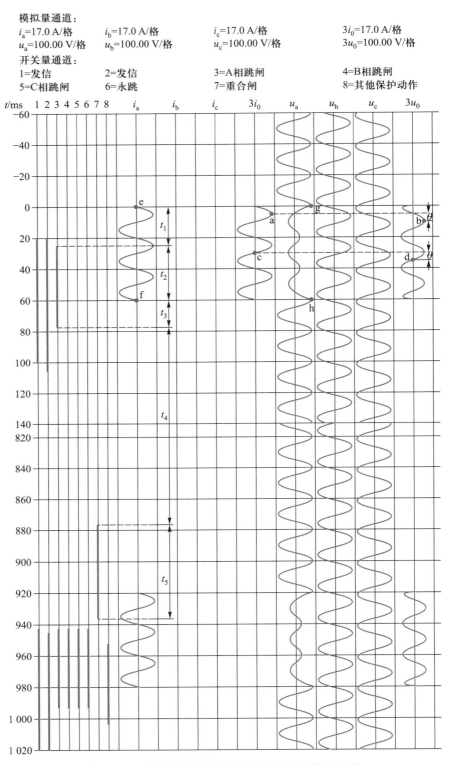

图 2-2-1　单相接地短路故障录波图(保护装置录波)

在 0 ms 发生 A 相单相接地短路故障,A 相电流如图 e ~ f 段电流波形。A 相电压如图 g ~ h 段电压波形,可见幅值有明显下降。同时出现 $3i_0$、$3u_0$。

由图 2-2-1 可知,A 相电流波形的正负半周幅值相等,波形基本不含非周期分量。根据录波图比例标尺说明可知,电流标尺为 17 A/格(二次瞬时值),电压标尺为 100 V/格(二次瞬时值),从图中可以看出 e~f 段电流波形峰值处约占 0.9 格,可估计出 A 相二次电流有效值约为

$$I_{a.s} = (0.9 \times 17) \div \sqrt{2} \ \text{A} \approx 10.8 \ \text{A} \qquad (2-2-1)$$

已知 TA 变比为 1 200/5,可估计出 A 相一次电流有效值为

$$I_{a.p} = I_{a.s} \cdot n_{TA} = 10.8 \times (1\ 200/5) \ \text{A} = 2\ 592 \ \text{A} \qquad (2-2-2)$$

同理,可看出 g~h 段 A 相电压波形峰值处约占 0.3 格,电压标尺为 100V/格(二次瞬时值),所以其二次电压有效值估算如下

$$U_{a.s} = (0.3 \times 100) \div \sqrt{2} \ \text{V} \approx 21.2 \ \text{V} \qquad (2-2-3)$$

已知 TV 变比 $n_{TV} = \dfrac{220}{\sqrt{3}} \Big/ \dfrac{0.1}{\sqrt{3}} = 2\ 200$,可估计出 A 相一次电压有效值为

$$U_{a.p} = U_{a.s} \cdot n_{TV} = 21.2 \times 2\ 200 \ \text{V} \approx 46.6 \ \text{kV} \qquad (2-2-4)$$

(2)含有非周期分量的录波图幅值阅读

如图 2-2-2 所示的是包含非周期分量的电流波形图。使用的标尺为 10 kA/格(一次峰值),TA、TV 变比同上。由图可见,波形最大峰值在 a 点,a 点处约占 2.15 格,所以一次电流最大值 i_{max} 估算如下

$$i_{max.p} = 2.15 \times 10 \ \text{kA} = 21.5 \ \text{kA} \qquad (2-2-5)$$

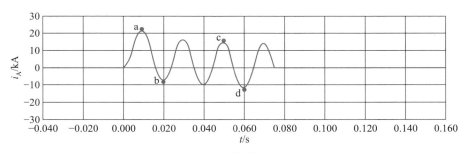

图 2-2-2　包含非周期分量的电流波形图

A 相故障电流波形偏于时间轴上方,波形中含有一定的非周期分量。从图 2-2-2 中可以看出波形第一个周期最大峰值在 a 点,第一个周期另一峰值在 b 点,a 点处约占 2.15 格,b 点处约占 0.7 格(时间轴下方)。所以,非周期分量 $i_{unb.max.p}$ 值估算如下

$$i_{unb.max.p} = \left(\frac{2.15 - (-0.7)}{2} \right) \times 10 \ \text{kA} \approx 14 \ \text{kA} \qquad (2-2-6)$$

一般而言,继电保护装置只取短路电流中的周期分量。为了使周期分量有效值的估算精度高,应尽量使用故障波形中的对称部分,该类波形中,非周期分量已基本衰减至零,对有效值的估算影响较小,取图中 c 点和 d 点的峰值差进行估算。从图中可以看出 c 点处约占 1.45 格,d 点处约占 1.2 格(时间轴下方),所以有效值估算如下

$$I_{\omega} = \left(\frac{1.45 - (-1.2)}{2} \right) \times 10 \ \text{kA} / \sqrt{2} \approx 9.4 \ \text{kA} \qquad (2-2-7)$$

2. 相位关系阅读

录波图的相位关系阅读主要有两种情况,一是不同电气量之间相位关系的(超前或滞后角度)阅读,二是同一电气量故障前与故障期间相位关系的阅读。图 2-2-1 中零序电流 $3i_0$ 与零序电压 $3u_0$ 相位关系的阅读方法如下:

在图中可以通过加辅助线来帮助阅读,一般利用两波形的特殊点进行比较,如波形的峰值点、过零点,图 2-2-1 中 a 点与 b 点的比较是利用峰值点,c 点和 d 点的比较是利用过零点。其中 θ 为 $3i_0$ 与 $3u_0$ 的相位角度差。这里可观察两个峰值点或两个过零点之间的角度差值,图 2-2-1 中两个峰值点或两个过零点相差稍大于时间刻度的 1/4 格,每格对应 360° 相角变化,因此估计的角度为 100° ~ 110°。

这里需要注意的是过零点与峰值点的方向,波形的过零点有正向过零点和负向过零点,峰值点有正峰值点和负峰值点。因此在选择过零点或峰值点的时候,要注意两个波形对应点的一致性,要选择同方向最近的点进行比较。

同一电气量故障前与故障期间的相位关系阅读主要应用在电压量波形的阅读上,如图 2-2-3 所示的一组电压波形图。

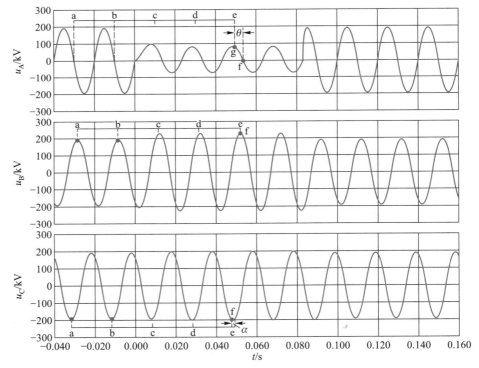

图 2-2-3　一组电压波形图

从图 2-2-3 可以看出,故障从 0 ms 开始,共持续了 85 ms 左右。故障前 40 ms 为正常电压波形。现需比较故障期间各相电压与各自故障前电压的相位关系,方法如下:

利用故障前电压波形中两个同方向的峰值点(或过零点),在图中画出两峰值(或过零点)点间的水平距离所代表的线段,如图 2-2-3 中的 ab 线段;然后该线段长度向故障时间区域依次延长,分别得到 bc、cd、de 线段,在 e 点做垂直于时间轴的辅助线,相交于故障期间的电压波形于 g 点,比较辅助线与其最临近的同方向峰值点(过零点)f 的相位即可得到故障电压与故障前电压的相位差。

从图 2-2-3 可以看出,A 相电压故障前过零点的延伸点 e 与故障期间电压过零点 f 的相位关系为:故障电压滞后故障前电压一个 θ 角。得到 e 点和 f 点之间的水平距离后,可以通过两种方法估算角度,一是通过两点在故障电压波形上的落点段波形时间刻度的格数来确定,如 gf 段波形约占 1/6 格,因此角度为 60°左右;二是通过时间轴的刻度读出 ef 之间的水平距离对应的时间,然后转换成角度。

B 相电压故障前的峰值延伸点 e 与故障期间电压峰值点 f 基本同相,即故障电压与故障前电压基本同相。

C 相电压故障前的峰值延伸 e 点与故障期间电压峰值点 f 的相位关系为:故障电压超前故障前电压一个 α 角,为 10°~15°。

3. 时间阅读

故障电流持续时间阅读。一般利用故障电流波形所占格数来估算故障持续时间。图 2-2-1 中,A 相故障电流从 0 ms 时开始突变,至 60 ms 时结束,持续的时间为 60 ms。

保护动作时间阅读。在 A 相电流发生突变后约 1.25 个周期时,在继电保护动作出口发出 A 相断路器跳闸命令(简称"A 相跳闸")(图 2-2-1 中 3 号通道的粗黑线出现),可知保护动作时间约为 25 ms(图 2-2-1 中时间 t_1)。

断路器跳闸时间阅读。从保护出口跳闸到故障电流消失约为 1.75 个周期,可知断路器的固有跳闸时间约为 35 ms(图 2-2-1 中时间 t_2)。

其他时间阅读方法类似。

注意:过零点(或峰值点)延伸 e 点与故障电压过零点(或峰值点)f 的相位关系,当 e 点位于 f 点的左侧时,故障电压相角滞后于故障前电压,反之为超前。

2.2.3 分析案例

本书给出了部分故障录波图的识读与分析案例供读者进行拓展阅读,它们分别是:

(1) 220 kV 输电线路故障录波分析

本案例分析对象为某 220 kV 单侧电源线路,其结构与图 2-1-1 类似。与本节对应的电子文档给出了该线路区内(离开母线有一定距离)发生 A 相金属性接地短路故障以及本线路内部(离开母线有一定距离)B 相、C 相金属性相间短路故障录波图及识读、分析的说明。

(2) 主变压器故障录波分析

本案例分析对象为一个采用 Yn,d11 接线组别的主变压器,本节对应的电子文档给出了该保护角形侧故障及星形侧故障的录波图及识读、分析的说明。

阅读资料:2.3 故障录波图案例

本 章 小 结

原始参数计算中,各元件阻抗标幺值计算是重点,"幺"代表着数目 1,标准容量可理解为幺(1)倍额定容量、标准电压可理解为幺(1)倍额定电压,以此类推。

标幺值计算实质是将实际的参数与标准的幺（1）倍参数比值,有"当量"的意思。

电力系统稳态分析中所采用的系统各元件阻抗是指正序阻抗,在故障分析中,由于涉及不对称的故障分析,因此需要计算某些元件的负序阻抗,甚至零序阻抗。注意负序阻抗一般与正序阻抗取值相等,零序阻抗一般不等同于正序阻抗,且与故障点位置、系统网络结构（如变压器中性点是否接地）密切相关。各序阻抗网络的构成与化简方法是进行不对称故障分析的重要前提。

学习对称分量法时,应坚持能量守恒这一原则,在此基础上理解与掌握正序能量在故障点将转化为负序能量或者负序加零序能量。横向短路的简便计算方法是提高短路计算分析效率的保障。要注意故障点电气量并不一定等同于保护安装处的故障电气量,不同的短路类型、系统结构、变压器接线方式等将影响各序电气量的分布。

故障录波图是电力工作者了解故障前和故障时的全过程、判断事故性质的重要工具。学会阅读故障录波图、判断故障类别、分析保护动作行为是继电保护工作者需要掌握的一项技能。通过阅读电气量的幅值和相位关系、时间和开关量信息,了解故障电气量特征、保护及开关等设备的动作情况,分析故障发生的时间与故障类型,准确判断故障情况,以便及时处理事故,迅速恢复供电。

本章主要复习内容如下:

（1）元件标幺值计算公式;

（2）主要元件序阻抗的求法;

（3）各序网络化简方法;

（4）横向短路电流简便计算公式;

（5）录波图电气量的幅值、相位关系的识读方法;

（6）通过录波图判别故障类型的方法。

习　题

PDF 资源:
第 2 章 习题
答案

2.1　参照例 2-1-1 参数。（1）计算母线 B_1 处发生 CA 两相短路时,流过母线 B_1 的 A 相电流,母线 B_1 处的 A 相负序电压值。（2）计算母线 B_2 处发生 A、B 两相短路时,母线 B_1 处的 A 相负序电压值。（3）分析上述计算结果,得出什么规律?

2.2　结合例 2-1-1 参数。（1）计算母线 B_1 处三相短路时,流过母线 B_1 的 A 相电流,母线 B_1 处的线电压值。（2）计算母线 B_2 处发生三相短路时,流过母线 B_1 的 A 相电流,母线 B_1 处的线电压值。（3）分析上述计算结果,得出什么规律?

2.3　结合例 2-1-2 参数。设系统正序阻抗为 0.098。（1）计算母线 B_3 处三相短路时,故障点三相电流值,流过母线 B_1 的三相电流有名值;（2）计算此时发电机端电压及母线 B_1 的三相电压有名值;（3）对上述计算结果进行简要分析。

2.4　结合例 2-1-2 参数。设系统正序阻抗为 0.098。（1）计算母线 B_3 处发生 AB 两相短路时,故障点故障相电流值,流过 AT 高压侧各相的电流值;（2）计算 AT 高压侧、MT 高压的负序电压值;（3）对上述计算结果进行简要分析。

2.5 如题 2.5 图所示系统故障前为空载状态,图中 MN 线路总长 40 km,在离母线 M 30 km 处发生故障,变压器 T 中性点与大地间有一开关 SG,变压器采用 Yn,d11 接线组别。(1) 计算各元件阻抗标幺值,基准容量取 100 MV·A;(2) 在 SG 闭合条件下,计算 k 点 A 相单相接地时,流过母线 M、N 的三倍零序电流有名值、故障点接地电流有名值;(3) 在 SG 打开条件下,计算 k 点 A 相单相接地时,流过母线 M、N 的各相电流有名值,故障点接地电流有名值;(4) 对上述计算结果进行简要分析。

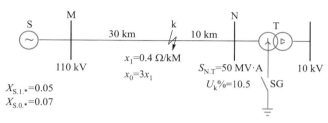

题 2.5 图

2.6 如题 2.6 图所示母线 M 左侧系统零序阻抗 $Z_{M.0}$ 的阻抗角为 80°,母线 M 右侧系统零序阻抗 $Z_{Mk.0}$ 的阻抗角为 70°,设 k 点 C 相通过过渡电阻 $R_g = 20\Omega$ 发生单相接地,画出零序网,写出 M 处零序电压的表达式。以三倍零序电压 $\dot{U}_{Ma.0}^{(1)}$ 为参考电压(幅值为 1,标幺值),画出三倍零序电流 $\dot{I}_{Ma.0}^{(1)}$(幅值为 1,标幺值)与三倍零序电压 $\dot{U}_{Ma.0}^{(1)}$ 之间相位关系示意图。

2.7 对于模拟量,故障录波图录波波形部分包括哪些内容?

2.8 依据图 2-2-1 阅读零序电流 $3i_0$、零序电压 $3u_0$ 的有效值。

2.9 依据图 2-2-1 阅读保护返回时间 t_3、重合闸延时时间 t_4、重合闸脉冲宽度 t_5。

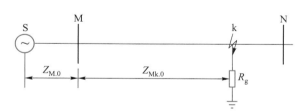

题 2.6 图

第3章 继电保护相关二次回路

二次回路(secondary circuit)主要指对电力一次系统进行监测、控制、调节和保护的电气回路。本章主要介绍与继电保护相关的电压二次回路、电流二次回路、断路器控制回路等二次回路,并对二次回路防电磁干扰问题进行探讨。

3.1 基本概念

PPT 资源:
3.1 基本概念

3.1.1 思维导图

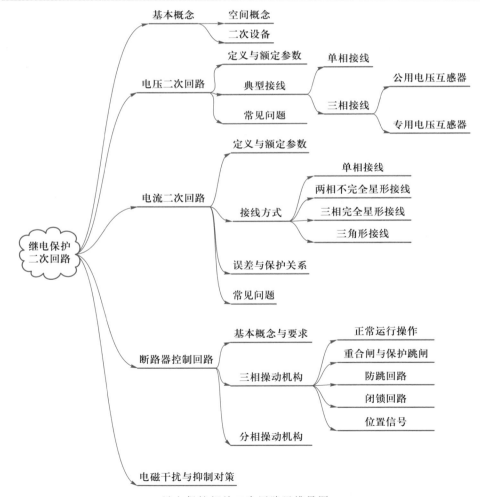

继电保护相关二次回路思维导图

本章将首先介绍变电站内一次系统设备与二次系统设备的空间概念。接着,从互感器的极性与相关标识、接线方式、互感器的变比等参数以及常见问题等几个方面介绍电压、电流的二次回路。同时,简要介绍断路器控制回路的基本概念,并重点介绍三相操动机构断路器控制回路,具体介绍控制回路的主要设备、重合闸和保护跳闸、防跳回路等二次回路的工作原理。最后,对二次回路中电磁干扰问题和抑制对策进行简要介绍,以便于学习者对于变电站二次回路有更完整的具体认识。

电力一次系统是指由发电机、输电线路、变压器、断路器等发电、输电、变电、配电设备组成的系统。本节主要介绍变电站内一次系统设备与二次系统设备的空间概念,以及部分二次设备。

3.1.2 建立空间概念

变电所中存在多种一次系统设备与二次系统设备,简称一次设备与二次设备。以某 220 kV 变电所为例,按照设备功能的不同可以分为:主变压器(三卷变)部分、进出线部分(220 kV、110 kV)、母线部分(220 kV、110 kV、10 kV)、馈线(10 kV)部分、所用电部分、直流部分等。

以主变压器单元为例,其一次设备一般布置于控制室外,二次设备主要布置于控制室内。室外设备主要包括主变压器、电压互感器、电流互感器、隔离开关等;室内设备主要包括保护屏、控制屏、计量屏、直流屏、所用电屏等。

某主变压器一次、二次设备联系示意图如图 3-1-1 所示。主控制室、二次设备室内的屏(柜)通过电缆(或光纤、网线)进行联系,控制屏经保护屏向与变压器相关的断路器及隔离开关发出电气控制命令;断路器、隔离开关、变压器的状态信息通过电缆(或光纤、网线)引入保护屏和控制屏;电压互感器、电流互感器二次的电压、电流信息通过电缆(或光纤、网线)引入到保护屏和计量屏;直流屏向控制屏和保护屏提供直流电源;所用电屏通过电缆向主变压器、断路器、隔离开关提供交流电源。

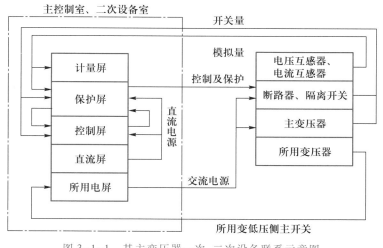

图 3-1-1 某主变压器一次、二次设备联系示意图

3.1.3 部分二次设备

1. 保护屏与测控屏

保护屏(柜)内主要安装有各类继电保护设备、显示设备(仪表、指示灯等)、

连接设备(端子排、压板、空气开关等)、控制设备(转换开关、按钮等)以及其他相关设备。根据不同的电压等级配置不同的保护装置,安装于保护屏内。

测控屏内主要安装有测控装置。测控装置将采集的信息转换为数字信号后,再由网络上传至变电站内的监控系统,执行上级调度或监控系统发出的控制命令。

一般以一次间隔(如主变压器)为单位设置保护屏和测控屏,屏内的装置通过内部配线相互联系,屏与屏之间(或屏与一次设备之间)通过电缆或光纤相连,实现装置之间的功能配合与信息交互。

2. 控制回路的保护设备

控制回路的保护设备用于切除控制回路的短路故障,并作为回路检修、调试时断开电源之用,保护设备采用熔断器或自动空气开关。为了满足保护双重化要求,断路器应有两个跳闸绕组,分别装设保护设备,各自接于不同蓄电池组供电的直流母线或接于不同的分段母线上。

3. 端子排

端子排是承载多个或多组相互绝缘的端子组件,用于固定支持件的绝缘。在二次回路中,端子排起到联系节点的作用。对于屏内、各屏间、室内与室外的强电信号(如电压、电流、控制命令等)传输,必须借助于端子排。

3.2 电压互感器二次回路

本节重点说明与继电保护相关的电压互感器二次回路。

3.2.1 基本概念

PPT 资源:
3.2 电压互感器二次回路

电力系统属于高电压大电流的强电系统,其运行设备为一次设备,而继电保护属于低电压二次设备,不能直接接入一次系统的高电压、大电流。互感器的作用是将电力系统的一次电流、一次电压变换成与其成正比的小电流、小电压。继电保护装置通过测量二次电压、电流,间接地获得电力系统的运行状态信息,根据不同情况做出相应的动作行为。因此说,互感器是继电保护"团队"的重要"成员"。掌握互感器的相应特性、参数以及与继电保护装置连接的方法,做到合理地使用,对于学习继电保护系统而言是非常重要的。

1. 定义与名称

电压互感器的主要作用是以合理的准确度,将高电压(一次电压)按电压比(即变比)变换为二次电压,以供继电保护装置及其他测量装置使用。相对于传递能量用的主变压器,电压互感器可认为是一种额定容量很小,等值内阻抗值很高,专门用于传变一次电压信息的特殊用途变压器,其二次输出电压可以满足设备及人身安全的要求。

电压互感器标准的文字代号为"TV",其中"T"为主文字符号,代表变压器大类,而"V"是辅助文字符号,代表"电压",在现场也称为 PT(potential transformer)er),或称"压变"。

电压互感器的型式多种多样,按工作原理划分为电磁式电压互感器、电容式电压互感器、电子式电压互感器。前两者为传统型电压互感器,后者为智能变电站采用的新型电压互感器。

2. 额定参数

目前,电压互感器额定的容量输出标准值是 10、15、25、30、50、75、100、150、200、250、300、400、500,单位为 V·A。注意容量相对很小,与主变压器容量不在一个数量级。设备选型时,先计算出各台电压互感器的实际负载容量,然后再选出与之相近并大于实际负载容量的标准输出容量,并留有一定的裕度。

国内生产并投入电网运行的电压互感器一次额定电压(线电压表示)有 6、10、15、20、35、60、110、220、330、500、750 等,单位为 kV。接在三相系统相与地之间(或中性点与地之间)的单相电压互感器,其额定一次电压为上述额定电压的 $1/\sqrt{3}$。

继电保护使用电压互感器的标准准确度有 3P 和 6P 两个等级。其中"P"代表保护,3、6 分别代表综合误差为 3% 和 6%。

在电力系统正常运行时,若继电保护装置测量到各相的二次电压为 57.7 V,则代表三相一次电压为满压,即正常的运行状态。在这种情况下,AB、BC、CA 相间电压值应为 100 V。因此称二次额定电压 $U_{N.s}$ 为 100V,即 0.1 kV。

电压互感器的变比是与继电保护关系最密切的参数,经常被用到。如某 110 kV 母线三相电压互感器变比表示为 $\frac{110}{\sqrt{3}}kV\left/\frac{0.1}{\sqrt{3}}kV\right/0.1\ kV$,注意其中蓝色部分,前者为一次绕组额定电压 $U_{N.p}$ 除以 $\sqrt{3}$,中间部分为二次主绕组额定电压 $U_{N.s}$ 除以 $\sqrt{3}$。对应的变比 n_{TV} 为

$$n_{TV} = \frac{U_{N.p}}{\sqrt{3}}\left/\frac{U_{N.s}}{\sqrt{3}}\right. = \frac{U_{N.p}}{U_{N.s}} = \frac{U_{N.p}}{0.1} \tag{3-2-1}$$

对于 110 kV 电压互感器,最常用到的变比 $n_{TV.110} = 110\ kV/0.1\ kV = 1\ 100$。对于 10 kV 电压互感器,$n_{TV.10} = 10\ kV/0.1\ kV = 100$,代表互感器任意一相的一次绕组匝数与二次绕组匝数或三次绕组匝数之比。

注意:变比计算过程中,二次主绕组额定电压固定为 0.1 kV。无论在哪一个电压等级,该值都不变。

3. 安装位置

电压互感器安装位置示意如图 3-2-1 所示。图中蓝色点处为电压互感器安装的位置。

在图 3-2-1(a)中,在 110 kV 降压变压器 T_1 高压侧、线路 L_1 和母线 B_1 上分别安装有电压互感器 1、2,两点之间有断路器 QF_1。当 QF_1 断开时,线路 L_1 有可能带电,点 1、2 分属于不同的两个电气节点,因此需要各装设一台电压互感器。QF_2 与 T_1 之间不再装设电压互感器,原因是当 QF_2 断开时,没有检测变压器 T_1 高压侧电压的必要。QF_2 闭合时,变压器 T_1 高压侧与点 2 距离很近,不需考虑电压降落,可认为是同一电气节点,电压值完全一样。因此,电压互感器 2 称为母

视频资源:
3.2.1.3 电压互感器安装位置

线电压互感器,隶属于母线,为接于母线的设备提供共享的电压量信息。点 3 与点 2 之间,存在变压器 T_1,点 3 处装设母线电压互感器用于测量变压器低压侧电压。

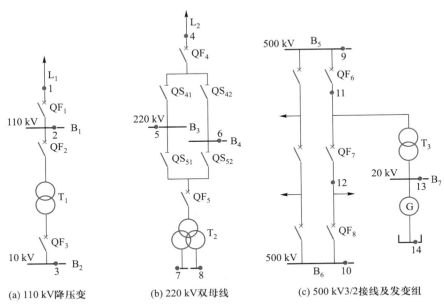

(a) 110 kV降压变   (b) 220 kV双母线   (c) 500 kV3/2接线及发变组

图 3-2-1 电压互感器安装位置示意图

在图 3-2-1(b)中,点 4 为进线电压互感器。在点 5 和点 6 分别测量 220 kV 双母线电压,在点 7 和点 8 分别测量 220 kV 主变压器 T_2 的中压侧和低压侧电压。

在图 3-2-1(c)中,在点 9 和点 10 分别测量 500 kV 母线电压。对于 3/2 接线,由于断路器存在,分别在点 11 和点 12 布置互感器以测量相应出线或元件的首端电压。在点 13 测量发电机端电压,在点 14 测量发电机中性点电压。

4. 重要特征

对于一次系统而言,电压互感器测量的是节点电压,但并不是在每个节点都装设,目前只获取系统中各关键节点的电压。对于保护及测量装置而言,电压互感器近似为一个电压源。

在二次电压一定的情况下,阻抗越小则电流越大。当电压互感器的二次回路短路时,二次回路的阻抗接近为零,二次电流将变得非常大,如果没有保护措施,将会损坏电压互感器,所以电压互感器的二次侧严禁短路!

由于从电压互感器到继电保护装置之间的电压二次回路必须装设防止电压互感器短路的熔断器或自动空气开关等保护器件;电压互感器二次设备必须有且只能有一个接地点,以防止一次高压窜至二次侧时可能对人身及二次设备造成伤害;二次回路中只有经过室内外的接线端子箱、保护屏顶电压小母线等器件是有效、可靠的连接,才能保证继电保护装置获得互感器输出的电压;因此,电压二次回路出现缺陷的概率大大增加,有些缺陷平时较难被发现,只有在系统故障时才暴露出来,而为时已晚。无论是接错线、断线或者是接地点布置错误,都将导致保护装置的"眼睛"被蒙蔽,一系列错误的发生,因此二次回路必须引起我们的高度重视。

综上所述,电压互感器二次侧的主要特征为:近似电压源特征,二次侧严禁短路;二次侧必须有且只能有一个接地点;二次侧接线易出现断线、接错、多个接地点等缺陷问题。

3.2.2 典型接线

1. 单相接线

电压互感器的单相接线与双绕组变压器的接线类似。图3-2-2(a)为变压器常用电压、电流表示及关联正方向示意图,其中k为变压器变比值,Z为所接负载。两侧电压、电流采用瞬时值表示,其中,u_p、i_p代表一次电压、电流,u_s、i_s代表二次电压、电流。

图3-2-2(b)为电压互感器单相接线示意图,相对于普通变压器,电压互感器高压侧增加了F_1,带有熔断器的隔离开关。低压侧的F_2代表互感器二次侧的快速熔断器或自动空气开关。工程中,变比符号常用n_{TV}表示。$\dot{U}_p$、$\dot{U}_s$常被称为一次电压与二次电压,实际上是指电压相量,参考方向也改成箭头形状。

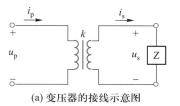

(a) 变压器的接线示意图

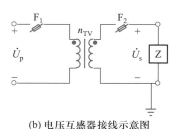

(b) 电压互感器接线示意图

图3-2-2 电压互感器单相
接线示意图

两端可以接某一相线及大地,测量相对地电压;或者一端接在中性点,另一端接地,测量某元件(如发电机)中性点对地电压;也可以将两端接在不同的两相之间,测量线电压。上述三种接线,测量的都是一次侧两个端口间的电压,无论互感器怎么接,一次、二次绕组都只有一个。虽被称为单相式电压互感器,但测量的一次量值并不一定是某一单相(如A相)的对地电压。图3-2-2(b)不再标识电流符号,原因是电压互感器一次、二次绕组的电流都接近于0,一般不会讨论电压互感器的电流问题。电压互感器二次回路保护的作用是在其二次回路发生短路时,防止对电压互感器的二次线圈造成损坏。注意二次侧有一个接地点,属于保护接地(PE, protection earthing)。

2. 三相接线

如图3-2-3所示,为三相电压互感器一次、二次绕组示意图,图3-2-3(a)给出了一种最常用的连接方式,一次绕组经熔断器式隔离开关F_{a1}、F_{b1}、F_{c1}分别与母线A、B、C相连;二次绕组经熔断器或空气开关F_{a2}、F_{b2}、F_{c2}分别输出电流,供给保护与测量装置使用。

对于每一相而言,一次电压与对应二次电压的关系,与图3-2-2所示的单相接线并无差别。一次绕组的非极性端短接在一起为中性点N,$\dot{U}_{AN}$、$\dot{U}_{BN}$、$\dot{U}_{CN}$分别是一次各相对中性点 N 的电压,同理,二次绕组中 $\dot{U}_{an}$、$\dot{U}_{bn}$、$\dot{U}_{cn}$ 分别为二次主绕组各相对中性点 n 的电压,$n_{TV.main}$ 为对应变比,则一次相间电压与二次主绕组相间电压关系为

$$
\begin{cases}
(\dot{U}_{AN}-\dot{U}_{BN})/n_{TV.main}=(\dot{U}_{an}-\dot{U}_{bn}) \\
(\dot{U}_{BN}-\dot{U}_{CN})/n_{TV.main}=(\dot{U}_{bn}-\dot{U}_{cn}) \\
(\dot{U}_{CN}-\dot{U}_{AN})/n_{TV.main}=(\dot{U}_{cn}-\dot{U}_{an})
\end{cases}
\qquad(3-2-2)
$$

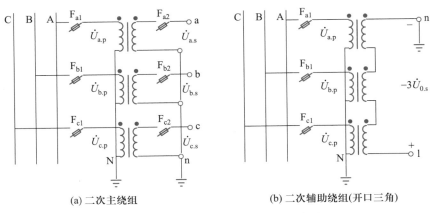

(a) 二次主绕组　　　　　　　　(b) 二次辅助绕组(开口三角)

图 3-2-3　电压互感器三相接线示意图

如果电压互感器中性点 N、n 都接地,令 $\dot{U}_{a.p}$、$\dot{U}_{b.p}$、$\dot{U}_{c.p}$ 分别为一次各相对中性点 N 的电压,$\dot{U}_{a.s}$、$\dot{U}_{b.s}$、$\dot{U}_{c.s}$ 分别为二次各相对中性点 n 的电压,则有

$$
\begin{cases}
\dot{U}_{a.p}/n_{TV.main}=\dot{U}_{a.s} \\
\dot{U}_{b.p}/n_{TV.main}=\dot{U}_{b.s} \\
\dot{U}_{c.p}/n_{TV.main}=\dot{U}_{c.s}
\end{cases}
\qquad(3-2-3)
$$

继电保护装置及大部分测量装置主要通过图 3-2-3(a) 所示绕组获取电压,该二次绕组被称为电压互感器的二次主绕组。一次、二次绕组都接成星形,尾部都接于中性点 N、n 点。

如图 3-2-3(b) 所示,对于互感器的二次辅助绕组,注意图中一次绕组与图(a) 为同一个,二次主绕组与二次辅助绕组绕在同一铁心上,共用一个一次绕组。二次辅助绕组共有三相,绕组串联,并将 A 相绕组极性端接地于 n 点,C 相绕组的非极性端输出为点 l(注意:l 是 L 字母的小写)。二次辅助绕组如此接线,形成一个“开口三角”,目的是获得三倍零序电压量 $3\dot{U}_{0.s}$ 的负值。设 $n_{TV.aux}$ 为辅助绕组对应变比,则有

$$
-3\dot{U}_{0.s}=-(\dot{U}_{a.p}+\dot{U}_{b.p}+\dot{U}_{c.p})/n_{TV.aux}
\qquad(3-2-4)
$$

如图 3-2-4 所示的是发电机中性点与机端电压互感器接线示意图。

发电机端的专用 TV 的二次侧有两个不同绕组,除二次主绕组外,开口三角输出零序电压。注意该互感器一次中性点不与大地(ground,g) 相连,而是与发电机中性点 N 相连。因此,专用 TV“开口三角”获得的三倍零序电压量 $3\dot{U}_{0.s}$ 的负值为

$$-3\dot{U}_{0.s} = -(\dot{U}_{AN} + \dot{U}_{BN} + \dot{U}_{CN})/n_{TV.aux} \tag{3-2-5}$$

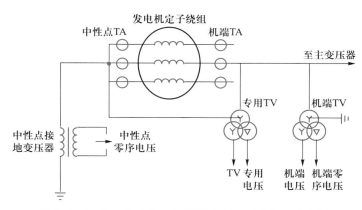

图3-2-4   发电机中性点与机端电压互感器接线示意图

该电压被称为纵向零序电压。在图3-2-4中,发电机端的专用TV的一次中性点接地,即与大地相连。计算公用TV开口三角电压,有

$$-3\dot{U}_{0.s} = -(\dot{U}_{Ag} + \dot{U}_{Bg} + \dot{U}_{Cg})/n_{TV.aux} \tag{3-2-6}$$

式中,$\dot{U}_{Ag}$、$\dot{U}_{Bg}$、$\dot{U}_{Cg}$——A、B、C 三相对地电压一次值,该电压被称为横向零序电压。

上述两式虽然获得的都是零序电压,但前者反映的是三相对中性点电压之和,后者反映的是三相对大地电压之和。

通过中性点接地的变压器是一个单相电压互感器,通过发电机中性点也可以获得零序电压。输出零序电压 $\dot{U}_0$ 为

$$\dot{U}_{0.s} = \dot{U}_{Ng.p}/n_{TV.N} \tag{3-2-7}$$

式中,$\dot{U}_{Ng.p}$——发电机中性点 N 与大地之间的电压;

$n_{TV.N}$——发电机中性点 TV 变比,$n_{TV.N} = \dfrac{U_{GN}}{\sqrt{3}}/0.1$。

【例3-2-1】 某电压互感器接线如图3-2-5所示。一次绕组呈星形接于A、B、C 相母线,中性点为 N 并接地;二次主绕组呈星形接于代号为 A630、B630、C630 电压小母线,中性点 n 引至代号为 N600 电压小母线并接地;电压互感器二次辅助绕组(开口三角)分别引至代号为 L630、N600′电压小母线,并将 N600′接地。请问:

(1) 如该互感器一次母线额定电压为 110 kV,变比为 $\dfrac{110}{\sqrt{3}}$kV $\left/\right.$ $\dfrac{0.1}{\sqrt{3}}$ kV $\left/\right.$ 0.1 kV,则正常时 A630、B630、C630 对 N600 电压为多少? L630 对 N600′电压为多少?

(2) 如该互感器一次母线电压为 10 kV,变比为 $\dfrac{10}{\sqrt{3}}$ kV $\left/\right.$ $\dfrac{0.1}{\sqrt{3}}$ kV $\left/\right.$ $\dfrac{0.1}{3}$ kV,则正常时 A630、B630、C630 对 N600 小母线电压为多少? L630 对 N600′电压为多少?

解:(1) 根据该变比,A630、B630、C630 对 N600 电压为二次主绕组输出电压,以 A 相为例,有

$$\left| \dot{U}_{\text{AN. P}} \right| / n_{\text{TV}} = \left[\frac{110}{\sqrt{3}} \middle/ \left(\frac{110}{\sqrt{3}} \middle/ \frac{0.1}{\sqrt{3}} \right) \right] \text{ kV} = \frac{0.1}{\sqrt{3}} \text{ kV}$$

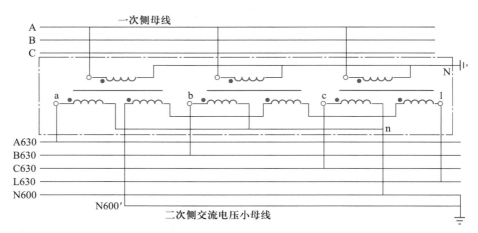

图 3-2-5 例 3-2-1 和例 3-2-2 图

因为正常运行,三相电压对称,所以二次主绕组中,每相额定电压均为 $\frac{0.1}{\sqrt{3}}$ kV = 57.7 V。

L630 小母线对 N600 小母线电压为

$$\left| -3\dot{U}_{0.\,\text{S}} \right| = \left| \dot{U}_{\text{a. p}} + \dot{U}_{\text{b. p}} + \dot{U}_{\text{c. p}} \right| / n_{\text{TV. aux}} = \left[0 \middle/ \left(\frac{110}{\sqrt{3}} \middle/ 0.1 \right) \right] \text{ kV} = 0 \text{ V}$$

即开口三角电压输出幅值为 0 V。

(2) 根据该变比,A630、B630、C630 对 N600 二次主绕组的输出电压不变,仍为 57.7 V,开口三角电压也为 0 V。

【例 3-2-2】 电压互感器 TV 二次接线如图 3-2-5 所示。请问:

(1) 如该互感器一次母线电压为 110 kV,设系统发生 A 相接地,一次电压相位关系如图 3-2-6(a) 所示。A630、B630、C630 对 N600 电压为多少? L630 对 N600′电压为多少?

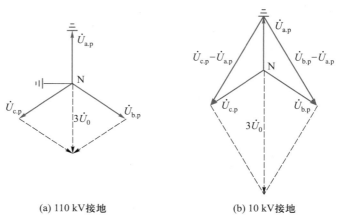

(a) 110 kV接地   (b) 10 kV接地

图 3-2-6 例 3-2-2 图

(2) 如该互感器一次母线电压为 10 kV,设系统发生 A 相接地故障,一次电压相位关系如图 3-2-6(b) 所示,则 A630、B630、C630 对 N600 电压为多少?
L630 对 N600′电压为多少?

解:(1) 根据题意,由式(3-2-3),有

$$\begin{cases} |\dot{U}_{a.s}| = 0/n_{TV} = 0 \\ |\dot{U}_{b.s}| = |\dot{U}_{b.p}|/n_{TV} = 57.7\ \text{V} \\ |\dot{U}_{c.s}| = |\dot{U}_{c.p}|/n_{TV} = 57.7\ \text{V} \end{cases}$$

由上式可知 A630 对 N600 电压由 57.7 V 降为 0 V,B630、C630 对 N600 电压
仍为每相的额定电压为 57.7 V。由式(3-2-4),有

$$|-3\dot{U}_{0.s}| = (\dot{U}_{a.p} + \dot{U}_{b.p} + \dot{U}_{c.p})/n_{TV.aux}$$

$$= |-\dot{U}_N|/n_{TV.aux} = \frac{110 \times 10^3\ \text{V}}{\sqrt{3}} \bigg/ \left(\frac{110}{\sqrt{3}} \bigg/ 0.1\right) = 100\ \text{V}$$

一次侧三相电压所合成的零序电压与故障前额定相电压相等,根据变比,二
次侧 L630 对 N600 电压即所称的 100V 开口三角电压。

(2) 根据题意,结合图 3-2-5、图 3-2-6(b),电压互感器输入量 A、B、C 三
相对地电压。相对于前一问,该电压发生了变化,A 相对地电压变为零,B、C 两

相对地电压幅值升高为原来的 $\sqrt{3}$ 倍。根据变比 $\dfrac{10}{\sqrt{3}}$kV $\bigg/ \dfrac{0.1}{\sqrt{3}}$kV $\bigg/ \dfrac{0.1}{3}$kV,同样由式

(3-2-3)可知,A630 对 N600 电压由 57.7V 降为 0V,B630、C630 对 N600 电压由
57.7V 升为 100V。开口三角输出电压为

$$|-3\dot{U}_{0.s}| = -(\dot{U}_{a.p} + \dot{U}_{b.p} + \dot{U}_{c.p})/n_{TV.aux}$$

$$= |-3\dot{U}_N|/n_{TV.aux} = \left[3 \times \frac{10 \times 10^3}{\sqrt{3}} \bigg/ \left(\frac{10}{\sqrt{3}} \bigg/ \frac{0.1}{3}\right)\right]\ \text{V}$$

$$= 3 \times 10^3 \times \frac{0.1}{3}\text{V} = 100\ \text{V}$$

注意:由于辅助
绕组的变比发生了变
化,L630 对 N600 电
压即所称的 100 V 开
口三角电压。

3. 实际应用

为了满足不同继电保护、安全自动装置,以及测量和计量装置的测量需求,
电压互感器有多种配置和接线方式。一般按以下原则配置。

(1) 含两个次级的三相电压互感器

对于 110 kV 及以下的电压等级,主接线为单母线、单母线分段、双母线等,在母
线上安装三相电压互感器。电压互感器一般有两个次级,一组接为星形,一组接为
开口三角形,如图 3-2-7(a) 所示。内桥接线的电压互感器可以安装在线路侧,也
可以安装在母线上,一般不同时安装。安装地点的不同对保护功能会有影响。

(2) 含一个次级的单相电压互感器

当出线上有电源,需要检测线路是否有电压或需要进行同期并列时,在线路
侧一般只安装单相电压互感器,如图 3-2-7(b) 所示。

(3) 含多个次级的三相电压互感器

对于 220 kV 及以上的电压等级,为了继电保护的完全双重化,一般选用三个
次级电压互感器,其中两组接为星形,一组接为开口三角形,如图 3-2-7(c)所

示。对于 500 kV 3/2 主接线,常常在线路侧或变压器侧安装三相电压互感器,以作为保护、测量和通信公用。

（4）含多个次级的单相电压互感器

对于 500 kV 3/2 主接线,母线上安装单相电压互感器,以供同期并列及重合闸装置使用,如图 3-2-7(d)所示。

(a) 含两个次级的三相电压互感器　(b) 含一个次级的单相电压互感器

(c) 含多个次级的三相电压互感器　(d) 含多个次级的单相电压互感器

图 3-2-7　电压互感器的几种常见接线方式

（5）接于中性点的电压互感器

35 kV 及以下电压等级系统多采用中性点非有效接地,称为小电流接地系统。当该类系统发生接地故障,特别是间歇性(时有时无)的接地故障时,易产生暂态过电压,有可能造成电压互感器铁心饱和,引起铁磁谐振,使系统产生谐振过电压。所以小电流接地系统的电压互感器均要考虑消除谐振问题。图 3-2-8 为某星形接线示意图,所用变压器中性点接一只单相电压互感器,既能取得零序电压,又能起到消除谐振的作用。

（6）Z 型变压器

Z 型变压器是一种中低压配电系统常用的接地变压器,起到电压互感器的作用。Z 型变压器采用曲折形绕组连接法,并在中性点处引出中性点套管,以便加装消弧线圈或接地电阻,如图 3-2-9 所示。一次侧 A、B、C 相的每个铁心柱上都绕有 2 个相别的绕组,分别为 AB、BC、CA 相绕组,同一铁心柱上绕组所产生的磁势大小相等、方向相反,二次侧 a、b、c 可获得如式(3-2-2)所示电压。当系统发生单相接地故障时,接地变压器绕组对正序、负序电流都呈现高阻抗,而对零序电流则呈现较低阻抗,因此这一零序电流有可能经过接地变压器中性点电阻或消弧线圈,从而起到消除故障点电弧电流、抑制过电压的作用。

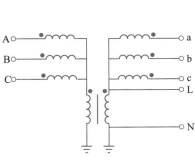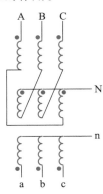

图 3-2-8　某星形接线示意图　　　图 3-2-9　Z 型变压器原理接线图

3.2.3 常见问题

1. 二次电压切换及反充电

保护装置通过母线电压互感器获得相应母线的电压信息,保护装置隶属于某一元件(如某线路),当该元件从本母线切换到另一条母线时,保护装置也要跟着切换电压信息来源。这就涉及保护装置的电压切换问题。下面以双母线电压切换为例加以说明。

由双母线接线特征可知,双母线上所连接的电气设备(如某条出线)可利用该间隔的隔离开关进行切换,选择与母线Ⅰ或母线Ⅱ相连。由于电压互感器是母线公用设备,所以需要进行二次电压切换。如图3-2-10所示为三相电压互感器中的单相切换示意图,三相切换原理相同。图中 QF_1 为断路器,箭头指向安装间隔的某一电气设备(如输电线路),该电气设备可通过 QS_1、QS_2 切换与母线Ⅰ或母线Ⅱ的连接。保护装置是图3-2-10中的Z元件,当 QS_1 闭合时,其辅助触点(通过图中虚线连接)闭合,电压切换继电器 KSW_1 励磁,对应触点闭合,只有 F_{11} 与 F_{12} 均闭合时,保护装置Z才能获得母线Ⅰ电压互感器的电压。电压切换继电器 KSW_2 触点是否闭合,与一次电气设备(如出线的隔离开关)位置相呼应,决定了保护装置能不能获得相应母线的电压。

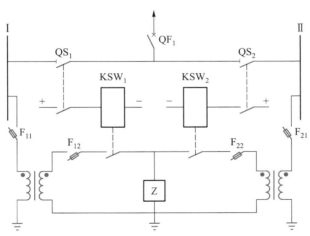

图3-2-10 双母线接线电压互感器二次切换示意图

图3-2-10中Z元件既可代表保护装置,也可代表其他测量、计量装置。由于相应隔离开关 QS_1、QS_2 的辅助触点和切换继电器 KSW_1、KSW_2 的触点,都是根据隔离开关打开或闭合的状态自动切换,所以Z元件所测量的母线电压将服从于该间隔一次回路的状态。

母线Ⅰ或母线Ⅱ的隔离开关在倒闸操作过程中,有可能出现 QS_1、QS_2 同时闭合的情况,对于Z元件有可能出现 KSW_1、KSW_2 常开触点同时闭合的情况。正常时这是防止Z元件失去电压的好办法,而问题也因此出现,若某一段母线(如母线Ⅱ)的一次侧不带电(如处于备用或检修状态),而切换继电器 KSW_2 未失电,加之 F_{21}、F_{22} 由于人为原因未打开,则出现电压互感器二次侧向一次侧反充电现象,这是一种需要绝对禁止出现的人身和设备安全隐患!对于继电保护装置而言,这种工作失误,极有可能使带电的另一段母线 Ⅰ 上的 F_{12}(或 F_{11})因过载而断开,从而造成保护装置失去电压,相关功能失效。

其他母线接线方式也存在电压切换问题,总体原则:无论如何切换,最终目的是一次元件与哪条母线相连接,二次元件就取得对应那条母线的电压;同时,要防止反充电现象的发生。

2. 中性点两点接地

电压互感器的二次回路只允许有一个接地点。当存在两个及以上接地点的电力系统发生故障时,各个接地点的地电位相差很大,容易造成继电保护的误动或拒动,也有可能造成二次回路及装置的损坏。注意,接地点应装设在保护装置的控制室内。如将中性点电压小母线(N600)一点接地,则与此中性点电压小母线连通的几组电压互感器二次回路不能再有中性点接地。

如图 3-2-11 所示,正常的中性点接地点应为 n 点,m 点在电压互感器 TV 二次中性点引出线附近是本不应存在的一个接地点。在某些情况下,m 点与大地之间存在电阻 Z_g,使得 m 点的电位并不等于零。以 n 点为电压基准点,即 $\dot{U}_n = 0$,则 m、n 两点间可能出现电压差。设 m、n 两点间压降为 $\dot{U}_{mn}$,其与流过的 $\dot{I}_{mn}$ 电流同相。

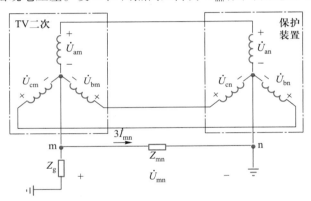

图 3-2-11　电压互感器中性点两点接地示意图

$\dot{U}_{am}$、$\dot{U}_{bm}$、$\dot{U}_{cm}$ 为 TV 二次绕组的输出电压,参考方向均指向绕组中性点 m。$\dot{U}_{an}$、$\dot{U}_{bn}$、$\dot{U}_{cn}$ 为保护装置等值负载上所感受到的电压,参考方向均指向中性点 n。保护装置感受到的电压可表示为

$$\begin{cases} \dot{U}_{an} = \dot{U}_{am} + \dot{U}_{mn} \\ \dot{U}_{bn} = \dot{U}_{bm} + \dot{U}_{mn} \\ \dot{U}_{cn} = \dot{U}_{cm} + \dot{U}_{mn} \end{cases} \quad (3-2-8)$$

显然,此时保护装置感受到的各相电压($\dot{U}_{an}$、$\dot{U}_{bn}$、$\dot{U}_{cn}$)不再与互感器绕组上所感应的系统真实电压($\dot{U}_{am}$、$\dot{U}_{bm}$、$\dot{U}_{cm}$)保持一致,使得保护装置得不到系统电压的真实信息,所以自然也就无法保证正确动作。

例如,中性点接地系统中出现 C 相接地故障,互感器输入的 C 相电压基本为零,而 A、B 相电压基本不变,如图 3-2-12 所示。由于 $\dot{U}_{mn}$ 的存在,使得保护装置测得的电压发生改变,本例中,A 相电压升高大于额定电压,B 相电压降低,故障相电压变化大。由此可以得出一个结论:TV 二次两点接地产生的附加电压将使

健全相中的一相电压明显升高,而另一相出现降低,故障相电压幅值变得不为零,相位变化明显。如保护装置根据所测得的三相电压进行三倍零序电压计算,获得"自产零序电压",有

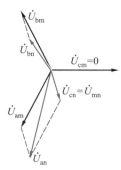

图 3-2-12   中性点两点接地造成电压偏差示意图

$$3\dot{U}_{n.0} = \dot{U}_{an} + \dot{U}_{bn} + \dot{U}_{cn}$$

$$= (\dot{U}_{am} + \dot{U}_{mn}) + (\dot{U}_{bm} + \dot{U}_{mn}) + (\dot{U}_{cm} + \dot{U}_{mn})$$

$$= 3\dot{U}_{m.0} + 3\dot{U}_{mn} = 3\dot{U}_{m.0} + 3\dot{I}_{mn}Z_{mn} \qquad (3-2-9)$$

在某些接地故障情况中,如果变电站接地不良,将使 m 点电位升高明显,从而使得自产零序电压与系统的实际情况出现较大差异,有可能引起保护装置不正确动作。

值得注意的是,此问题具有一定的隐蔽性。因为正常运行时,大地中并无电流流过,$\dot{U}_{mn} = 0$,自产零序电压 $3\dot{U}_{n.0} = 0$,保护装置感受到的是正常三相电压,故不可能给予告警。

综上所述,电压互感器二次主绕组及相应回路、二次辅助绕组及相应回路必须有接地点,但上述电压互感器的二次回路的所有 N 线只允许共用同一个接地点。正如相关规程所言:经控制室小母线(N600)连通的几组电压互感器二次回路,只应在控制室内将 N600 一点接地。

3. 二次回路断线

TV 中性点断线示意图如图 3-2-13 所示,n' 点是保护装置内部中性点。n 点为控制室内公用的接地中性点。正常时,n' 点与 n 点应可靠相连,有 $Z_{nn'} \approx 0$。图中 A 相、B 相、C 相及中性线连接线阻抗忽略不计。

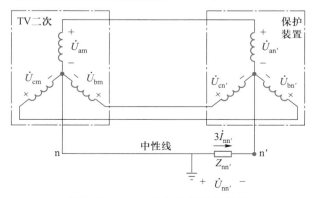

图 3-2-13   TV 中性点断线示意图

利用节点电压法求图中的中性点电位

$$\dot{U}_{n'} = \frac{\dot{U}_{an'}/Z_A + \dot{U}_{bn'}/Z_B + \dot{U}_{cn'}/Z_C}{1/Z_A + 1/Z_B + 1/Z_C + 1/Z_{nn'}} \quad (3-2-10)$$

（1）A 相、B 相、C 相回路断线

在电压回路完全正常情况下，假设电压互感器的各相二次负载阻抗相等，则有 $\dot{U}_n = \dot{U}_{n'} = 0$，$Z_{nn'} \approx 0$。保护装置所测得电压与互感器输出电压基本相等。

例如，在运行过程中 A 相、B 相、C 相中的任一相发生断线，保护装置会感受到各相电压（$\dot{U}_{an}$、$\dot{U}_{bn}$、$\dot{U}_{cn}$）有可能变化。当 $Z_{nn'} \approx 0$ 时断线相电压接近于零，未断线相电压不会发生明显变化，若 $Z_{nn'}$ 较大，未断线相电压就不再与互感器绕组上所感应的系统真实电压（$\dot{U}_{an'}$、$\dot{U}_{bn'}$、$\dot{U}_{cn'}$）保持一致。

（2）中性线断线

$Z_{nn'}$ 变大的极端情况是中性线断线，即 $Z_{nn'} = \infty$。假设电压互感器的各相二次负载阻抗相等，则 $\dot{U}_{n'} = (\dot{U}_{an} + \dot{U}_{bn} + \dot{U}_{cn})/3$，$\dot{U}_{n'} \neq \dot{U}_n (\dot{U}_n = 0)$。因此，保护装置实际测量的各相电压应为 $\dot{U}_{\phi n'.S} = \dot{U}_{\phi n.S} - \dot{U}_{n'}$，其中 ϕ 代表 A，B，C 三相。以系统中保护装置安装处发生 A 相接地故障为例，保护装置测量得到的各相电压可以表示为

$$\begin{cases} \dot{U}_{an'} = -(\dot{U}_{bn} + \dot{U}_{cn})/3 \\ \dot{U}_{bn'} = -(-2\dot{U}_{bn} + \dot{U}_{cn})/3 \quad (3-2-11) \\ \dot{U}_{cn'} = -(\dot{U}_{bn} - 2\dot{U}_{cn})/3 \end{cases}$$

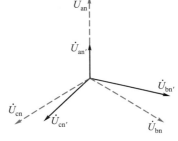

其中，各电压向量关系如图 3-2-14 所示。

由式（3-2-11）可知，在电压回路中性线断线情况下，当一次系统发生接地故障时，保护装置测量得出的零序电压为 0 V，与实际不符。

值得指出，电压互感器的断线类型有一次绕组或相应回路断线（即一次侧出现非全相运

图 3-2-14　中性线断线时各电压向量图

行）、二次主绕组或相应回路断线、二次辅助绕组断线等。这三种形式都被称为 PT 断线。PT 断线将有可能导致继电保护发生拒动或误动。为防止 PT 断线导致保护装置误动作，必须考虑增加 PT 断线闭锁保护功能。当 PT 断线或电压回路熔断器熔断或快速开关断开造成电压快速消失时，应将相关失压后易误动的保护出口闭锁，并发出告警信号。另一方面，由于 PT 断线的形式和相别各有不同，因此继电保护还需要设计不同的 PT 断线判据。

3.3　电流互感器二次回路

本节重点说明与继电保护相关的电流互感器二次回路。

3.3.1　基本概念

1. 定义与名称

电流互感器（TA）主要作用是以合理的准确度，将大电流（一次电流）按电流

比(即变比)变换为小电流(二次电流),以供继电保护装置及其他测量装置使用,满足设备及人身安全的要求。电流互感器在现场也称为CT(current transformer)或流变。目前标准的文字代号为TA,其中T为主文字符号,代表"变压器"大类,而A是辅助文字符号,代表"电流"。按工作原理可分为电磁式电流互感器、电子式电流互感器。目前已有光电式电流互感器出现,本章介绍电磁式电流互感器。

电流互感器的一次绕组匝数一般只有1~2匝,而其二次绕组匝数少则几十匝,多则几千匝。电压互感器则正好相反,一次绕组匝数多,二次绕组匝数少。

对于保护和测量装置,电压互感器近似为一个电压源,二次侧严禁短路;电流互感器近似为一个电流源。运行中的电流互感器,二次回路必须接有负荷(阻抗值应很小)或直接将二次回路短路,如出现二次开路,将出现很高的开路电压,对二次绕组的绝缘、测量和继电保护装置构成威胁,所以电流互感器运行时应防止二次绕组开路!

视频资源:
3.3.1 电流互感器的一些概念

电磁型电流互感器与变压器一样,都是通过电磁耦合变换传递能量。如图3-3-1(a)所示的是单线图表示符号,该符号在系统简图中出现,其中竖线代表电流互感器的一次绕组,一根线代表三相;圆代表电流互感器的一组二次绕组,横线代表二次的输出。图3-3-1(b)中,用L_1、L_2标记一次绕组的始端和末端,用K_1、K_2标记二次绕组的始端和末端,接线相对直观。图中通常用"*"或"."标记于L_1与K_1上,或L_2与K_2上,来表明它们是同极性端。参考方向规则:在一次侧,以电流流入绕组极性端为正方向;在二次侧,以绕组极性端流出电流为正方向。保护装置用电流互感器规定正方向后,若忽略传变误差并在正确接线条件下,一次电流$\dot{i}_p$与二次电流$\dot{i}_s$相位相同,如图3-3-1(c)所示。

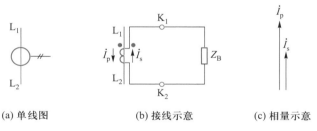

(a) 单线图   (b) 接线示意   (c) 相量示意

图3-3-1 电流互感器原理示意

2. 额定参数

(1) 变比

电流互感器的二次额定电流,有5A和1A两种。电流互感器的变比等于一次额定电流与二次额定电流之比,变比n_{TA}的表示方法为

$$n_{TA} = I_{N.p}/I_{N.s} \qquad (3-3-1)$$

式中,$I_{N.p}$——一次额定电流,单位为A;

$I_{N.s}$——二次额定电流,一般为5A或1A。

例如,某电流互感器一次额定电流为200A,二次额定电流为5A,其变比n_{TA}表示为200/5,它是继电保护进行定值整定的重要依据。变比n_{TA}的选择应能保证在正常运行时电流互感器的输出在1~4.5A之间。若条件允许,电流互感器可通过调节一次绕组的匝数来改变变比,如 2 匝调为 1 匝变比增加一倍。

（2）额定容量

电流互感器的额定容量是指额定输出容量。该容量应大于额定工况下的实际输出容量。额定工况下的输出容量计算方法为

$$S_N = I_{N.s}^2 \cdot K \cdot Z_B \tag{3-3-2}$$

式中, S_N ——额定工况下电流互感器的输出容量,单位为 V·A;

$I_{N.s}$ ——二次额定电流,单位为 A;

K ——电流互感器的负载系数;

Z_B ——电流互感器的二次负载阻抗,单位为 Ω。

不难看出,电流互感器的额定容量及二次额定电流在设计时已确定,在运行中无法更改,因此 Z_B 将直接决定实际运行中是否出现超过额定容量的情况。

如某互感器二次额定电流 $I_{N.s}$ 为 5 A,容量 S_N 为 25 V·A,负载系数 K 为 1,则可计算出其额定二次负载阻抗 Z_B 不得超过 1 Ω。

（3）准确级

电流互感器的准确级是其电流变换的精确度。继电保护装置所用的电流互感器,应考虑暂态条件下的综合误差,一般选用准确级为 P 级或 TP 级的电流互感器。TP 级电流互感器的铁心带有小气隙,属于暂态互感器,抗饱和能力强,主要用于超高压系统。

P 级电流互感器是在稳态对称的最大故障电流下用能满足的综合误差值来表示的。例如,某电流互感器的准确级为 10P20,其中"P"代表供给保护装置使用,"20"代表一次最大允许电流为额定电流 I_{1N} 的 20 倍,"10"代表一次流过最大电流、二次输出额定容量时互感器的综合误差不会大于 10%。

3.3.2　接线方式

电流互感器的接线方式是指电流互感器二次绕组与继电保护装置的连接方式。电流互感器常见的接线方式如图 3-3-2 所示。图中,TA 代表电流互感器,其上黑点为极性标识; $\dot{I}_{a.p}$ 、 $\dot{I}_{b.p}$ 、 $\dot{I}_{c.p}$ 分别是 A、B、C 三相电流互感器一次电流, $\dot{I}_{a.s}$ 、 $\dot{I}_{b.s}$ 、 $\dot{I}_{c.s}$ 代表流入保护装置的二次电流,$3\dot{I}_{0.s}$ 为流过中性线的三倍零序电流的二次值;N 代表中性点。图中的 Z_B 代表为某一相电流互感器二次引出线与继电保护装置之间连接电缆的阻抗与继电保护装置内部电流回路的阻抗之和,$Z_{B.G}$ 代表中性线阻抗。

视频资源:3.3.2 电流互感器与继电保护的连接方式

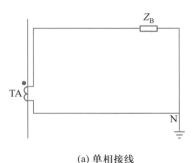

(a) 单相接线　　　　　　　(b) 两相不完全星形接线

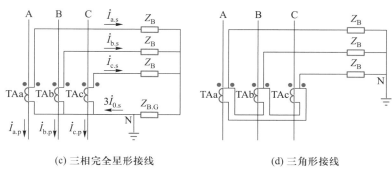

(c) 三相完全星形接线　　　　　　　(d) 三角形接线

图 3-3-2　电流互感器常见的接线方式

如图 3-3-2（a）所示为单相接线，负载为 Z_B 代表保护装置只取用某一相电流或某中性线电流。图 3-3-2（b）所示为两相不完全星形接线，只有 A、C 两相装设电流互感器，两相电流流经相同的负载 Z_B 后，合并流入负载 Z_B（也称为"负 B 相"），该接线称为两相三继电器式接线。图 3-3-2（c）所示为三相完全星形接线，这是数字式保护最常用的一种接线方式。三相电流互感器接成星形，中性点为 N。各相二次侧均以相电流形式接入保护装置，三相负载均为 Z_B，三相电流流经 Z_B 后，合并还可得到三倍零序电流，该电流经负载 $Z_{B.G}$ 后至中性点 N。图 3-3-2（d）所示为三角形接线。观察四种接线可知，由于中性线存在负载，以及接线形式不同，所以每一相电流互感器的负载不仅仅是 Z_B。

为判断电流互感器的实际输出功率是否超出额定功率，结合前述额定容量表达式，需要计算电流互感器负载系数 K。先计算某相电流互感器二次输出端口间的电压与该互感器二次绕组中电流的比值，得到本互感器实际的负载阻抗，再除以 Z_B，即可求得负载系数 K。以图 3-3-2（c）中的 A 相为例，A 相的负载系数 K 为

$$K=\left[\frac{\dot{I}_{a.s}Z_B+(\dot{I}_{a.s}+\dot{I}_{b.s}+\dot{I}_{c.s})Z_{B.G}}{\dot{I}_{a.s}}\right]\bigg/Z_B=1+\frac{3\dot{I}_{0.s}Z_{B.G}}{\dot{I}_{a.s}Z_B} \qquad (3-3-3)$$

上式中三相负载系数都相同。通过上述分析不难发现，对于某些接线，电流互感器的负载系数 K 并不是一个固定值，不同的短路形式会有不同的负载系数 K。上述四种接线中，电流互感器的负载系数的最大值为 3。

3.3.3　电流互感器误差与继电保护关系

为了讨论误差问题，画出电流互感器等值电路如图 3-3-3 所示。

图中，n_{TA} 为互感器变比；$\dot{E}_S$ 为励磁电压；$\dot{U}_S$ 为二次电压；Z_{TA} 为二次绕组阻抗等效值；Z_B 为负载阻抗；Z_E 为励磁阻抗，$Z_{TA}+Z_B\ll Z_E$，而 Z_E 变化是电流互感器存在误差的原因，如果认为 Z_E 无穷大，则电流互感器就可以认为没有误差。反之，二次负载阻抗相对于励磁阻抗的比值越大，则电流互感器的误差就越大。

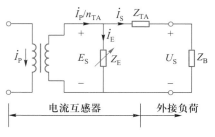

图 3-3-3　电流互感器等值电路

视频资源：3.3.3 电流互感器误差与继电保护关系

当短路致一次电流增大时,TA 铁心可能趋向饱和,励磁阻抗因此下降,电流互感器的误差也会增大,严重故障引起的电流互感器饱和现象将发生在故障后的 3～4 ms 内,此时励磁阻抗急剧下降,波形产生畸变,高次谐波分量增大,这些变化对保护装置的动作行为将产生不利影响。由于二次负载主要取决于二次电缆的阻抗,而电缆的阻抗以电阻为主,因此二次电缆的长度、二次接触电阻的大小对电流互感器的比值误差和相角误差都会产生影响。

电流互感器二次电压方程为

$$\dot{E}_S = \dot{U}_S + \dot{I}_S Z_{CT} = \dot{I}_S (Z_{TA} + Z_B) \tag{3-3-4}$$

当电流互感器的允许误差为 10% 时,有 $I_E / (I_S + I_E) = 10\%$,即 $I_S = 9 I_E$,则有

$$Z_B = \frac{\dot{E}_S}{9\dot{I}_E} - Z_{TA} \tag{3-3-5}$$

图 3-3-4 为《互感器的技术要求》IEEE C57.13—2016 标准中给出一台典型的多电流比的、铁心无气隙的 C 类电流互感器的励磁特性曲线,掌握该曲线的特点对理解电流互感器的伏安特性与电流互感器二次负荷之间的关系有所帮助。该励磁曲线采用等纵横十进制双对数坐标,横坐标为二次励磁电流有效值 I_E ,纵坐标为二次测得的励磁电压值有效值,参照图 3-3-3 等值电路,用 E_S 表示。为说明方便,只取原图中的两种变比 600∶5 和 1200∶5 对应的曲线加以说明。变比越大,曲线纵轴方向 E_S 越高。

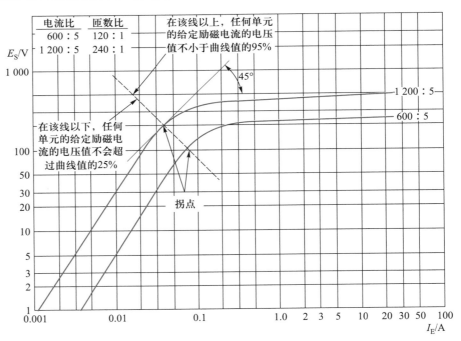

图 3-3-4　典型 C 类电流互感器的励磁特性曲线(部分)

励磁电流 I_E 对应二次端所加电压 E_S ,范围自 1% 二次额定电流起,至励磁电流 I_E 为二次额定电流 $I_{S.N}$ 的 5 倍时的 E_S 。在图中标出拐点,拐点定义为该点的切线与横轴成 45°。

注意:拐点右上方部分属于电流互感器的饱合区域,是近似于水平的一条直

线,如图中蓝色线表示,对于给定的任一励磁电流,其励磁电压值不会少于曲线对应纵轴坐标值的95%。拐点左下方部分属于电流互感器的未饱合区域。对于给定的任一励磁电流,其励磁电压值不会超过曲线对应纵轴坐标值的25%。实际上,对于继电保护而言,对该曲线在拐点左下方的区域加以讨论是没有意义的,因为当系统发生故障时,流过互感器的电流较大,当超过额定电流倍数时,对应的励磁电流将工作于拐点右上方区域,而在这个区域中,E_S 上下浮动不会超过10%,是一个相对固定的值。这时才是真正考验电流互感器输出电流的误差是否小于限值的时候,而判断的标准可依据 E_S 的最大值 $E_{S.max}$。

现场校验某电流互感器的误差是否满足要求,建议步骤如下:

第一步,进行电流互感器的伏安特性实验,二次侧所加电压的最大值为拐点后的励磁电压的最大值 $E_{S.max}$;

第二步,测量该电流互感器的负载阻抗,乘以相应负载系数 K;

第三步,两者相除,求得负载上所能获得的最大电流值,并与预期理想值相比较,求出实际误差。

【例 3–3–1】 某 10P20 型电流互感器,其二次额定电流 $I_{N.S}$ 为 5 A。经伏安特性试验测得拐点后(拐点示意可参见图 3–3–4)励磁电压最大值 $E_{S.max}=100$ V。互感器所接二次负载阻抗 Z_B 为 0.5 Ω(为简化计算,阻抗等效为电阻),负载系数 $K=3$。互感器的内阻抗 Z_{TA} 为 0.5 Ω。问该电流互感器所接负载在系统故障条件下,精度能否满足要求?

解: 由题意,$E_{S.max}=100$ V 为该互感器使出"洪荒之力"最多能输出的端口电压值。结合式(3–3–5)可见,二次侧总的回路阻抗为

$$Z_{B.\Sigma}=Z_{CT}+K \cdot Z_B=(0.5+3\times0.5) \ \Omega=2 \ \Omega$$

因此,故障时二次负载上流过的最大电流

$$I_{S.max}=E_{S.max}/Z_{B.\Sigma}=\frac{100 \text{ V}}{2 \text{ Ω}}=50 \text{ A}$$

由于互感器为 10P20 型,二次额定电流 $I_{N.S}$ 为 5 A,即使不考虑误差,在系统故障条件下,二次侧负载上流过的最大电流(理想电流)为

$$20I_{N.S}=100 \text{ A}$$

按10%误差,负载上应流过90A电流,而目前只有 50 A。

结论: 电流互感器输出电流的误差超过了10%,不满足要求。

需要指出,上述简便方法的思路是从励磁电压出发考虑问题,保证足够的励磁电压值,即图 3–3–4 中拐点后的电压"高度"是精度的基础,而减小二次阻抗 $Z_{B.\Sigma}$ 是精度的保障。

工程中,若电流互感器误差不满足要求,则应采取的措施主要有:

(1)设法减少二次回路总的负载电阻 $Z_{B.\Sigma}$,如增大二次回路连线导线的截面积;

(2)调节本电流互感器变比,如 600∶5 改为 1 200∶5,提高 $E_{S.max}$;

(3)将本电流互感器中两个相同容量、相同变比的电流互感器的二次绕组首尾串联,由于电流互感器可看作电流源,二次侧串联,所以互感器总体的变比不变,但 $E_{S.max}$ 将扩大一倍;

(4)更换电流互感器为更高 $E_{S.max}$ 的互感器。

3.3.4　其他影响继电保护的问题

1. 中性点两点接地

运行中的继电保护装置电流回路不允许两点接地。以图 3-3-2(c)中的三相完全星形接线为例说明两点接地的危害。如图 3-3-5 所示,正常的中性点接地点应为 N 点,假设该点与大地 G 可靠连接,设为参考点,为零电位。N′点为施工或运行维护过程中,造成的另一点接地,假设该点位于电流互感器 TA 二次中性点引出线的附近。在某些情况下,N′点与大地之间存在阻抗 $Z_{N'.G}$,流过该阻抗的电流为 $\dot{I}_{NN'}$,这将造成 N′点的电位有可能不为零。当有一干扰性电流流过 $Z_{N'.G}$ 时,将在 N′、N 间形成一等值电势 $\dot{E}_{N'.G}=\dot{I}_{N'.G}Z_{N'.G}$,造成保护装置各相流过干扰性质的电流。

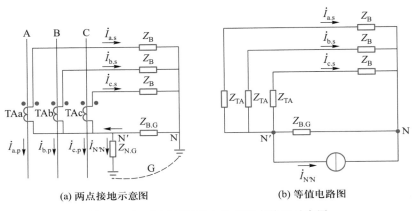

(a) 两点接地示意图　　　　(b) 等值电路图

图 3-3-5　电流互感器中性点两点接地示意图

由于该电流直接流过电流互感器的二次绕组,并不会受到电流互感器的励磁电抗的限流,Z_{TA} 为电流互感器二次绕组的漏抗,可以忽略不计,以 A 相为例,流过保护 Z_B 的电流 $\dot{I}_{a.\delta}$ 可表示为

$$\dot{I}_{a.\delta}=-\dot{I}_{N'N}\frac{Z_{B.G}}{Z_{B.G}+3(Z_{TA}+Z_B)}\qquad(3-3-6)$$

显然,另外两相负载上的干扰电流 $\dot{I}_{b.\delta}$、$\dot{I}_{c.\delta}$ 与 $\dot{I}_{a.\delta}$ 的幅值相等、波形相同。当电力系统发生接地故障时,接地点间的电位相差较大,容易造成继电保护的误动或拒动。

两点接地还可能造成二次回路及装置的严重损坏。若系统发生单相接地,$\dot{I}_{N'N}=2\,500$ A,而 $Z_{B.G}=0.5\ \Omega$、$Z_{TA}+Z_B=1.5\ \Omega$,则通过上式计算可知,保护装置将流过 250 A 干扰电流,远大于保护装置所能承受极限电流 100 A。保护装置可能会因此冒烟起火,整个保护系统又会因火灾而整体瘫痪。

当然,如果 N′是可靠接地,电位为零,上述惨剧就可能不会发生,如果 N′N 两接地点间的距离很近,相应 $Z_{B.G}$ 近似于零,上述惨剧也可能不会发生。如果……,无论谁心存此侥幸,则祸不远矣!

2. 铁心磁通饱和

本节只讨论电磁式电流互感器的饱和问题,铁心中磁通与励磁电流之间的关系如图 3-3-6 所示。

为简化分析,不计电流互感器二次绕组漏电抗,假设二次负载 Z_B 为纯电阻 R_B,结合图 3-3-3 可知,在一次电流作用下有

$$\frac{L_E}{R_B}\frac{di_E}{dt}+i_E=i_P \qquad (3-3-7)$$

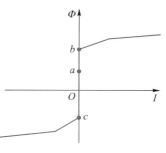

图 3-3-6 铁心中磁通与励磁电流之间的关系图

式中,i_E——互感器励磁电流瞬时值,折算到一次侧;

i_P——互感器一次电流瞬时值;

L_E——互感器励磁电感,折算到一次侧。

代入故障电流中的周期分量,初相角设为 α,即 $i_P=I_{perm}\cos(\omega t+\alpha)$,解得对应互感器励磁电流为

$$i_{E.per}=I_{perm}\cos[\arctan(\omega\tau_2)]\cdot\cos[\omega t+\alpha-\arctan(\omega\tau_2)]-$$
$$I_{perm}\cos^2[\arctan(\omega\tau_2)]e^{-t/\tau_2} \qquad (3-3-8)$$

式中,I_{perm}——一次电流最大值,单位为 A,折算到一次侧;

ω——工频角频率,单位为 rad/s。

τ_2——时间常数,单位为 s,$\tau_2=\frac{L_E}{R_B}$。

代入故障电流中的非周期分量,$i_P=I_{aperm}e^{-t/\tau_1}$,可解得对应励磁电流为

$$i_{E.aper}=\frac{\tau_1 I_{aperm}}{\tau_2-\tau_1}(e^{-t/\tau_2}-e^{-t/\tau_1}) \qquad (3-3-9)$$

其中,τ_1 为一次系统短路等值电抗与电阻之比对应的时间常数。

通过上述计算可知,短路电流的周期分量对应的励磁电流虽含有非周期分量,但其最大值不会超过 I_{perm}。而故障电流中的非周期分量对应的励磁电流全部为非周期分量,特别是当 τ_2 与 τ_1 接近时,该非周期分量最大。观察图 3-3-7,根据励磁电流与磁通对应关系(即励磁特性)可知,当励磁电流增加到一定高位值且"保持不变"时,磁通也将保持在高位。图 3-3-7 所示为电流互感器在完全偏移(即非周期分量幅值与周期分量幅值相等)时故障电流随互感器铁心磁通变化的规律示意图。图中 Φ_{per} 为传变故障电流工频分量所需的磁通,Φ_{aper} 为传变暂态(非周期)分量所需的磁通,其值远大于 Φ_{per}。

由此可见,非周期分量的存在使铁心磁通中直流成分(也可以理解为磁通基数)大大增加,好比医院病房床位已接近饱和,无法再接收大量新病人一样。饱和越严重,$d\Phi_\Sigma/dt$ 越趋近于 0,励磁电压 u_E 也越趋近于 0。这将使得电流互感器对应电气量的传变出现"瓶颈效应",一次侧故障严重,电流很大,二次负载上却只能获得失真电流信息,甚至电流为零,其问题的根源是铁心磁通的饱和。

那么,何时将出现饱和呢?这由一次电流中非周期分量值、电流初相角、周期分量值等因素决定,同时,还由铁心中原始剩余磁通决定。由计算非周期分量对应的励磁电流的公式可知,当非周期分量为正时,所产生的励磁电流也为正;

当非周期分量为负时,所产生的励磁电流为负。因此,短路电流所含非周期分量电流的正负决定了电流互感器的饱和方向,进而影响其饱和发生时间。如图 3-3-6 所示,a 点代表铁心剩磁,b 点表示正向饱和点,c 点表示铁心的负向饱和点。当铁心含有正的剩磁通(a 点)时,从 a 点到达正向饱和点(b 点)比到达负向饱和点(c 点)要快。简而言之,铁心剩磁有可能加重饱和程度并缩短从故障电流出现到互感器开始饱和的时间。

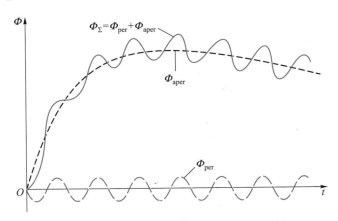

图 3-3-7　故障电流下互感器铁心磁通的变化规律示意图

如图 3-3-8 所示为电流互感器饱和造成二次电流波形失真的简化示意图,这里只画出了一个工频周期的情况。图中虚线波形为电流互感器未饱和时,流过二次负载 Z_B 的电流 i_2。由于存在非周期分量(或称直流分量),所示波形偏于时间轴之上。在角度达到 α 之前,电流互感器的二次电流一直保持与一次电流成正比的关系。当 $\tau_2 = \alpha$ 时,铁心磁通饱和,励磁电压 u_E 突然下降到可以忽略不计的程度,对应 i_2 并不突变,二次电流依据励磁电感与负载构成的环路决定时间常数 τ_2,τ_2 按指数曲线规律不断衰减。当 $\tau_2 = \gamma$ 时,衰减过程结束,i_2 降低为零,稍后二次电流重新沿正弦曲线变化。

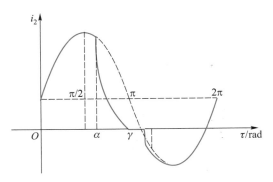

图 3-3-8　电流互感器饱和造成二次电流波形失真的简化示意图

值得指出,根据推导及相关经验数据,在考虑非周期分量与剩余磁通的影响时,即使在最严重的情况下,α 角度对应的时间有一半会大于 1/4 个工频周期,因此要求继电保护要充分利用好这个"黄金时间段"对电气量进行分析处理,得出正确的结论。

当电流互感器通过的一次电流为稳态对称短路时,或者二次负载过高时,也有可能造成互感器饱和现象的发生,其主因仍应是存在非周期分量。电流互感器的饱和将有可能造成保护的错误动作,必须在选择互感器型号和实际应用中认真审视这一问题。

3. 二次回路断线

（1）某一相断线

下面以三相星形接线为例说明,电路如图 3-3-2（c）所示。TA 二次回路断线时,以 A 相为例,此时相当于该相互感器二次阻抗 $Z_B = \infty$,A 相二次侧相电流为零,TA 的 A 相一次电流 I_{1A} 全部用于产生励磁磁通,铁心磁通立即达到饱和状态,使得铁心中涡流损耗和磁滞损耗增大,TA 的 A 相二次回路断开处电压变得很大,不同准确级的二次回路断口电压值不同,最大可达上万伏,极有可能造成人身与设备事故。

（2）中性线断线

下面以三相星形接线为例说明,电路如图 3-3-2（c）所示。当 $Z_{B.G} = \infty$ 时,中性线电流无法流通,一次零序电流 $3I_{0.p} = I_{a.p} + I_{b.p} + I_{c.p}$,系统未发生故障时各设备均正常运行,与 TA 串联的设备三相不平衡电流 $3I_{0.p}$ 都很小,从而 TA 励磁电流很小。磁通密度 B 和磁场强度 H 之间为一个线性关系。由于 TA 没有饱和,以 A 相为例,二次相电流

$$\dot{I}_{a.s} = \frac{(\dot{I}_{a.p} + \dot{I}_{0.p})}{n_{TA}} \qquad (3-3-10)$$

可见,二次电流的相位和幅值将出现误差。

当系统发生接地故障时,$3I_{0.p}$ 变得很大,二次电流的相位和幅值大幅增加,同时,有可能造成 TA 饱和断口电压增大,中性线断口出现过电压。

3.4 断路器控制回路

PPT 资源:
3.4 断路器
控制回路

断路器是指能带电切合正常状态的空载设备,开断、关合和承载正常的负荷电流,并且能在规定的时间内开断、关合和承载规定的异常电流（如短路电流）的电器。根据灭弧介质的不同,断路器可划分为油断路器、压缩空气断路器、真空断路器、SF_6 断路器、自动产气断路器和磁吹断路器等。高压断路器结构比较复杂,主要包括:

（1）开断元件,主要有断路器的灭弧装置和导电系统的动、静触头等;

（2）支撑元件,用来支撑断路器器身,包括断路器外壳和支持瓷套;

（3）底座,用来支撑和固定断路器;

（4）操动机构,用来操作断路器分、合闸;

（5）传动系统,用来将操动机构的分、合运动传递给导电杆和动触头。

3.4.1 基本概念

断路器的主触头用于接通或分开电气回路,这一过程需要较大的动能,该动

能应靠断路器自身在操作之前加以储备,称为断路器的储能。储能完毕,断路器可以至少维持一次"跳闸(Open)""合闸(Close)""再跳闸(re-Open)"的操作。若储能不足,则根据降低情况来闭锁、合闸或跳闸。

断路器的本质可以用古代弓弩的结构做比。弓弩最重要的部分是"机",断路器的储能类似于当弩发射时先张开弦,断路器的操作类似于扳动"机",利用张开的弓弦急速回弹形成的动能高速将箭射出。控制断路器的"机"被称为断路器操动机构,用于断路器主触头的分开(或闭合)。

操动机构与变电站控制系统、继电保护装置联系紧密,与操动机构相联系的直流控制回路称为断路器控制回路。控制回路的接线方式很多,其基本原理与要求相似。本节仅介绍变电站常用的直流控制回路,对一些基本术语介绍如下。

（1）三相操动机构与分相操动机构。控制断路器的三相主触头同时分开（或闭合）的操动机构称为三相操动机构,一般用于 110 kV 及以下电压等级,当线路发生故障时,三相同时断开。控制断路器的单相主触头分开（或闭合）的操动机构称为分相操动机构,一般用于 220 kV 及以上电压等级,当线路发生单相接地短路故障时,可只跳开故障相。分相操动机构与分相断路器配套使用,因此每一相断路器都有一套控制回路。

（2）就地控制与远方控制。就地控制指操作人员控制安装在断路器本体操动机构或开关柜上的电气或机械按钮操作断路器;远方控制指操作人员在变电站控制室通过操作控制屏的控制把手（或通过监控系统）发出控制命令,该命令通过控制电缆传送至断路器的操动机构进行断路器操作。

（3）跳闸操作与合闸操作。控制开关或保护装置向断路器发出分开主触头命令,称为跳闸（分闸）命令;发出闭合主触头的命令,称为合闸命令。该命令必须借助断路器操动机构来实现。一般而言,操动机构中的合闸线圈励磁可视为已扣动了断路器操动机构的"扳机",断路器将合闸。跳闸线圈励磁与此类似。

（4）跳闸位置与合闸位置。断路器只能处于闭合（也称合闸位置）或打开（也称跳闸位置或分闸位置）状态。最初始状态一般定义为跳闸位置,此状态是通过在断路器机构中反应断路器位置的一系列辅助触点来显示的。在合闸回路中,必须串联反应断路器跳闸位置的辅助触点;在跳闸回路中,必须串联反应断路器合闸位置的辅助触点。这样做的目的是控制分合的次序,断路器只有处于跳闸位置,才能进行合闸,反之亦然。

3.4.2　基本要求

"扳机"服从于人为的命令,"弩未上,弓未满"随意乱射将徒劳无功。借助断路器的控制回路,可以对断路器进行正常合理的操作,该控制回路分为机械控制回路和电气控制回路。其中机械控制回路在断路器本体上,一般在断路器检修或电气控制回路无法进行操作时才使用。正常操作时,通过电气控制回路对断路器实施控制。因此断路器的控制回路一般指电气控制回路。

在传统变电站中通过控制电缆将二次控制设备（如测控装置或保护装置）与断路器的二次控制回路连接,形成控制回路。在智能化变电站中通过光缆将二次控制设备先与智能终端连接,再通过智能终端设备与相关断路器连接以实现断路器的远方控制。根据断路器运行的需求,控制回路应满足下列要求:

（1）既能够实现断路器远方手动跳、合闸操作，又能够通过继电保护和自动装置进行断路器自动跳、合闸操作；

（2）具有反映断路器分、合位置状态以及手动、自动操作的明显信号，在控制屏或开关柜上应有断路器位置指示灯，在监控系统中应有断路器位置信号的指示；

（3）断路器的跳、合闸线圈是按照短时通电设计的，操作完成后应迅速断开跳、合闸回路，以免烧坏线圈；

（4）具有防止断路器多次合闸动作的"防跳闭锁回路"；

（5）应能监视操作回路和操作电源的完好性；

（6）应能在断路器操作储能不足时，闭锁断路器操作的二次回路；

（7）控制回路二次接线应简单，使用设备和电缆最少。

3.4.3　三相操动机构控制回路的主要设备

图 3-4-1 是一个三相操动机构的断路器控制回路图，反映了满足断路器控制回路要求的二次原理图。通过对该回路动作过程来分析它是如何来满足断路器控制回路要求的。图 3-4-1 中的常用设备如表 3-4-1 所示。

3.4.4　三相正常运行操作

为说明方便，将图 3-4-1 所示断路器控制回路按支路进行编号，列于图左侧。

（1）合闸前状态

在初始状态下，断路器处于跳闸位置，断路器常闭辅助触点 DL（支路 2）闭合。TWJ 线圈（支路 1）得电励磁，其常开触点闭合（见图 3-4-1 下方）用于向上级系统输出断路器信号。

断路器常开辅助触点 DL（支路 10）打开，HWJ（支路 11）断开；TBJ（支路 10）、HBJ（支路 2）线圈不得电，常开触点断开，常闭触点闭合（支路 2、支路 10）；代表测量与控制装置发出合闸或跳闸命令的 HJ（支路 3）、TJ（支路 9）未动作，对应的常开触点打开；断路器储能正常，HYJ（支路 12）、TYJ（支路 13）不动作，相应常闭触点闭合（支路 4、支路 8）。

（2）就地手动合闸

就地（local）手动合闸时，将在继电保护屏（注：三相操动机构的控制回路与继电保护装置设计为一体）和控制屏 1QK 的触点 1、2（支路 6）接通。控制母线+KM（下简称直流"+"），经 1DK，至保护屏端子排再至装置端子 B12（支路 6），进入测控装置（也可称为操作箱，如图 3-4-1 所示）内部，经二极管 D3（支路 5）、HYJ（目前闭合）、TBJV、HBJ（支路 2）至 B11 出测控装置，再至保护屏端子排、通过电缆接至断路器操动机构，经 DL（支路 2，此时断路器处于跳闸位置，该触点闭合）到合闸线圈 HC（HC 应称为合闸接触器，在电磁型操动机构中常用，但目前很少采用，其名称被保留下来），再经电缆回至保护屏端子排再并至 B09，（见图 3-4-1 右上部，"操作电源"注释框），返回至 1DK、控制母线-KM（下简称直流"-"）。HC 励磁后动作，扣动了断路器操动机构的"扳机"，断路器主触头闭合，实现合闸。

为了保证这一过程的可靠，合闸回路器串接有 HBJ 线圈（支路 2），合闸实施

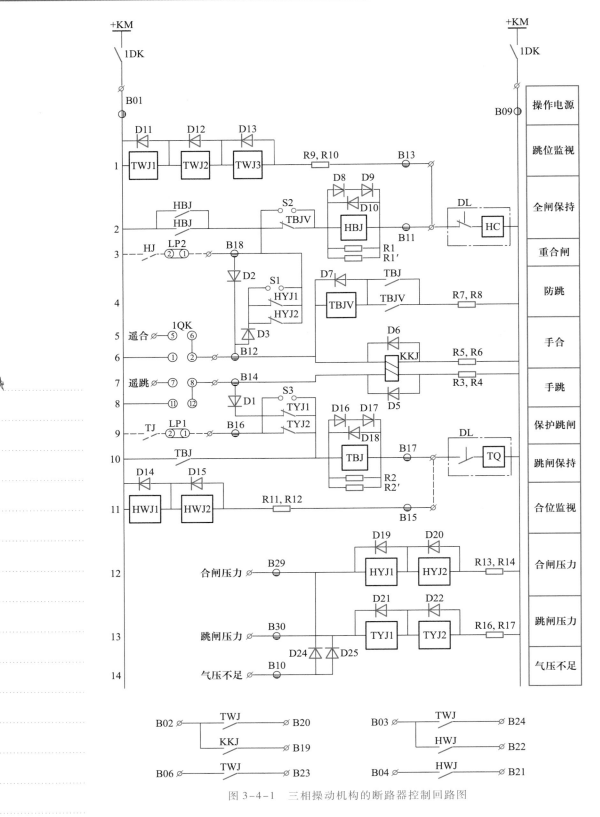

图 3-4-1　三相操动机构的断路器控制回路图

过程中,合闸保持继电器 HBJ 触点闭合并形成自保持,此时即使人手松开,断开1QK的触点1、2,仍保证HC励磁状态,直到断路器合闸,本回路中断路器常闭辅助触点DL(支路2)打开,断开合闸回路。

表3-4-1   三相操动机构控制回路常用设备

符号	名称	简称	作用
±KM	直流控制小母线	控母	一般为DC220/110V,提供操作所需电源
1DK	控制电源微型断路器	控制空开	投入或退出控制电源的开关
TWJ	跳闸位置继电器	跳位继	用于监视和反应断路器跳闸位置状态
HWJ	合闸位置继电器	合位继	用于监视和反应断路器合闸位置状态
HJ	重合闸接点		在重合闸动作时由保护装置输出
TJ	跳闸接点		在保护动作出口跳闸时由保护装置输出
1QK	分合闸操作把手/远近控切换开关(近控时可操作断路器)	KK把手	当切换开关投在远方状态时,断路器通过后台机或监控来遥控操作分合闸;在近控位置时可以通过切换开关进行断路器分合操作
KKJ	合后继电器	合后继	动作后表示断路器处于合闸后状态,只有手动或遥控分闸,继电器才能恢复动作前状态,保护跳闸时继电器状态不变
HBJ	合闸保持继电器		合闸时通过自身常开触点闭合,保证合闸命令能可靠发出到合闸线圈
TBJ	防跳继电器(电流启动)		(1)跳闸时通过自身常开触点闭合,保证跳闸命令能可靠发出到跳闸线圈; (2)启动断路器防跳回路
TBJV	防跳继电器(电压保持)		通过防跳继电器TBJ防跳回路,通过自身TBJV常闭触点断开合闸回路,实现防跳回路保持
HYJ	合闸压力闭锁继电器		接入断路器的压力闭锁触点,当压力不满足要求时继电器动作,打开HYJ的常闭触点,断开合闸回路,使其无法进行合闸或重合闸
TYJ	跳闸压力闭锁继电器		接入断路器的压力闭锁触点,当压力不满足要求时继电器动作,打开TYJ的常闭触点,断开跳闸回路,使其无法进行分闸或保护跳闸
HC	断器器合闸线圈	合圈	在开关机构内,线圈得电动作,进行断路器合闸
TQ	断路器跳闸线圈	跳圈	在开关机构内,线圈得电动作,进行断路器分闸
LP1	跳闸压板		用于投退保护跳闸功能
LP2	重合闸压板		用于投退重合闸功能
D1~D3	二极管		用于保护回路和控制回路的隔离,防止出现寄生回路

符号	名称	简称	作用
D5 ~ D7, D11 ~ D15, D19 ~ D22, D24, D25	二极管		抗干扰作用,防止线圈失电时形成高压对其他元器件影响,通过二极管构成闭环回路,消除干扰影响
R3 ~ R14, R16, R17	电阻		实现回路参数匹配,使满足继电器电流、电压参数要求,保证继电器运行稳定可靠

断路器常闭触点打开后,HBJ 线圈(支路 2)失电,自保持作用消失。此时,由于断路器 DL 合闸成功,图 3-4-1 中断路器常开触点 DL(支路 10)闭合。

（3）手动跳闸（分闸）

当手动分闸时,1QK 的触点 11、12(支路 8)接通,直流"+"经二极管 D1、TYJ1和 TYJ2(支路 9,目前闭合)、TBJ 至 B17(支路 10)、再经 DL(支路 10,该触点闭合)到跳闸线圈 TQ,再经电缆返回至直流"−"。TQ 励磁后动作,扣动了断路器操动机构的"扳机",断路器主触头打开,实现跳(分)闸。

为了保证这一过程的可靠,跳闸回路器串联 TBJ 线圈(支路 10),跳闸实施过程中,跳闸保持继电器 TBJ 触点闭合并形成自保持,直到断路器跳闸完成。当主触头打开时,断路器常开辅助触点 DL(支路 10)打开,断开跳闸回路。

（4）遥控合闸和分闸

目前现场使用最多的是监控系统通过遥控功能对断路器进行操作。从图3-4-1中可以看出遥控分、合闸和手动分、合闸的控制回路基本一致,只是前者在1QK 操作把手前多了遥控合闸的开入端子(支路 5)和遥控分闸的开入端子(支路 7),现场需要远方遥控操作时可将操作把手 1QK 切至"远方"位置。遥控合闸时,1QK 的触点 5、6 接通;遥控分闸时,1QK 的触点 7 、8 接通,其他过程与手动分合闸相同。

3.4.5　重合闸和保护跳闸

保护装置动作后,根据整定要求进行重合闸。保护装置发出重合闸命令后,合闸继电器 HJ(支路 3)常开触点闭合,后面的过程与手动或遥控合闸类似,不同之处在于重合闸不需要经合闸压力继电器闭锁。

保护装置在故障时发出跳闸命令后,保护动作跳闸触点 TJ(支路 9)接通,其常开触点闭合,后面的过程如同手动或遥控分闸,但保护跳闸不会复归 KKJ。

3.4.6　防跳回路（串联防跳）

当断路器经控制开关或重合闸触点合闸到存在永久性故障的线路时,继电保护发出跳闸命令使断路器自动跳闸。此时,如果控制开关或重合闸触点粘连,合闸命令仍存在,则断路器重新"被"合闸于故障线路,继电保护将再次动作,使断路器再次跳闸;然后又再次合闸……;这种断路器多次"跳—合"的现象,称为断路器"跳跃"。"跳跃"会使断路器损坏,造成事故扩大,所以需采取"防跳"措施。

防跳即防止断路器出现多次"分—合"的跳跃现象。防跳的实质是当跳闸命令与合闸命令同时存在时,断开断路器的合闸回路。

跳闸命令与合闸命令同时存在的原因有多种,如 QK 的 1QK 的触点 1、2(支路 6)闭合,TJ 触点(支路 9)也处闭合状态就是其中一种。

如图 3-4-1 所示为利用操作箱中的内部继电器构成串联型防跳回路。串联型防跳回路由两部分组成:防跳启动回路和防跳保持回路。跳闸保持继电器 TBJ 的线圈(支路 10,特点是内阻较小)串联在分闸回路中,一方面可以作为分闸电流的保持回路;另一方面,如果此时合闸命令仍存在,TBJ 的常开触点(支路 4)将使电压线圈 TBJV(支路 4,特点是内阻较大)励磁。

具体路径是直流"+"经 B12 至 TBJV,再经 TBJ 触点及电阻 R7、R8 至直流"-"。TBJV 常闭触点(支路 2,位于合闸回路中间)打开,断开合闸回路,直到合闸信号返回。这样TBJV就起到了防止断路器反复分、合闸的作用。接于分闸回路的 TBJ 电流线圈要求在分闸时造成的压降要小,规程规定不能大于控制电源额定电压的 5%,TBJ 继电器的动作电流则不能大于分闸电流的 50%,保证跳闸线圈 TQ(支路 10)在分闸过程中可靠动作。

3.4.7 闭锁回路

闭锁回路包含合闸闭锁和跳闸闭锁。主要用于监测以气(液)压作为传动介质的断路器传动能量的完好,防止由于能量不足造成断路器分、合闸速度达不到要求,无法可靠切断故障电流,从而引起断路器故障或事故。当断路器出现气(液)压异常时需要闭锁断路器分、合闸回路,合闸压力继电器 HYJ 与跳闸压力继电器 TYJ 动作,其串联在分、合闸回路的常闭触点断开,断路器分、合闸回路闭锁,无法进行分闸或合闸操作。

3.4.8 位置信号

直流"+"经三只 TWJ(支路 1),再经 R9、R10 至 B13(继电保护装置端子号)、再到 1D50,接入跳闸回路。断路器跳闸后,其常闭辅助触点接通,此时 HC(支路 2)一端带正电,另一端带负电。但 HC 此时并不动作,原因是三只 TWJ 都有非常高的内阻(MΩ 级)串联,使得 HC 不会动作。这样设计是为了反映断路器运行状态,监视合闸回路的完好,但不影响 HC 的正常动作,两只 HWJ(支路 11)原理类似。

图 3-4-1 中 TWJ、HWJ 上并联二极管的作用是泄能,合闸或跳闸回路因 DL 触点变位使回路断开,相应 TWJ(或 HWJ)线圈突然断电产生自激电动势,通过二极管旁路后,可以有效地耗散该能量,防止过压造成控制回路的损坏。

正常工作时,合闸回路或跳闸回路必有一个接通,相应 TWJ、HWJ 中必有一只处于励磁状态,若 TWJ、HWJ 都不励磁,则说明合闸回路或跳闸回路出现了"断线",需要提醒运行人员加以处理。

3.4.9 人为操作记录

继电保护及自动装置、变电站综合自动化系统,都需要将人为操作断路器这一行为记录在案。KKJ(支路 6、支路 7)为一双位置继电器,当手动合闸命令出现时,直流"+"经保护屏端子排至 B12 至 KKJ 线圈,再经 R5、R6 至直流"-",使

KKJ 动作,并通过内部机械自锁。代表控制开关处于"合闸后"位置,其触点作为开关量接入保护装置。当手动跳闸命令出现时,直流"+"经保护屏端子排至 B14 使 KKJ 动作,并通过内部机械自锁。代表控制开关处于"跳闸后"位置,其触点将变化状态。

阅读资料:
3.4.10 回路
改进案例

• 3.4.10　回路改进案例

某 220 kV 变电站 110 kV 线路进行保护更换工作。按《国家电网公司十八项电网重大反事故措施》要求,取消"保护防跳"功能,启用"断路器本体防跳"功能。

该线路保护更换结束后,进行断路器回路分合验证,当断路器进行手动合闸操作后,保护装置出现合闸位置继电器 HWJ、跳闸位置继电器 TWJ 动作异常现象,装置面板上反映断路器状态的跳闸位置指示灯、合闸位置指示灯均常亮,保护装置报"运行异常"的情况。

有关本案例的详细内容,请见本节相应电子文档。

阅读资料:
3.4.11 分相
操动机构断
路器控制回
路

• 3.4.11　分相操动机构断路器控制回路

本节以案例形式说明 220 kV 断路器常用分相操动断路器的控制回路。有关断路器常用分相操动断路器的控制回路的主要设备、正常操作回路、重合闸与保护跳闸回路、防跳回路(并联防跳)、三相不一致强迫跳闸回路、油泵控制回路、压力闭锁回路、相关信号回路的详细说明,请见本节相应电子文档。

3.5　电磁干扰与抑制对策

阅读资料:
3.5.1 电磁
干扰

• 3.5.1　电磁干扰

电磁兼容(electromagnetic compatibility)是指各种电气或电子设备在电磁环境复杂的共同空间中,以规定的安全系数满足设计要求的正常工作能力,又称电磁兼容性。电磁兼容包括了两方面的含义:

(1) 电子系统或设备运行时不对其他设备产生电磁干扰,不对环境产生电磁干扰的能力;

(2) 电子系统或设备运行时不受其他设备电磁干扰影响的能力。我们在研究电磁兼容问题上都是围绕电磁干扰源、耦合途径和敏感设备三方面开展,这三方面称为电磁兼容或电磁干扰的三要素,如图 3-5-1 所示。当干扰源发出电磁能量,通过某种耦合通道传输到敏感设备时,会使敏感设备出现某种形式的响应并产生效果。若效果足够大且超过了设备的敏感度,就形成了电磁干扰效应。

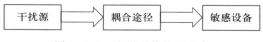

图 3-5-1　电磁干扰的三要素

电磁干扰有多种分类方法。按干扰来源可以分为外部干扰和内部干扰。在变电站中外部干扰主要来自一次设备的操作、高压设备产生的静电场、雷电浪涌、输电线路及电磁波辐射所引起的暂态过程等。按信号的频率可以分为工频干扰、低频干扰和高频干扰。这些干扰主要来自电网故障、雷电干扰、无线电信号、静电放电等。

高压变电站内的干扰信号通过多种耦合途径将电磁干扰源和受干扰的二次回路和二次设备连接起来。例如,在室外的电压(或电流)互感器通过电容性耦合和电感性耦合将干扰信号通过二次电缆引入保护装置;雷击产生的高频信号、隔离开关产生的振荡衰减波,以及步话机产生的高频信号等通过辐射耦合方式对附近的保护设备产生干扰;当同一电缆中某一根电缆芯线通过很强的干扰电流时,将在其他芯线感应出干扰电压,从而影响这些芯线所连接的设备。

有关继电保护装置、二次回路的防电磁干扰措施的详细说明以及干扰引起的异常案例分析,请扫描本节二维码阅读资料。

3.5.2　二次回路接地与接地网

接地是抑制电磁干扰的有效手段,正确和合理的接地既能抑制干扰的影响,又能抑制设备对外界的干扰。在电力系统中有各种各样的接地模式,如变压器中性点接地、电流互感器中性线接地、保护装置外壳接地等。这些接地有的是安全上的需要,有的是工作上的需要,也有的是防止电磁干扰的需要。

在《继电保护和安全自动装置技术规程》GB/T 14285—2016、《继电保护和安全自动装置运行管理规程》DL/T 587—2016、《继电保护和电网安全自动装置检验规程》DL/T 995—2016、《国家电网公司十八项电网重大反事故措施(2018 修订版)》《电力系统继电保护及安全自动装置反事故措施要点》(电安生〔1994〕191 号)等多个规程和文件中都明确指出了二次接地网和二次回路接地的重要性。

有关二次回路接地与接地网的示意图与详细说明,请扫描本节二维码阅读资料。

阅读资料:
3.5.2　二次回路接地与接地网

本 章 小 结

二次回路将互感器的次级绕组、断路器等开关设备的操动机构、继电保护及相关自动化设备、交流电源、直流电源等有机联系在一起,共同实现电力一次系统设备的控制与保护功能。二次回路错综复杂,二次回路因缺陷造成继电保护系统整体失效的案例屡见不鲜,所以继电保护工作人员的主要工作之一就是排除二次回路在运行过程中不断出现的种种缺陷。因此,应重视二次回路的重要性!

电流互感器、电压互感器的二次输出与保护控制装置之间的联系是交流二次回路的主体。其中电流互感器的极性与变比、额定电流(5A 或 1A)、接线方式等属于必备基础知识,电流互感器误差与互感器的容量、型号、二次回路阻抗等密切相关。电压互感器二次额定电压、互感器变比、接线方式等属于必备基础知识。

三相控制回路常用于 110 kV 及以下电压等级断路器的控制回路,分相控制回路常用于 220 kV 及以上电压等级断路器控制回路,读者应重点学习现场是如何实现二次设备对一次设备(断流器)的正常分合闸操作,了解三相不一致强迫跳闸、压力闭锁回路等应对异常情况的控制回路。

交流二次回路的保护与接地、抗电磁干扰是继电保护系统的重要安全保障，读者可通过扫描二维码阅读资料加以了解。

本章主要复习内容如下：

（1）变电站一次、二次设备的构成、作用和相互关联；

（2）电压二次回路、电压互感器的参数、典型接线和重要特征；

（3）电流二次回路、电流互感器的参数、典型接线和重要特征；

（4）三相操动机构断路器控制回路的合闸、分闸、防跳、闭锁机理；

（5）分相操动机构断路器控制回路的合闸、分闸、防跳、闭锁机理。

习　　题

PDF 资源：
第 3 章习题
答案

3.1　某变电站主变间隔的设备有：主变压器、电流互感器、变压器保护装置、变压器测温装置、变压器风扇电源箱、高压侧断路器、操动机构箱、断路器接线端子箱、电流互感器、高压隔离开关、隔离开关操动机构、主变压器测控屏、主变压器保护屏、直流屏、所用电屏、计量屏、低压开关柜，请将上述设备进行一次、二次设备分类。

3.2　简述跳合闸位置继电器的作用，它与跳合闸继电器有什么不同？

3.3　试写出中性点直接接地系统和中性点不接地系统中所用的电压互感器变比。

3.4　根据图 3-4-1 三相操动机构控制回路图，请写出 +KM、KKJ、HBJ、TBJ、HC、TQ 等继电器的名称和作用。

3.5　分相操动机构断路器是如何实现"防跳"功能的？

3.6　什么是电磁兼容？引起二次回路电磁干扰的原因有哪些？在变电站内是如何通过建立二次接地网来提高抑制电磁干扰的作用？

3.7　如题 3.7 图所示，10 kV 母线的电压互感器由三个单相互感器组成，每相共有一个初级绕组，两个次级绕组。请问：

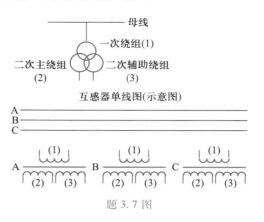

题 3.7 图

（1）二次主绕组的每相额定电压为多少？

（2）二次辅助绕组输出电压又被称为什么？

（3）互感器变比表达式是什么？要求将三个单相互感器进行一次绕组及二次绕组的连接，以完成三相电压互感器的功能，注意接线、极性及接地点。

（4）电压互感器的误差是指什么误差？应小于多少？

3.8 如题 3.8 图所示，10 kV 线路电流保护采用 10P20 电流互感器，采用不完全星形接线，某电流保护采用两相两继电器式接线，试根据以下素材画出示意图，注意极性与接地。请问：

（1）10P2020 的含义是什么？

（2）如果继电器的电流互感器极性接反，将会带来什么问题？

互感器符号   继电器符号

题 3.8 图

第4章 微机型继电保护装置

微机型继电保护（或称数字式继电保护）是指应用微型计算机或微处理器作为核心部件构成的继电保护。微机型继电保护装置简称为微机保护，在我国电力系统中应用非常广泛。本章将对微机保护的硬件构成、软件程序结构，以及信号处理和常用算法进行简要说明，为学习保护的原理与应用知识做好准备。

PPT 资源：
4.1 微机保
护的构成

4.1 基本构成

4.1.1 思维导图

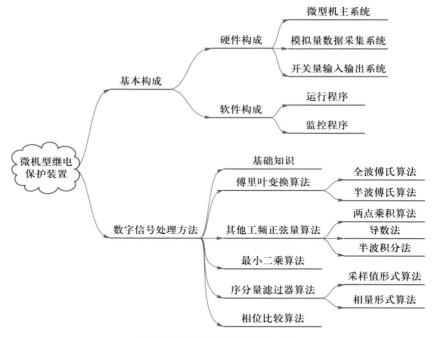

微机型继电保护装置思维导图

本章主要介绍微机型继电保护。微机型继电保护装置因其通用性强、便于维护、可靠性高、保护性能易于改善等诸多优点，在电力系统及其相关领域获得迅速发展和广泛应用。学习微机型继电保护装置前首先需要了解保护装置的基本构成。微机型继电保护装置由硬件和软件两部分组成，硬件部分主要包括微型机主系统、模拟量数据采集系统、开关量输入/输出系统。软件部分是指微机系统执行的软件程序，用来实现输入量的实时采集、运算处理和逻辑判断，控制各硬件电路的有序工作，发出保护出口命令。微机保护的计算程序是根据保护工作原理的数学表达式来编制的,称为算法。通过不同的算法可以实现各种保护功能。本章主要介绍数字信号处理方法的基础知识,学习几种常用的微机型断电保护算法。

4.1.2 硬件构成

微机型继电保护装置如同一台 24 小时运行在电网中的计算机,其硬件组成一般由中央处理器(CPU)、存储器、模拟量输入接口部件、开关量输入/输出接口部件、人机对话接口部件等构成,如图 4-1-1 所示。

(1)中央处理器(CPU)、存储器:对由模拟量、开关量输入设备提供的数字信号进行处理,并通过数据总线、地址总线、控制总线连成一个系统,实现数据交换和操作控制。装置自检、保护定值等运行程序均存放在存储器中,其中 RAM 用于存放实时处理的数据,EPROM 用于存放微机保护运行的程序,E^2PROM 用于存放保护整定值。

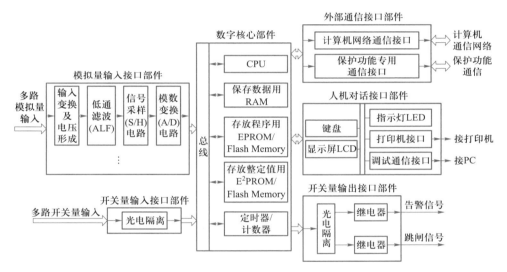

图 4-1-1 微机保护装置硬件原理图

(2)模拟量输入接口部件:继电保护的基本输入电量是模拟性质的电信号。这些模拟信号进入微机保护后,被转换为可以被微机保护识别和处理的离散数字信号。

模拟量输入接口部件主要包括:输入变换及电压形成、前置模拟低通滤波器(ALF)、信号采样(S/H)电路、模数变换(A/D)电路等。

(3)开关量输入/输出接口部件:开关量输入接口将外部提供给保护装置使用的开关量(如断路器的合闸或分闸状态、开关或继电器触点的通或断等状态)通过光电隔离后,供 CPU 处理。光电隔离有效防止了外部对保护装置内部的干扰。通过开关量输出接口部件,保护装置可以在系统故障时有效地发出跳闸命令,跳开断路器,也可以在保护装置有故障时发出告警信号,通知运行人员及时处理。

(4)人机对话接口部件:人机对话提供了微机保护与使用者之间的信息联系,使工作人员可以对保护装置进行人工操作、调试并得到相关信息。保护装置的操作主要包括整定值和控制命令的输入等;而相关信息主要包括保护动作情

阅读资料:
4.1 继电保护装置实例

况和保护装置运行情况等。打印机可以将保护装置动作后的情况以及保护异常后的自检情况打印出来，使工作人员能直观了解保护的情况。

为了让大家更好理解保护装置的硬件结构，下面以国内几个主流保护厂家的产品为例，以电子文档形式，介绍几种实用的微机型继电保护装置。

阅读资料：
4.2 保护屏与测控屏的作用与组成

微机型继电保护装置安装于保护屏上，一般以一次间隔为单位进行统一配置。如某 220 kV 线路间隔，一般需要配置两块线路保护屏和一块线路测控屏。本节以扫描二维码电子文档形式介绍保护屏与测控屏的组成、作用及相应规范。

4.1.3　软件构成

微机保护（微机型继电保护的简称）的功能和逻辑主要由软件实现，通常软件可分为监控程序和运行程序两部分。监控程序包括人机对话接口命令处理程序，以及插件调试、定值整定、报告显示等配置程序。运行程序是指保护装置在运行状态下所需执行的程序。

判断故障的发生、实现继电保护功能主要依靠运行程序。运行程序的基本结构包括主程序和中断服务程序两个部分，如图 4-1-2 所示。

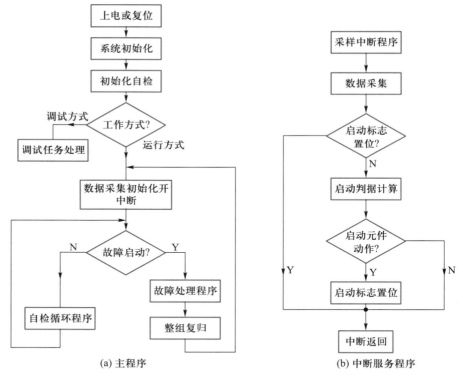

(a) 主程序　　　　　　　　　　　　　　　(b) 中断服务程序

图 4-1-2　运行程序的结构框图

保护装置开始运行时，首先进行系统初始化、初始化自检，如无异常情况则表明准备工作已就绪；然后执行中断服务程序，按照规定的采样间隔产生中断请求，进行模拟量采集并启动判据的计算；中断返回后，继续执行当前的主程序，并根据是否满足故障启动条件进入自检循环程序或故障处理程序。在自检循环程序或故障处理程序中都需要响应采样中断。

故障处理程序包括各种保护的算法计算、跳闸逻辑判断与时序处理、告警与跳闸出口处理,以及事件报告、故障报告的整理等。其中,保护的算法计算是完成微机保护功能的核心模块,主要内容有采样数据的数字滤波、故障特征量计算、保护的动作判据计算等。在故障处理程序完成保护跳闸和重合闸等全部故障处理任务后执行整组复归操作,清除所有临时标志、收回各种操作命令,保护装置返回到故障前的状态,为下一次保护动作做好准备。

4.2 算法基础

PPT 资源:
4.2 微机保护常用算法

电力系统发生故障后,故障电流、电压包含多种频率成分,包括工频周期分量、衰减直流分量、高频分量,在串联电容的高压线路中还可能会产生低频分量。微机保护装置首先要对采样信号进行数字信号处理以便获得故障特征量,并在此基础上进行分析计算,以实现微机保护预设的判据。

微机型继电保护装置根据输入电气量的采样数据进行分析运算来实现故障量的测量、计算、故障判别等功能的方法称为保护算法。继电保护的种类有很多,如电流保护、距离保护、差动保护等,但无论是哪一种保护,其算法的核心是利用输入信号的若干点的采样值计算出相应的电气量,如电压、电流的基波分量或某次谐波分量的幅值和相位等。有了这些基本电气量的计算值,就可以构成各种不同原理的保护。本节在数字信号处理基本知识的基础上,介绍傅里叶变换,并简要介绍几种常见的保护功能算法,包括序分量滤过器算法、移相算法、相位比较算法等。

4.2.1 数字信号处理的基础知识

微机保护所采集的模拟量为电压量、电流量,为时间上连续的量,称作连续信号或模拟信号,可用连续函数 $x(t)$ 表示。连续信号 $x(t)$ 必须经采样后,转化为离散的时间信号 $x^*(t)$,再经数字信号处理,转换为时间和量值上均离散的信号(即数字信号),供微机保护芯片计算。

阅读资料:
4.3 数字信号处理基础知识

本节将以扫描二维码电子文档形式介绍数字信号的采样定理,离散时间信号和系统、离散系统频率特性、数字滤波器等与继电保护相关的专业基础知识,作为本节后续内容的基础。

4.2.2 傅里叶变换算法

傅里叶变换(Fourier transform)算法,简称傅氏算法,其基本思想来自傅里叶级数,由法国著名数学家、物理学家——傅里叶于 19 世纪初提出。从现代数学的眼光来看,傅里叶变换是一种特殊的积分变换。它能将满足一定条件的某个函数表示成正弦基函数的线性组合或者积分。在微机保护中采用傅里叶变换算法,其目的是获得某一频率(如 50 Hz)输入信号的幅值与相角信息。

假定被采样信号是一个周期性时间函数,除基波外还含有不衰减的直流分量和各次谐波。设该周期信号为 $x(t)$,它可表示为各次谐波分量的叠加

$$x(t) = x_0 + x_1(t) + x_2(t) + \cdots + x_m(t) + \cdots \qquad (4\text{-}2\text{-}1)$$

其中，$x_m(t)$ 为 m 次谐波，可以表示为

$$
\begin{aligned}
x_m(t) &= \sqrt{2}\, X_m \sin(\omega_m t + \alpha_m) \\
&= \left[\sqrt{2}\, X_m \cos \alpha_m\right]\sin \omega_m t + \left[\sqrt{2}\, X_m \sin \alpha_m\right]\cos \omega_m t \\
&= X_{ms}\sin m\omega t + X_{mc}\cos m\omega t
\end{aligned}
\qquad (4\text{-}2\text{-}2)
$$

式中，X_m——m 次谐波分量的有效值；

α_m——m 次谐波分量的初相角；

ω_m——m 次谐波分量的角频率，$\omega_m = m\omega$（ω 为基波角频率）。

$$X_{ms} = \sqrt{2}\, X_m \cos \alpha_m \qquad (4\text{-}2\text{-}3)$$

$$X_{mc} = \sqrt{2}\, X_m \sin \alpha_m \qquad (4\text{-}2\text{-}4)$$

分别为 m 次谐波的正弦分量和余弦分量系数。代入式（4-2-1），则

$$
\begin{aligned}
x(t) &= \sum_{m=0}^{\infty} \sqrt{2}\, X_m \sin(\omega_m t + \alpha_m) \\
&= \sum_{m=0}^{\infty}(X_{ms}\sin m\omega t + X_{mc}\cos m\omega t)
\end{aligned}
\qquad (4\text{-}2\text{-}5)
$$

这表明一个周期函数 $x(t)$ 的各次谐波可以看成振幅分别为 X_{ms} 和 X_{mc} 的正弦项和余弦项之和，我们感兴趣的是 m 次谐波的正弦、余弦系数 X_{ms} 和 X_{mc}，只要有了 X_{ms} 和 X_{mc}，就可以求出 m 次谐波的幅值和相位

$$2X_m^2 = X_{ms}^2 + X_{mc}^2 \qquad (4\text{-}2\text{-}6)$$

$$\tan \alpha_m = \frac{X_{mc}}{X_{ms}} \qquad (4\text{-}2\text{-}7)$$

下面的问题就是如何求取 X_{ms} 和 X_{mc}，根据数据窗的长度，可分为全波傅里叶算法和半波傅里叶算法。

1. 全波傅里叶算法

根据傅氏级数原理，当已知周期函数 $x(t)$ 时，可以求其 m 次谐波分量的正弦、余弦系数

$$
\begin{aligned}
X_{ms} &= \frac{2}{T}\int_0^T x(t)\sin m\omega t\, \mathrm{d}t \\
X_{mc} &= \frac{2}{T}\int_0^T x(t)\cos m\omega t\, \mathrm{d}t
\end{aligned}
\qquad (4\text{-}2\text{-}8)
$$

其中，T 为 $x(t)$ 的周期。继电保护中感兴趣的是基波分量（$m=1$），基波分量的正弦、余弦系数为

$$
\begin{aligned}
X_{1s} &= \frac{2}{T}\int_0^T x(t)\sin \omega t\, \mathrm{d}t \\
X_{1c} &= \frac{2}{T}\int_0^T x(t)\cos \omega t\, \mathrm{d}t
\end{aligned}
\qquad (4\text{-}2\text{-}9)
$$

由于 $x(t)$ 是周期函数，求 X_{1s}、X_{1c} 所用的一个周期的积分区间可以是 $x(t)$ 的任意一段。设每周波采样 N 点，对应 $x(t)$ 的采样值为 $x(n-N+1)$、$\cdots$、$x(n-1)$、$x(n)$。将上面积分式中的 $\sin \omega t$ 和 $\cos \omega t$ 进行离散化，采用矩形法求解上述积分，则

$$X_{1s} = \frac{2}{T}T_s \{x(n-N+1)\sin(\omega T_s) + \cdots + x(n-1)\sin[\omega(N-1)T_s] + x(n)\sin(\omega NT_s)\}$$

$$= \frac{2}{N}\sum_{k=1}^{N} x(n-N+k)\sin\left(\frac{2\pi}{N}k\right) \qquad (4-2-10)$$

$$X_{1c} = \frac{2}{T}T_s \{x(n-N+1)\cos(\omega T_s) + \cdots + x(n-1)\cos[\omega(N-1)T_s] + x(n)\cos(\omega NT_s)\}$$

$$= \frac{2}{N}\sum_{k=1}^{N} x(n-N+k)\cos\left(\frac{2\pi}{N}k\right) \qquad (4-2-11)$$

式中，T_s 为采样周期。当 N 给定后，上式中 sin 项和 cos 项的值均为常数，可分别记为 a_k 和 b_k。例如当 $N=12$ 时，$\frac{2\pi}{N}=30°$，上式中各 sin 项和 cos 项中的角度为30°、60°、…、300°、330°、360°。先计算出上述 sin 项和 cos 项的值，再将 $\frac{2}{N}$ 纳入 a_k 和 b_k，将上述两式改写为如下形式

$$X_{1s} = \sum_{k=1}^{N} a_k x(n-N+k)$$
$$X_{1c} = \sum_{k=1}^{N} b_k x(n-N+k) \qquad (4-2-12)$$

2. 半波傅里叶算法

半波傅里叶算法的积分区间是 $0 \sim T/2$，利用半个周波的采样值来计算电流、电压基波分量的正弦和余弦系数，其矩形法计算公式为

$$X_{1s} = \frac{4}{N}\sum_{k=1}^{N/2} x\left(n-\frac{N}{2}+k\right)\sin\left(\frac{2\pi}{N}k\right) \qquad (4-2-13)$$

$$X_{1c} = \frac{4}{N}\sum_{k=1}^{N/2} x\left(n-\frac{N}{2}+k\right)\cos\left(\frac{2\pi}{N}k\right) \qquad (4-2-14)$$

从滤波效果来看，全波傅里叶算法不仅能完全滤除各次谐波分量和稳定的直流分量，而且能较好地滤除线路分布电容引起的高频分量，对随机干扰信号的反应也较小，可平稳和精确地响应畸变波形中的基频分量。图 4-2-1 是采样频率为 600 Hz 时的全波算法和半波算法的幅频特性，基准频率 $f_1 = 50$ Hz。半波傅里叶算法的滤波效果不如全波算法好，它不能滤去直流分量和偶次谐波。由于它们都对按指数衰减的非周期分量呈现很宽的连续频谱，因此傅里叶算法在衰减的非周期分量的影响下，计算误差较大。

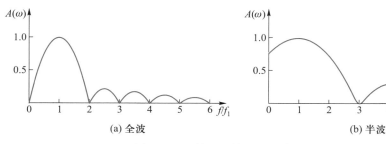

图 4-2-1　傅里叶算法的频谱（600 Hz）

从精度来看,由于半波傅里叶算法的数据窗只有半个周期,其精度要比全波傅里叶算法低。有的保护装置采用变动数据窗的方法来协调响应速度与精度的关系,其做法是在启动元件动作之后,先调用半波傅里叶算法程序,同时将保护范围减小 10%。当故障时间达到一个周期时,调用全波傅里叶算法程序,这时保护范围复原。当故障在保护范围的 90% 以内时,用半波算法计算很快就趋于真值,精度虽然不高,但足以正确判断是否是区内故障;当故障在保护范围的 90% 以外时,应以全波傅里叶算法的计算结果为准,保证精度。

4.2.3 几种工频正弦量算法

在某些应用场合,假定保护装置输入信号经数字滤波器处理后得到的量值为理想的正弦信号,频率为 50 Hz,以电流为例可表示为

$$i(n) = I_{\mathrm{m}}\sin(\omega n T_{\mathrm{S}} + \alpha) \qquad (4-2-15)$$

式中,n 是采样点,T_{S} 是采样周期,I_{m} 是电流幅值,ω 是角频率,α 是电流初始时刻相角。只要算出电流幅值、初相角、频率,就可完全确定该信号,下面介绍几种计算方法。

1. 两点乘积算法

在电力系统中,常将系统频率作为已知量,此时正弦量只有两个待定的参数——幅值和相位。原则上只需已知两个连续采样数据就能获得两个独立方程,即可求出待定参数。为方便运算,取相隔 $\Delta t = T/4$ 的两点电流采样值 i_1、i_2,则

$$\begin{cases} i_1 = i(k_1) = I_{\mathrm{m}}\sin(\omega k_1 T_{\mathrm{S}} + \alpha) \\ i_2 = i(k_2) = I_{\mathrm{m}}\sin(\omega k_1 T_{\mathrm{S}} + \alpha + \omega \Delta t) = I_{\mathrm{m}}\cos(\omega k_1 T_{\mathrm{S}} + \alpha) \end{cases} \qquad (4-2-16)$$

将两个采样点求平方和,可得电流幅值为

$$I_{\mathrm{m}} = \sqrt{i_1^2 + i_2^2} \qquad (4-2-17)$$

将两个采样点相除,可得 k_1 采样时刻对应的相位为

$$\omega k_1 T_{\mathrm{S}} + \alpha = \arctan(i_1/i_2) \qquad (4-2-18)$$

因此,只要知道任意两个电气角度相隔 $\pi/2$ 正弦量的瞬时值,就可用式(4-2-17)、式(4-2-18)计算出该正弦量的幅值和相位。该算法称为两点乘积算法,算法的数据窗为 $T/4$。

2. 导数法

若电流在某一时刻 t_1 的采样值为 $i_k = I_{\mathrm{m}}\sin(\omega t_1 + \alpha)$,则该时刻电流的导数为

$$i_k' = \frac{\mathrm{d}i_k}{\mathrm{d}t} = \omega I_{\mathrm{m}}\cos(\omega t_1 + \alpha) \qquad (4-2-19)$$

因此

$$\begin{cases} I_{\mathrm{m}} = \sqrt{i_k^2 + (i_k'/\omega)^2} \\ \omega t_1 + \alpha = \arctan(\omega i_k/i_k') \end{cases} \qquad (4-2-20)$$

其中,$\omega = 2\pi/N T_{\mathrm{S}}$。

可见,只需知道正弦量在某一时刻的采样值及其导数值,即可计算出该

正弦量的幅值和相位。采样值的导数可通过两个相邻采样点的差分近似计算

$$i'_k = \frac{i_{k+1} - i_{k-1}}{2T_S} \qquad (4-2-21)$$

其中，i_{k-1}、i_k、i_{k+1} 是电流的连续三个采样值。近似计算如图 4-2-2 所示，即用 ab 线段的斜率近似代替 mn 线段的斜率。

将式（4-2-21）代入式（4-2-20），可得

$$\begin{cases} I_m = \sqrt{i_k^2 + \left[\dfrac{N(i_{k+1} - i_{k-1})}{4\pi}\right]^2} \\ \omega t_1 + \alpha = \arctan \dfrac{4\pi i_k}{N(i_{k+1} - i_{k-1})} \end{cases} \qquad (4-2-22)$$

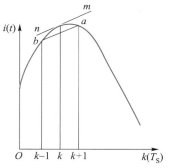

图 4-2-2 差分近似求导示意图

因此，使用连续的三个采样值就可计算出正弦量的幅值和相位，算法的数据窗为 $2T_S$。

3. 半波积分算法

半波积分算法的原理是一个正弦量在任意半个周期内绝对值的积分为一常数，且积分值与积分起始点无关，如图 4-2-3 所示，图中两部分阴影面积显然相等。

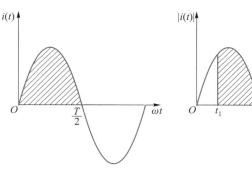

图 4-2-3 半周积分算法的原理示意图

对正弦信号 $i = I_m \sin(\omega t + \alpha)$ 在任意半个周期 $T/2$ 内进行绝对值积分，可得

$$S = \int_{t_1}^{t_1 + \frac{T}{2}} |i(t)| \, dt = \frac{2I_m}{\omega} = \frac{T}{\pi} I_m \qquad (4-2-23)$$

即正弦信号的半个周期绝对值积分正比于其幅值。

用采样值计算半周绝对值积分 S，正弦信号幅值可表示为

$$I_m = \frac{\pi}{N} \sum_{k=1}^{N/2} |i(k)| \qquad (4-2-24)$$

因此，使用半个周期的采样值可以计算出正弦量的幅值，算法的数据窗为半个周期 $T/2$。求出幅值后可方便求出采样点对应的相位。

半波积分算法的计算简单、数据窗较长，具有一定的高频滤波作用但不能抑制直流分量。对于一些速动性要求不高的保护可以采用这种算法，必要时可前置差分滤波器来抑制信号中的非周期分量。

4.2.4 最小二乘算法

在电力系统故障电气量信号中,除了基频分量和非周期分量外,其他分量(如各种高频信号)都具有明显的随机信号特性,这是因为它们的频率、幅值、相位和衰减速率与故障类型、故障点位置、故障初始时刻和故障前系统的运行状态等随机因素有关。因此,有关基频分量的参数计算问题,属于随机噪声信号模型参数估计问题。

最小二乘算法是参数估计理论中的一种经典算法,它是将输入信号与预设信号的模型(拟合函数)按最小二乘原理进行拟合,根据拟合误差最小的原则来确定预设模型中的有关参数。在微机保护中,根据应用目的的不同,预设信号模型有不同的选择方法,相应的最小二乘算法也有不同的表现形式,本节介绍其中一种。

选择预设信号模型(拟合函数)的表达式为

$$x(t) = X_0 e^{-t/T_d} + X_m \sin(\omega t + \varphi)$$
$$= X_0 e^{-t/T_d} + X_{Re} \sin \omega t + X_{Im} \cos \omega t \tag{4-2-25}$$

式中,X_0、T_d——非周期分量的初值和衰减时间常数;

X_m、φ、ω——基频分量的幅值、相位、角频率;

X_{Re}、X_{Im}——基频分量相量的实部、虚部,$X_{Re} = X_m \cos \varphi$,$X_{Im} = X_m \sin \varphi$。

实际输入信号 $y(t)$ 可视为由预设信号与附加随机噪声信号共同组成,即

$$y(t) = X_0 e^{-t/T_d} + X_{Re} \sin \omega t + X_{Im} \cos \omega t + r(t) \tag{4-2-26}$$

式中,$r(t)$——随机信号,是指信号中除基频分量和非周期分量之外的其他所有成分。

式(4-2-26)中,待定参数为 X_0、T_d、X_{Re}、X_{Im}。在实际应用中,为简化计算,参数 T_d 通常可作为事先给定的常数,在它可能的变化范围内选择一个恰当的数值。显然,若实际衰减时间常数偏离给定的数值,这种处理方式对基频参数 X_{Re}、X_{Im} 的计算会带来一定误差。但仿真计算表明,这种误差可控制在允许的范围之内。这样,待确定的参数只剩下 X_0、X_{Re}、X_{Im}。

将式(4-2-26)按离散采样值形式表示,并整理为矩阵形式如下

$$y(k) = \left[e^{-kT_s/T_d}, \sin \omega k T_s, \cos \omega k T_s \right] \begin{bmatrix} X_0 \\ X_{Re} \\ X_{Im} \end{bmatrix} + r(k) \tag{4-2-27}$$

定义 $\boldsymbol{h}(k) \triangleq \left[e^{-kT_s/T_d}, \sin \omega k T_S, \cos \omega k T_S \right]$、$\boldsymbol{X}(k) \triangleq [X_0, X_{Re}, X_{Im}]^T$,式(4-2-27)可记为 $y(k) = \boldsymbol{h}(k) \boldsymbol{X}(k) + r(k)$ 。

假设已知采样值序列 $y(k)$,$k = 0, 1, \cdots, m$。根据最小二乘估计理论,以 m 个采样值确定的参数最优估计值 $\widetilde{X}_0(m)$、$\widetilde{X}_{Re}(m)$、$\widetilde{X}_{Im}(m)$ 应使残差平方和 J 达到最小,即

$$J = \sum_{k=1}^{m} \left[y(k) - \boldsymbol{h}(k) \widetilde{\boldsymbol{X}}(m) \right]^2 \Rightarrow \min \tag{4-2-28}$$

其中,$\widetilde{\boldsymbol{X}}(m) \triangleq [\widetilde{X}_0(m), \widetilde{X}_{Re}(m), \widetilde{X}_{Im}(m)]^T$。

求出满足式(4-2-28)的最小二乘估计值为

$$\widetilde{X}(m) = [\boldsymbol{H}^\mathrm{T}(m)\boldsymbol{H}(m)]^{-1}\boldsymbol{H}^\mathrm{T}(m)\boldsymbol{Y}(m) \tag{4-2-29}$$

其中，$\boldsymbol{H}(m) = [h(1), h(2), \cdots, h(m)]^\mathrm{T}$，$\boldsymbol{Y}(m) = [y(1), y(2), \cdots, y(m)]^\mathrm{T}$。

　　根据式(4-2-29)求出基频分量相量的实部、虚部，就可进一步求出基频分量的幅值和相角。

　　需要说明的是，最小二乘算法除用于基频分量参数的计算之外，也可用于计算其他谐波分量的参数，只需改变预设的信号模型，使预设的信号模型包含这些谐波分量即可。这种算法具有较好的滤波性能和较高的精度，但很显然预设信号的模型越复杂，计算的时间就越长，因而在实际应用时还需在精度和速度之间仔细权衡。

4.2.5　序分量滤过器算法

1. 采样值形式算法

　　以电压为例，正、负、零序分量的表达式为

$$\begin{cases} 3\dot{U}_1 = \dot{U}_a + \alpha\dot{U}_b + \alpha^2\dot{U}_c \\ 3\dot{U}_2 = \dot{U}_a + \alpha^2\dot{U}_b + \alpha\dot{U}_c \\ 3\dot{U}_0 = \dot{U}_a + \dot{U}_b + \dot{U}_c \end{cases} \tag{4-2-30}$$

式中，α——算子，$\alpha = e^{j120°}$；

　　$\dot{U}_1$、$\dot{U}_2$、$\dot{U}_0$——正序、负序、零序电压相量；

　　$\dot{U}_a$、$\dot{U}_b$、$\dot{U}_c$——A、B、C 三相电压相量。

电压相量值对应的采样序列可表示为

$$\begin{cases} 3u_1(n) = u_a(n) + \alpha u_b(n) + \alpha^2 u_c(n) \\ 3u_2(n) = u_a(n) + \alpha^2 u_b(n) + \alpha u_c(n) \\ 3u_0(n) = u_a(n) + u_b(n) + u_c(n) \end{cases} \tag{4-2-31}$$

　　由上式可知 A、B、C 三相电压的采样序列按上式对各相电压进行维持原状、顺时针移相 120°、逆时针移相 120°的角度转移处理，再加以适当的组合运算，即可得到正序、负序和零序分量的序列。假设每个工频周期采样 48 点，即 $N = 48$，采样间隔 $\omega T_S = 7.5°$。由于 $\dot{U}_a$、$\dot{U}_b$、$\dot{U}_c$ 相量都在复平面上周而复始地旋转，为说明方便以 $\dot{U}$ 为例，其相位由 0°～360°呈周期性变化。设 $t = nT_S$ 时，$\dot{U}_a$ 的相位为 0°，此时采得 $\dot{U}$ 的瞬时值为 $u(n)$；如向前寻找 K 个点，当 $t = (n-K)T_S$ 时，$\dot{U}$ 的相位相对于 $t = nT_S$ 时滞后 $K\omega T_S$ 角度，此时的采样值为 $u(n-K)$。显然，若取 $\omega T_S = 7.5°$，当 K 分别为 32 和 16 时，相当于相量 $\dot{U}$ 顺时针旋转角度为 240°和 120°，此时所对应的采样值分别为 $u(n-32)$ 和 $u(n-16)$，如图 4-2-4 所示。

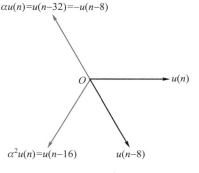

图 4-2-4　相量 $\dot{U}$ 相位变化

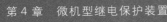

以数据窗 $K=32$ 为例,由图 4-2-4 可以看出

$$\begin{cases} \alpha u(n)=u(n-32) \\ \alpha^2 u(n)=u(n-16) \end{cases} \quad (4-2-32)$$

于是有

$$\begin{cases} 3u_1(n)=u_{\mathrm{a}}(n)+u_{\mathrm{b}}(n-32)+u_{\mathrm{c}}(n-16) \\ 3u_2(n)=u_{\mathrm{a}}(n)+u_{\mathrm{b}}(n-16)+u_{\mathrm{c}}(n-32) \\ 3u_0(n)=u_{\mathrm{a}}(n)+u_{\mathrm{b}}(n)+u_{\mathrm{c}}(n) \end{cases} \quad (4-2-33)$$

上式表明,只要获得 A、B、C 三相电压在 n、$n-16$、$n-32$ 三点的采样数据就可以由上式计算出各序电压在 n 时刻的值。

2. 相量形式算法

假设采用傅里叶算法进行计算,已求得 A、B、C 三相电压的正弦、余弦项系数,则各相电压的相量可表示为

$$\begin{cases} \dot{U}_{\mathrm{a}}=U_{\mathrm{as}}+\mathrm{j}U_{\mathrm{ac}} \\ \dot{U}_{\mathrm{b}}=U_{\mathrm{bs}}+\mathrm{j}U_{\mathrm{bc}} \\ \dot{U}_{\mathrm{c}}=U_{\mathrm{cs}}+\mathrm{j}U_{\mathrm{cc}} \end{cases} \quad (4-2-34)$$

在此基础上,可利用 $\alpha=-\dfrac{1}{2}+\mathrm{j}\dfrac{\sqrt{3}}{2}$, $\alpha^2=-\dfrac{1}{2}-\mathrm{j}\dfrac{\sqrt{3}}{2}$ 进行计算,得到各序电压为

$$\begin{cases} 3\dot{U}_1=U_{\mathrm{as}}+\mathrm{j}U_{\mathrm{ac}}+\left(-\dfrac{1}{2}+\mathrm{j}\dfrac{\sqrt{3}}{2}\right)(U_{\mathrm{bs}}+\mathrm{j}U_{\mathrm{bc}})+\left(-\dfrac{1}{2}-\mathrm{j}\dfrac{\sqrt{3}}{2}\right)(U_{\mathrm{cs}}+\mathrm{j}U_{\mathrm{cc}}) \\ 3\dot{U}_2=U_{\mathrm{as}}+\mathrm{j}U_{\mathrm{ac}}+\left(-\dfrac{1}{2}-\mathrm{j}\dfrac{\sqrt{3}}{2}\right)(U_{\mathrm{bs}}+\mathrm{j}U_{\mathrm{bc}})+\left(-\dfrac{1}{2}+\mathrm{j}\dfrac{\sqrt{3}}{2}\right)(U_{\mathrm{cs}}+\mathrm{j}U_{\mathrm{cc}}) \\ 3\dot{U}_0=U_{\mathrm{as}}+\mathrm{j}U_{\mathrm{ac}}+U_{\mathrm{bs}}+\mathrm{j}U_{\mathrm{bc}}+U_{\mathrm{cs}}+\mathrm{j}U_{\mathrm{cc}} \end{cases}$$

$$(4-2-35)$$

4.2.6　相位比较算法

设两个被比较量为 $\dot{G}=G\,\underline{/\varphi_{\mathrm{G}}}$、$\dot{H}=H\,\underline{/\varphi_{\mathrm{H}}}$,保护装置比较二者的相位,当它们的相位之差满足预设条件时,保护动作。根据动作范围的不同,动作条件可分为

$$\cos 型: \quad -90°\leqslant\arg\dfrac{\dot{G}}{\dot{H}}\leqslant 90°$$

$$(4-2-36)$$

$$\sin 型: \quad 0°\leqslant\arg\dfrac{\dot{G}}{\dot{H}}\leqslant 180°$$

其中,$\arg\dfrac{\dot{G}}{\dot{H}}=\varphi_{\mathrm{G}}-\varphi_{\mathrm{H}}$,余弦型和正弦型比相器的动作特性如图 4-2-5 所示。

式(4-2-36)可等效为

$$\begin{cases} \cos 型: \quad \cos(\varphi_{\mathrm{G}}-\varphi_{\mathrm{H}})\geqslant 0 \\ \sin 型: \quad \sin(\varphi_{\mathrm{G}}-\varphi_{\mathrm{H}})\geqslant 0 \end{cases} \quad (4-2-37)$$

将式(4-2-37)的左端展开,并在两端同乘以 GH,得到

$$\begin{cases} GH\cos\varphi_G\cos\varphi_H + GH\sin\varphi_G\sin\varphi_H \geq 0 \\ GH\sin\varphi_G\cos\varphi_H - GH\cos\varphi_G\sin\varphi_H \geq 0 \end{cases} \quad (4\text{-}2\text{-}38)$$

若比相器动作范围不为180°,则可以用两个范围为180°的元件组合而成。以 cos 型为例,如果动作特性转动 θ_0 角,则动作方程可以写成

$$-90°\pm\theta_0 \leq \arg\frac{\dot{G}}{\dot{H}} \leq 90°\pm\theta_0 \quad (4\text{-}2\text{-}39)$$

其中,$+\theta_0$ 表示特性逆时针方向转动,$-\theta_0$ 表示特性顺时针方向转动,动作特性如图 4-2-6 所示。

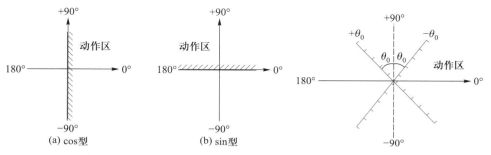

图 4-2-5 余弦型和正弦型比相器的动作特性　　图 4-2-6　转动 $\pm\theta_0$ 时的动作特性

本 章 小 结

微机型继电保护装置的硬件结构主要包括数据处理单元、数据采集单元、输入输出接口电路。数据处理单元主要包括中央处理器、存储器、定时器;数据采集单元主要包括电压变换、信号调理、多路模拟开关、采样保持、A/D 转换环节。微机保护的软件基本结构包括系统主程序和中断服务程序。系统主程序主要包括循环自检程序,中断服务程序用于模拟量采集、保护启动判别、故障处理等。

微机型继电保护装置处理的信号为离散数字信号。输入保护装置的模拟量电压、电流信号首先需要经过采样、A/D 转换等环节,将数据采集单元变换为数字量,然后送入数据处理单元进行运算和判断。

微机保护算法实现的功能是计算故障特征量、进行故障判别。计算其幅值和相角的方法有傅里叶算法、两点乘积算法、导数法、半周积分算法、最小二乘算法等。保护功能算法有序分量滤过器算法、相位比较算法等。

本章主要复习内容:

(1)微机保护的硬件构成和软件构成;

(2)微机保护相关数字信号处理知识;

(3)微机保护求取工频量幅值和相角的常用算法。

习　　题

4.1　简述微机保护的硬件结构。

PDF 资源:
第 4 章习题
答案

4.2　在微机保护的软件结构中,"微机保护功能的核心模块"主要完成哪些功能?

4.3　某个连续信号的带宽有限且最高频率为 200 Hz,在对其进行采样时,采样频率不应低于多少?

4.4　采用 12 位 A/D 转换器对范围为 $-10 \sim +10$ V 的输入信号进行模数转换。当输入信号分别为 -3 V、6V 时计算相应的转换数字量。

4.5　采用序分量滤过器算法获取正序、负序、零序电压量。已知数据窗口 $K = 16$,试写出采样值形式算法的表达式。

第5章 电网保护

　　电力系统中各种电压的变电所及其输配电线路组成的整体,称为电力网。若输配电线路上发生故障,将影响供电可靠性甚至危及电力系统稳定运行。电网保护专指用于切除输配电线路上故障的继电保护装置。不同电压等级的线路,因其重要性不同,相应的继电保护原理也不尽相同。本章主要介绍适用于配电线路的相间短路电流保护,以及适用于输电线路的零序电流保护、距离保护、纵联保护的基本原理与应用方法。

5.1 概述

5.1.1 思维导图

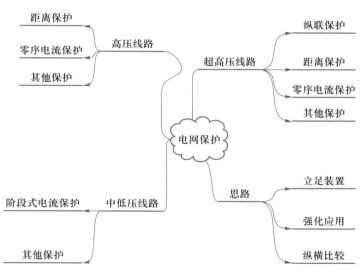

电网保护思维导图

　　由本章思维导图可知,输配电线路按电压等级可分为中低压线路、高压线路与超高压线路等。以大树作比,电网中特高压、超高压输电线路为主干,高压输电线路为枝干,中低压配电线路属于末梢。树有大小,枝有粗细、长短。总体而言,主干即"本"当然重要,要时刻做重点防护,而"末"出现问题,也要及时解决,以免累及根本。因此,对中低压线路主要配置阶段式电流保护;对高压线路主要配置距离保护、零序电流保护;对超高压线路主要配置纵联保护、距离保护、零序电流保护。

　　由思维导图可见,电网保护包含纵联保护、距离保护、零序电流保护、阶段式电流保护等。电压等级越高的线路,其重要性越高,配置的保护也相对越复杂。

PPT 资源:
5.1 概述

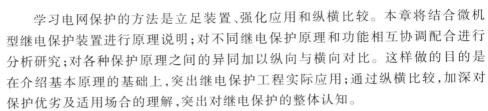

学习电网保护的方法是立足装置、强化应用和纵横比较。本章将结合微机型继电保护装置进行原理说明;对不同继电保护原理和功能相互协调配合进行分析研究;对各种保护原理之间的异同加以纵向与横向对比。这样做的目的是在介绍基本原理的基础上,突出继电保护工程实际应用;通过纵横比较,加深对保护优劣及适用场合的理解,突出对继电保护的整体认知。

在学习本章内容之前,学习者应对输配电线路的故障分析知识有较好的掌握。同时,尽可能多地了解电力网相关电气设备方面的知识。

5.1.2　电网保护配置

1. 10 ~ 35 kV 配电线路

10 ~ 35 kV 配电线路多为单侧电源线路,所在配电系统为中性点非直接接地系统,单相接地故障电流很小。因此,每条线路只在首端配置一套保护。每套保护既包括反应相间短路故障时线路首端测量电流变化的阶段式电流保护,动作于跳闸;还包括反应单相接地故障的保护,一般带时限,动作于信号,也可设置动作于跳闸。

2. 110 kV 输(配)电线路

我国 110 kV 线路目前多采用单侧电源,承担城市高压配电的任务。鉴于其重要程度,每条线路仍只在首端配置一套保护,但其性能较 10 ~ 35 kV 配电线路保护优越。每套保护以反应故障时线路首端测量阻抗变化的距离保护为主要保护,距离保护分为相间距离保护和接地距离保护两种形式;同时,还可采用零序电流保护作为反应接地故障的后备保护。

3. 220 kV 及以上电压等级线路保护配置

我国 220 kV 及以上电压等级线路承担输电任务,相对于前述两种线路更为重要,对保护装置可靠性要求更高。线路两端各配置两套保护,每套保护都以反应线路发生故障时线路两端测量电气量变化的纵联保护为主保护。同时配有相间距离保护、接地距离保护(零序电流)作为后备保护。

线路配置的两套保护被称为"保护双重化",目的是提高保护的可靠性。为实现双重化,一般要求两套保护的主要保护功能原理存在差异。同时,两套保护的电流、电压回路、直流电源应完全独立,即两套保护的电流、电压分别由不同的互感器引入,保护电源、控制电源使用两组蓄电池分别供电。

5.2　单侧电源相间短路电流保护原理

PPT 资源:
5.2 单侧电源相间短路电流保护原理

5.2.1　单侧电源配电线路保护的特点

35 kV 及以下配电线路主要特点有:

(1)输电线路多为单侧电源,负荷功率、短路功率的流动方向是唯一的;

(2)属于中性点非有效接地系统,单相接地电流很小;

（3）处于末端,重要性较低;

（4）线路近于电网末端,可能本线路就是终端线路,一般不存在多段下级线路。

作为最早出现的保护系统,电流保护在系统中仍承担着非常重要的作用,学习电流保护应掌握以下几个基本原则:

（1）电流保护反应故障时的电流增加,当故障电流超过预先设定值（即整定值）时动作;

（2）保护安装处离电源越远,短路电流就越小;

（3）同一处设多段电流保护,相互配合,构成阶段式电流保护,共同完成对线路的保护。

视频资源:5.2 单侧电源相间短路电流保护原理

如图 5-2-1 所示,系统 S 为等值电源,其等值阻抗有两个,代表不同运行方式,S 等值阻抗最小的方式称为系统最大运行方式,阻抗用 $Z_{s.min}$ 表示,其中 min 指的是阻抗最小;S 等值阻抗最大的方式称为系统最小运行方式,阻抗用 $Z_{s.max}$ 表示,其中 max 指的是阻抗最大。根据两种运行方式,得出最大运行方式下各点三相短路电流曲线（曲线 1）和最小运行方式下各点两相短路电流曲线（曲线 2）。由图可见,故障点离电源越近,短路电流就越大。而对于线路上同一点故障,流过本线路最大运行方式下的三相短路电流将大于最小运行方式下的两相短路电流。

故障分析是继电保护原理设计的基础。当单侧电源配电线路上发生相间短路故障时,故障相电流将由相对较小的负荷电流（甚至为零）突变为较大的短路电流。根据运行方式与故障形式的不同,同一点故障时,短路电流介于最大值与最小值之间。这些电流的变化特点是构成单侧电源配电线路阶段式电流保护的重要依据。

5.2.2 电流速断保护（I段）

电流速断保护一般指当电流达到或高于整定值时,不经延时而动作的保护。工程中该保护常被称为"I段","I"是罗马数字代表"1",因此,"I段"应读为"1段"。当然在某些条件下,可人为增加短延时。第 I 段在"阶段式"电流保护中属于急先锋,其特点是快速,目的是使故障点与电源之间能够较快地被隔离。如图 5-2-1 所示的线路,其中 MN 为本线路段,母线 N 之后为相邻线路段,装有保护装置 P_1、P_2。以下通过一个实例介绍电流速断保护设计思路。

观察图 5-2-1 可知,当 k_2 点故障时,应由保护装置 P_2 快速动作切除故障,以缩小切除范围,保证选择性。对于快速动作的保护而言,母线 N 之后的故障,流过 P_1、P_2 保护装置的电流值均为 I_F,但为保证 P_2 处的电流速断保护动作而非 P_1 处电流速断保护动作,P_1 处动作电流整定值 $I_{op.1}^I$ 应大于该电流。考虑极端情况,P_2 出口处故障,即离开 N 点最近处的故障,P_1 处保护也不能动作。换句话说,即使是本线路末端发生最严重的故障,即 N 点三相短路,电流速断保护也不能动作。对于 MN 线路,电流速断保护的范围一定不能超过 N 点,否则就与 P_2 的速断保护有冲突。

为了实现电流速断保护,必须为无时限电流保护设定（整定,setting）一个"动作值（operation value）",也可称为"整定值（setting value）"。注意,此处"整定

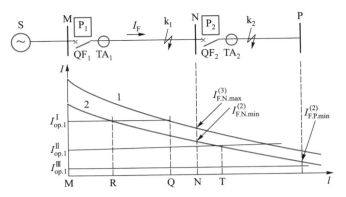

图 5-2-1　无时限电流速断保护

值"可以理解为广义概念,即在自动控制系统里,当某一物理量达到某一数值时,将发生某一动作。在本例中,当保护装置测得的电流值上升,达到无时限电流速断保护的动作值时,保护将满足动作条件,不经延时向后续元件输出"跳闸出口(trip-out)"的信息,或理解为输出逻辑由 **0** 变为 **1**。最常见的无时限电流速断保护的动作值,即动作电流的计算公式为

$$I_{op.1}^{I} = K_{rel}^{I} \cdot I_{N.max}^{(3)} \quad (5-2-1)$$

式中,K_{rel}^{I}——可靠系数,取值应不小于 1,多取为 1.3。

$I_{N.max}^{(3)}$——N 点三相短路的最大电流。

由于配电线路拓扑结构存在多种变化,在实际工程中,该整定公式并不通用,具体计算方法将在第 7 章进行详细说明,此处仅理解概念即可。

由图 5-2-1 可看出,Ⅰ 段动作电流大于最大外部短路电流,在最大运行方式下 MQ 段发生三相短路时短路电流大于动作电流,保护动作,这个区域称为保护动作区。电流保护的保护区是变化的,短路电流水平降低时保护区缩短,在最小运行方式下发生两相短路时,保护区变为 MR。但无论运行方式及短路类型如何变化,保护装置 P_1 处的无时限电流速断保护的保护区一定不会超出本线路。

以分立元件表示的无时限电流速断保护的单相原理接线示意图如图 5-2-2 所示,图中 TA 为电流互感器,KA 为 Ⅰ 段电流继电器,KM 为中间继电器,KS 为信号继电器,QF 为断路器,YR 为跳闸线圈。本线路故障时,若电流大于电流继电器整定值 $I_{op.1}^{I}$,该继电器的触点将闭合,从而驱使中间继电器 KM 动作,相应触点接通线路断路器 QF 跳闸回路,使跳闸线圈 YR 励磁,驱动断路器 QF 跳闸,同时使信号继电器 KS 动作,发出保护跳闸信号。一系列动作过程:测量(电流继电器 KA 测量 TA 送来的电流)——逻辑(达到预先整定值的要求后,使中间继电器 KM 无延时动作)——执行(KM 触点闭合,使跳闸线圈励磁),代表了典型的继电保护组成及动作过程。这一过程中,除了继电器的固有延时外,不再有人为延时,因此称为"速"。图中的"+""-"号,代表直流(220 V)电源正负极,保护装置的相应线圈和触点接于直流回路中,成为断路器控制回路的一部分,图 5-2-2 中的 KM 触点与图 3-4-1 中的 TWJ 触点作用相同,YR 与 TQ 的作用相同。这一点也体现出继电保护必须依靠电流互感器、断路器等元件,完成保护功能。

综上所述,电流速断保护无延时("速")地发出驱动断路器跳闸的命令(KM 触点闭合),由断路器"断开"一次侧的短路电流,达到切除故障的目的。

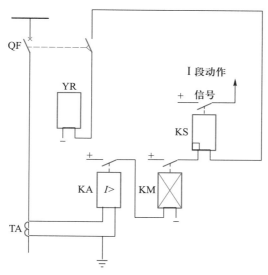

图 5-2-2 无时限电流速断保护的单相原理接线示意图

5.2.3 限时电流速断保护（Ⅱ段）

视频资源：5.2.3 限时电流速断与定时限过电流

由于无时限电流速断保护通常不能保护本线路全长,因此考虑在此基础上,增加一种经过较短延时动作的电流速断保护与其配合。这种带有较短延时的保护称为"限时电流速断保护"。工程中,限时电流速断保护常被称为"Ⅱ段","Ⅱ"是罗马数字代表"2","Ⅱ段"应读为"2 段"。

限时电流速断保护能保护本线路全长,以保证继电保护的"灵敏性"。例如,对于图 5-2-1 中 N 点的最小两相短路,P_1 的限时电流速断保护可经较短的延时(如 0.5 s)动作,切除本线路的故障。

由于限时电流速断保护能保护本线路全长,其保护范围也必然会伸入下一级线路(相邻线路),如图 5-2-1 中 $I_{op.1}^{II}$ 与最小电流曲线的交点 T。因此,本线路的限时电流速断保护需要考虑的次要问题是如何实现与相邻线路在动作值和动作时间上的配合。

在动作值上,为了避免造成停电范围的扩大,限时电流速断保护不能伸出下一级线路的 Ⅰ 段保护范围,以保证选择性,其动作电流计算公式为

$$I_{op.1}^{II} = K_{rel}^{II} I_{op.2}^{I} \qquad (5-2-2)$$

式中,K_{rel}^{II}——可靠系数,取 1.1 ~ 1.2;

　　　$I_{op.2}^{I}$——下一级线路电流速断保护的整定值。

同时,Ⅱ段电流保护需要设置一定的动作延时,一般为 0.3 ~ 0.5 s。关于限时电流速断保护整定的相关内容,将在第 7 章中具体展开。

限时电流速断保护的单相原理接线示意图如图 5-2-3 所示,相应图形与电流速断保护类似,不同的是加入时间继电器 KT 实现逻辑上的延时。特别提醒,此处的 KA 与电流速断保护的 KA 符号虽一样,原理也类似,但动作值不同。

电流速断保护和限时电流速断保护共同构成了本线路的主保护。所谓主保护是满足系统稳定和设备安全要求,以最快速度、有选择地切除被保护设备和线路故障的保护。

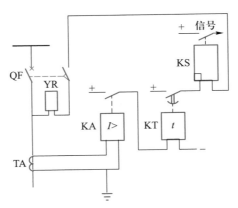

图 5-2-3　限时电流速断保护的单相原理接线示意

5.2.4　定时限过电流保护（Ⅲ段）

除了主保护,线路上还应配有后备保护。所谓后备保护是主保护或断路器发生拒动时,用以切除故障的保护。定时限过电流保护(电流Ⅲ段保护)就是后备保护。工程中常被称为"Ⅲ段","Ⅲ"是罗马数字代表"3","Ⅲ段"应读为"3段"。

如图 5-2-1 所示,如果 MN 线路上发生故障,而保护装置 P_1 的Ⅰ段、Ⅱ段拒动,Ⅲ段将经过一个较长的延时(如 0.7 s)动作跳闸。再如,当 NP 线路上发生故障,保护装置 P_2 的Ⅰ段、Ⅱ段、Ⅲ段都拒动时,保护装置 P_1 的Ⅲ段将经过一个较长的延时(如 1.0 s)动作跳闸。

定时限过电流保护是一种后备保护,它既是本线路主保护的"近后备"保护,又是下线路的"远后备"保护。因此,定时限过电流保护的保护范围应覆盖保护本线路的全长及相邻线路的全长。Ⅲ段整定值的取值思路:整定值应大于流过保护的正常负荷电流,以保证正常时保护不发生误动;同时,整定值还应小于保护区域内发生故障时流过保护安装处的最小相间短路电流,以起到后备保护的效果。在实际配电网应用时,还需考虑上下级最末段保护的配合问题,相关内容详见第 7 章。以图 5-2-1 中保护装置 P_1 为例,其Ⅲ段动作电流 $I_{\text{op.1}}^{\text{Ⅲ}}$ 应按照躲过(大于)流过本线路(MN)的最大负荷电流进行整定,即

$$I_{\text{op.1}}^{\text{Ⅲ}} = K_{\text{rel}}^{\text{Ⅲ}} I_{\text{Load.max}} \tag{5-2-3}$$

式中,$K_{\text{rel}}^{\text{Ⅲ}}$——可靠系数,不小于 1.3;

$I_{\text{Load.max}}$——线路最大负荷电流。

需要注意的是,后备保护与主保护相对独立,如果主保护能正确跳开断路器,切断故障电流,就不需要后备保护再动作。

5.2.5　阶段式电流保护的四性比较

1. 选择性

电流保护在单电源线路上具有选择性;电流Ⅰ段由动作电流保证选择性;电流Ⅱ段由动作电流和动作时间保证选择性;电流Ⅲ段由动作时间阶梯特性保证选择性。

2. 速动性

电流Ⅰ段速动性最好,动作时间仅为继电器固有动作时间;电流Ⅱ段速动性次之,动作时间较短;电流Ⅲ段速动性最差,动作时间最长。

3. 灵敏性

电流Ⅰ段灵敏性最差,一般不能保护本线路全长;电流Ⅱ段灵敏性较好,能保护本线路全长;电流Ⅲ段灵敏性最好,能保护下一级线路全长。

4. 可靠性

阶段式电流保护构成简单,因此可靠性都较高。

总体而言,阶段式电流保护由动作值与动作时间构成不同的阶段,以阶梯形式保护不同的范围,其保护区随系统运行方式及短路类型变化,因此对其总体评价是可靠性较高,但灵敏性较差。

5.2.6 阶段式电流保护应用实例

如图5-2-4所示为某微机型馈线三段式电流保护简要逻辑框图。以KA_a^I为例,代表A相电流元件Ⅰ段,当满足动作条件时,经O_1、O_4输出逻辑信号,驱动后续的断路器跳闸等行为,注意电流元件Ⅰ段A、B、C三相电流元件在逻辑上构成或门关系。电流元件Ⅱ段逻辑中加入了"延时门"T_1,Ⅲ段逻辑中加入了"延时门"T_2。"Ⅰ、Ⅱ段保护动作"信号为主保护动作的出口信号,"Ⅲ段保护动作"信号为后备保护动作的出口信号。保护动作的出口信号将驱使断路器实现跳闸以切断故障电流。

视频资源:
5.2.6 阶段式电流保护应用实例

图5-2-4 微机型馈线三段式电流保护简要逻辑框图

由图5-2-4可知,传统的电流、时间继电器在微机保护内部已由程序实现,并没有相应的触点、线圈。微机保护原理并未改变,只是实现方式发生了变化。

5.2.7　反时限过电流保护

视频资源：
5.2.7 反时限过电流保护

反时限过电流保护是指动作时间随短路电流的增大而自动减小的保护。由于电力系统发端的过载保护器件是熔断器,因此最初的过电流继电器均采用反时限特性,即保护动作时间与动作电流水平成反比,这与过载保护器件(如熔断器)的"安-秒"特性是相通的。因此,"安-秒"特性又称保护特性,主要用来表征流过过载保护器件的电流与其动作时间的关系,是衡量过载保护器件性能的主要指标之一。因为过载保护器件是以过载时的发热现象作为动作的基础,所以根据焦耳定律,过载保护器件在动作的过程中所需要的热量是一定的,电流越大,动作时间越短。

当被保护对象(如配电线路)发生相间故障时,短路电流势必使线路出现发热,并符合焦耳定律。因此,对于某一故障电流,被保护对象有一定的耐受时间,超过该时间,保护对象将因过热损坏。根据这一特点,将保护的动作时间设置小于耐受时间,在损坏发生前切断电源,中断这一损坏过程。

《反时限电流保护功能技术规范》(DL/T 823—2017,引用 IEC 60255—1 标准)规定了反时限特性所对应的电流和时间的函数关系。

$$t = \left[\frac{k}{\left(\dfrac{I}{I_B} \right)^{\alpha} - 1} + c \right] \cdot t_p \qquad (5-2-4)$$

$$t \leqslant t_{min}$$

$$I \leqslant I_{max}$$

式中,I——输入电流的测量值;

$\quad\quad I_B$——基准电流,单位为 A,由用户整定;

$\quad\quad \alpha$——反时限特性常数,量纲为 1,由用户整定;

$\quad\quad k,c$——反时限常数,单位为 s,由用户整定;

$\quad\quad t_p$——时间倍数,量纲为 1,由用户整定;

$\quad\quad t$——时间动作理论值,单位为 s;

$\quad\quad t_{min}$——最小动作时间,单位为 s,由用户整定;

$\quad\quad I_{max}$——最大动作阈值,反时限电流保护动作时间从反时限动作变为定时限动作的特性量临界值,单位为 A,由用户整定。

该规范规定了几种标准反时限特性曲线的 α、k 和 c 的推荐值,见表 5-2-1(由于标准反限时特性曲线的 α、k 和 c 为固定值,所以不需要用户整定)。

表 5-2-1　标准反时限特性曲线的 α、k 和 c 的推荐值

反时限类型	α	k	c
一般反时限	0.02	0.14	0
非常反时限	1.0	13.5	0
极端反时限	2.0	80.0	0

与式(5-2-4)相对应的反时限动作特性曲线如图 5-2-5 所示。

以极端反时限为例,说明该特性的具体使用方法。设 $\alpha = 2$、$k = 80$、$c = 0$,采用极端反时限特性,有

$$t = \frac{80t_P}{(I/I_B)^2 - 1} \quad (5-2-5)$$

只有输入电流大于基准电流 I_B（I_B 一般取被保护对象的额定电流）时，保护才有动作必要。在图 5-2-5 中 I_T 为确保保护可靠动作的输入特性量值，即为反时限电流保护特性量的最小动作值，由继电器内部固定或由用户整定，其值介于 I_B 和特性量有效范围最小值 $I_{\min}$ 之间，一般设 $I_T =$

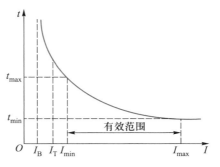

图 5-2-5 反时限动作特性曲线

$1.1I_B$，只有大于该电流时，反时限过电流保护从逻辑上才有可能启动。

设 t_P 为 0.5 s，将 $I_T = 1.1I_B$ 代入式（5-2-5），对应动作时间约为 190 s。工程应用时，设定保护的最长动作时间为 60 s，则由式（5-2-5）可算出，$I/I_B = 1.29$，即 $I_{\min} = 1.29I_B$。如设定保护的最短动作时间 $t_{\min}$ 为 0.5 s，则由式（5-2-5）可算出，$I/I_B = 9$，即 $I_{\max} = 1.29I_B$。当 $I/I_B \geq 9$ 时，动作时间亦为 0.5 s。因此，对于该案例，只有电流 I/I_B 在 1.29 ~ 9 之间时，动作电流与动作时间的关系才为反时限，可按式（5-2-5）精确计算。而当 I/I_B 在 1.1 ~ 1.29 之间或 $I/I_B \geq 9$，动作时间都为定时限。

反时限过电流保护的优点是缩短近处短路时的动作时间，减小短路故障对设备的损坏；缺点是相邻线路上的反时限保护之间配合计算较为复杂。反时限特性目前在我国线路过电流保护中应用较少，主要应用于发电机、电动机的过电流保护。

5.3 双侧电源相间短路电流保护原理

5.3.1 问题的提出

在配电网上，若某一条线路的两端都存在电源，则 5.2 节所介绍的相间短路电流保护将不一定适用。以下通过一个案例说明将单侧电源电流保护直接应用到两侧电源线路可能出现的问题。

如图 5-3-1 所示，以保护 P_3 Ⅰ段为例，整定电流应躲过本线路末端（P 点）短路时的最大短路电流。当 k_2 点发生故障时，对于保护装置 P_3，故障点并不在本线路，保护装置不应动作。但是，如果此时由电源 S_2 提供的短路电流大于 P_3 Ⅰ段整定值，则将使 P_3 保护动作，这种动作是一种错误动作。再举一例，对于定时限过电流保护，当 k_1 故障时，保护 P_2、P_3 的电流Ⅲ段将同时启动，按选择性要求，

PPT 资源：
5.3 双侧电源相间短路电流保护原理

视频资源：
5.3.1 问题的提出与方向电流保护的概念

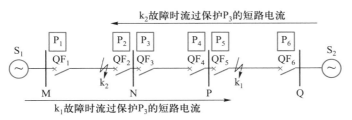

图 5-3-1 保护 P_3 电流保护整定难题示意图

应该使保护装置 P_3 先动作;而 k_2 故障时,如果希望保护装置 P_2 先动作,那么保护装置在进行动作时间整定时,将变得"左右为难"。

5.3.2　方向电流保护的概念

造成电流保护在双电源线路上应用困难的原因是需要考虑"反向故障"。以图 5-3-2 中保护装置 P_3 为例,k 点发生故障时 S_2 侧电源提供的短路电流流过保护装置 P_3,而如果仅存在电源 S_1,k 点发生故障时没有短路电流流过保护装置 P_3,故不需要考虑。

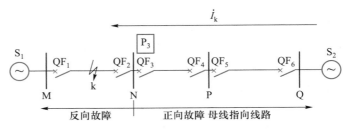

图 5-3-2　保护装置 P_3 检测到的故障方向示意图

从每一个保护装置所在的安装处向被保护线路的方向看去,在母线指向被保护线路的方向上发生的故障称为正向故障,反之称为反向故障。如果引入一个方向元件来控制电流保护,当发生反向故障时闭锁该保护使其不会动作,就能解决在双电源线路上应用电流保护的问题。如图 5-3-3 所示,方向元件 KW 与电流元件 KA 在逻辑上构成与门关系,两者构成一种带有故障方向判别功能的电流保护,称为方向电流保护。只有正向故障时,与门才有可能输出 **1**。

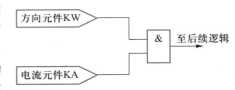

图 5-3-3　方向电流保护逻辑图

只有发生正向故障,方向电流保护才可能动作。按正向分组,图 5-3-4 中的保护可以分为两组:P_1、P_3、P_5 为一组,整定动作电流时只考虑 S_1 侧电源提供的短路电流;P_2、P_4、P_6 为另一组,整定时只考虑 S_2 侧电源提供的短路电流。

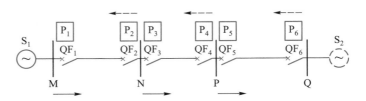

图 5-3-4　方向电流的保护分组

视频资源:
5.3.3 方向判别原理

5.3.3　方向判别原理

方向元件的"方向"最初是用有功功率的方向来判别的,采用对称分量法原理能较好地帮助读者把握其核心机理。首先,我们规定对于一次系统,母线各相电压参考正向为母线指向大地,各相电流的参考正向为母线指向线路。

对于正序网络,以 A 相为例,$\varphi = \arg(\dot{U}_{a.1}/\dot{I}_{a.1})$ 表示正序电压 $\dot{U}_{a.1}$ 超前 $\dot{I}_{a.1}$ 的

角度。规定的电压、电流参考方向后,如图 5-3-5 所示,对于正向故障,$\dot{U}_{\mathrm{a.1}}$ 超前 $\dot{I}_{\mathrm{a.1}}$ 的角度 φ_{f} 为锐角,根据短路回路特征,φ_{f} 角度为 70°~80°;对于反向故障,$\dot{U}_{\mathrm{a.1}}$ 超前 $\dot{I}_{\mathrm{a.1}}$ 的角度 φ_{b} 为钝角,根据短路回路特征,φ_{b} 角度为 250°~260°。

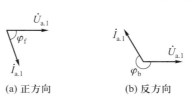

(a) 正方向   (b) 反方向

图 5-3-5　故障时电压、电流相位关系

通过分析可知,无论是三相短路还是两相短路,无论是近处故障还是远处故障,保护安装处所测得的某一相正序电压与电流的夹角关系是相对固定的。

5.3.4　90°接线方式

最初的方向元件是借助测量有功功率的功率表来实现的,因此在方向元件之前,常冠以"功率"二字。在数字式保护中,对于相间电流保护所配置的方向元件依然继承了这种设计思路。

传统的功率方向继电器共有三只,用于 A 相的称为方向继电器,名为 KW$_{\mathrm{a}}$,用于 B、C 相的称为 KW$_{\mathrm{b}}$、KW$_{\mathrm{c}}$。此处,"接线方式"原指各个功率方向继电器与电流互感器和电压互感器之间的连接方式,可理解为各相的功率方向继电器分别输入的电压量与电流量。各个功率方向继电器所对应的输入电流 $\dot{I}_{\mathrm{k}}$ 与输入电压 $\dot{U}_{\mathrm{k}}$ 如表 5-3-1 所示。

表 5-3-1　各个功率方向继电器所对应的输入电流与输入电压

继电器名称	$\dot{I}_{\mathrm{k}}$	$\dot{U}_{\mathrm{k}}$
KW$_{\mathrm{a}}$	$\dot{I}_{\mathrm{a}}$	$\dot{U}_{\mathrm{bc}}$
KW$_{\mathrm{b}}$	$\dot{I}_{\mathrm{b}}$	$\dot{U}_{\mathrm{ca}}$
KW$_{\mathrm{c}}$	$\dot{I}_{\mathrm{c}}$	$\dot{U}_{\mathrm{ab}}$

当保护装置处于送电侧,系统正常运行,功率因数 $\cos\varphi = 1$ 时,各个功率方向继电器测量的角度均为 90°,"90°接线方式"因此而得名。以 A 相功率方向继电器 KW$_{\mathrm{a}}$ 为例,此时输入继电器的 A 相电流 $\dot{I}_{\mathrm{a}}$ 超前 BC 相线电压 $\dot{U}_{\mathrm{bc}}$ 的角度为 90°。

经过分析可知,采用 90°接线方式后,线路正向故障时,各故障相功率方向继电器的输入电流超前输入电压的角度在 20°~50°之间。

在微机型继电保护装置中,原先有形的功率方向继电器已无踪迹可寻,其功能已沿革为数字逻辑,"功率方向继电器"改称为"功率方向元件"。此时的 90°接线方式仅代表三相功率方向元件(逻辑)所采用的电压相别和电流相别。

本节二维码阅读资料给出了系统发生相间短路故障时,采用 90°接线功率方向元件的电压与电流相位关系。

5.3.5　按相启动接线

发生不对称故障时非故障相仍有电流,称为非故障相电流。小电流接地系统中非故障相电流为负荷电流,大电流接地系统中还应考虑发生接地故障时因

零序电流分布系数与正负序电流分布系数的不同所造成的非故障相电流。如图 5-3-6 所示,当保护 P 反向发生 BC 相短路时,A 相功率方向继电器流过非故障相电流,其功率方向元件判断为正向。

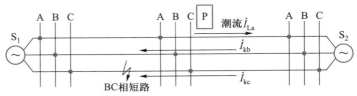

图 5-3-6 非故障相电流的影响

如图 5-3-7 所示为传统继电保护所采用的按相启动接线。图中每一相的过电流继电器触点只与本相的功率方向继电器的触点串联,逻辑上构成**与门**关系。

每一相串联后,构成本相的方向电流保护,再与其他相的触点并联,三相的方向电流保护在逻辑上构成**或门**关系。对于图 5-3-6 所示的 BC 相故障,由于 A 相电流继电器的整定动作值高于非故障相的电流,所以其触点不会闭合。此时,即使 A 相功

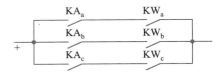

图 5-3-7 传统继电保护
采用的按相启动接线

率方向继电器触点受到干扰而闭合,也不会引起保护误动作。因此,采用按相启动接线的好处是避免了非故障相的误动作。目前微机型继电保护继承了这一逻辑功能。

5.3.6 方向元件动作特性设计

根据上述分析,设计方向元件的动作特性为

$$-90°+\varphi_{sen} \leqslant \arg \frac{\dot{U}_K}{\dot{I}_K} \leqslant 90°+\varphi_{sen} \tag{5-3-1}$$

式中,φ_{sen}——最灵敏角,一般可设置为 $-45°$ 或 $-30°$;

$\dot{U}_K$——输入电压;

$\dot{I}_K$——输入电流。

如图 5-3-8 所示为功率方向继电器的动作特性,以 $\dot{U}_K$ 为参考相量,当 $\dot{I}_K$ 落在阴影区域时功率方向继电器动作,最灵敏线垂直于动作边界,位于动作区的中央,当 $\dot{I}_K$ 处于最灵敏线时,该方向元件感受到正向的特征最明显,判别为"正向故障";当 $\dot{I}_K$ 处于最灵敏线的反向时,该方向元件感受到反向的特征最明显,判别为"反向故障"。当 $\dot{I}_K$ 处于边界 1 或边界 2 时,该方向元件判别结果模棱两可,称为临界状态。

方向元件特性的设计和最灵敏角的选择应立足于前文所述方向判别原理的

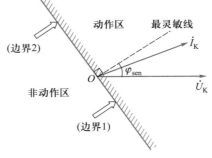

图 5-3-8 功率方向继电器的动作特性

分析结论。当方向元件特性符合正向故障时,输入电流 $\dot{I}_K$ 超前输入电压 $\dot{U}_K$ 的角度在 20°~50°之间变化。用户只需选择最灵敏角度使方向元件能兼顾正向相间故障的各种变化,尽量使功率方向继电器工作在最灵敏线附近。

工作中,经常需要通过画出功率方向元件动作区来进行相应分析,下面以 B 相功率方向元件为例,假设最灵敏角为-30°,该动作区的画法如下:

(1)定原点 O,水平向右画 $\dot{U}_{ca}$ 相量,定其为参考相量,相位为 0°;

(2)将参考相量绕原点 O 逆时针转 30°,画一条虚线;

(3)过原点 O,垂直于虚线画一条实线,即为动作边界;

(4)在实线靠参考相量侧画出阴影线;

(5)进行相应文字标识;

(6)在动作区内,以原点 O 为中心,画出实际流入功率方向元件 $\dot{I}_b$ 的电流相量。

正常运行时,功率方向元件也在工作,判别功率方向的正反属于正常现象。根据按相启动接线原理,此时电流元件并不会动作,因此不必担心保护会误动。同时,这种特性设计对于阻抗角为 70°~80°的输电线路而言相对比较灵敏,能够正确判别故障的方向。

5.3.7 方向元件的死区问题

当 $\dot{U}_K = 0$ 时,由式(5-3-1)可知,方向元件的电压将变为零,有可能发生错误的判断。对于两相出口短路,由 90°接线方式可知,不需要担心该问题,如 BC 出口短路,B 相功率方向元件的输入电压 $\dot{U}_{ca}$ 并不为零。对于三相出口短路,三相功率方向元件的 $\dot{U}_K$ 均为零,方向元件从原理上存在动作死区。目前数字式保护采用"记忆"故障前电压的方法,有效地解决了功率方向元件的死区问题。

数字式保护装置内部算法可通过计算系统正序电势与正序电流相位差的方式,有效地消除死区问题,其算法相对简单。

注意:文中"出口短路"是指电力设备电力出口处的短路;对于线路,故障点在线路始端。

5.3.8 方向电流保护的逻辑

微机型继电保护所采用的方向电流保护原理框图如图 5-3-9 所示。图中 KW 为方向元件,下标 a、b、c 分别表示 A、B、C 三相。图中"方向元件投入"的触点闭合或断开可通过人为设定,若"方向元件投入"的触点都打开,则相当于向图中所有**与门**输入逻辑 **1**。此时,方向电流保护逻辑将变为普通电流保护逻辑,与图 5-2-4 所示相似。

综上所述,方向电流保护的主体仍为电流保护,可以用于中低压单电源环网与双电源辐射线路,其保护区仍受系统运行方式、故障类型影响。功率方向元件的设计思路抓住了在故障状态下电源向故障点提供正序功率,正序电压超前正序电流角度相对固定这一本质。利用三只方向元件,采用 90°接线方式,按相启动方式,既从不同方面表征了本质,又与电流元件实现了配合,在传统保护时代,该设计堪称经典!

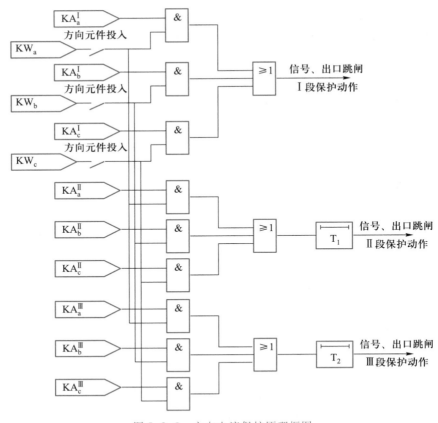

图 5-3-9　方向电流保护原理框图

5.4　小接地电流系统零序电流保护

星形联结变压器或发电机的中性点运行方式(即电网中性点的运行方式)有中性点不接地、中性点经消弧线圈接地和中性点直接接地三种。前两种接地电网系统称为小接地电流系统,后一种接地电网系统称为大接地电流系统。小接地电流系统和大接地电流系统的区分是根据电网中发生单相接地故障时,接地电流的大小来区分的。小接地电流系统和大接地电流系统的划分标准依据系统的零序电抗 X_0 与正序电抗 X_1 的比值。我国规定:凡是中性点 $X_0/X_1 > 4 \sim 5$ 的系统属于小接地电流系统, $X_0/X_1 \leqslant (4 \sim 5)$ 的系统属于大接地电流系统。运行接地方式的选择需要综合考虑电网的绝缘水平、电压等级、通信干扰、单相接地短路电流、继电保护配置、电网过电压水平、系统接线、供电可靠性和稳定性等因素。

在我国,一般情况下 110 kV 及以上电压等级的电网采用中性点直接接地运行方式,66 kV 及以下电压等级的电网采用中性点不接地或经消弧线圈接地运行方式,称为"中性点非有效接地系统"。

5.4.1　非直接接地引发的保护难题

中性点不接地系统发生接地故障时,由于中性点不接地,只能依靠对地电容视频资源：
5.4.1 非直接接地引发的保护难题

构成回路,因此电流很小。由于线路阻抗相对于对地容抗很小,分析时可以忽略线路阻抗。以 A 相接地为例进行零序电气量的分析。在 k 点发生 A 相接地故障时,零序电流分布如图 5-4-1(a)所示。图中 L_1 代表非故障线路,L_2 代表故障线路,S 代表电源侧系统。C_{L_1}、C_{L_2}、C_S 分别为上述各部分每一相的对地分布电容。

当发生接地故障时,故障相电压为 0,非故障相电压为线电压,则三倍零序电压 $3\dot{U}_0$ 为

$$3\dot{U}_0 = 0 + (\dot{E}_b - \dot{E}_a) + (\dot{E}_c - \dot{E}_a) = -3\dot{E}_a \qquad (5-4-1)$$

式中,$\dot{E}_a$、$\dot{E}_b$、$\dot{E}_c$——A、B、C 三相电源电势,如图 5-4-1(b)所示。

三倍零序电压 $3\dot{U}_0$ 可认为在中性点不接地系统中处处相等。因此,L_1 首端保护安装处流过的三倍零序电流 $3\dot{I}_{L_1.0}$ 为

$$3\dot{I}_{L_1.0} = 3\dot{U}_0 \cdot j\omega C_{L_1} \qquad (5-4-2)$$

式中,ω——基波(工频)角频率;

j——虚数单位,将相量逆时针转动 90°。

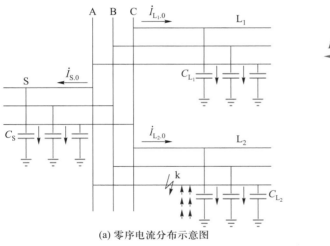
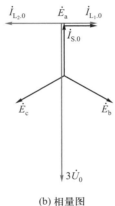

(a) 零序电流分布示意图   (b) 相量图

图 5-4-1　零序电流分布示意图及相量图

代表电源一侧的系统 S 的三倍零序电流为

$$3\dot{I}_{S.0} = 3\dot{U}_0 \cdot j\omega C_S \qquad (5-4-3)$$

故障线路(即 L2 首端)的保护安装处流过的三倍零序电流为

$$3\dot{I}_{L_2.0} = -(3\dot{I}_{L_1.0} + 3\dot{I}_{S.0}) = -3\dot{U}_0 \times j\omega(C_{L_1} + C_S) \qquad (5-4-4)$$

画出相量图如图 5-4-1(b)所示。由此可见,系统各处的零序电压相等,其值为 3 倍的相电压。零序电流为对地电容电流,其值很小;非故障线路的零序电流与电压夹角为 $\arg 3\dot{U}_0/\dot{I}_{L_1.0} = -90°$;故障线路的电流为非故障线路电流之和,故障线路的零序电流与电压夹角为 $\arg 3\dot{U}_0/\dot{I}_{L_2.0} = 90°$。

由于零序电流很小,所以依靠零序电流构成保护,其灵敏度往往达不到要求。尤其在架空线与电缆混合架设的配电网中,电缆线路的对地电容大,当架空线故障时,故障线路与未发生故障线路的电容电流接近,此时继电保护将无法保

证选择性。目前,还没有很完善的中性点非直接接地电网接地保护。

5.4.2　零序电压、电流的获取

1. 零序电压

对于小接地电流系统,保护所用的零序电压一般取自变电站中低压母线(如10 kV 母线)电压互感器的二次绕组,数字式保护可将数据采集系统得到的三相电压值,用软件进行矢量相加得到三倍零序电压 $3\dot{U}_0$,称为自产零序电压。当发电机中性点经电压互感器或消弧线圈接地时,可以通过它们的二次侧取得一倍零序电压 $\dot{U}_0$。目前零序电压的获取大多采用自产零序电压方式。

2. 零序 CT

视频资源:
5.4.2.2 零序 CT

如图 5-4-2 所示,一根三相电力电缆从一只零序电流互感器(又称零序 CT)中穿过,零序 CT 一次侧绕组即是电缆的三相导线,因此与零序 CT 匝链(即磁通匝链、穿过)的是该线路的三相一次电流 $\dot{I}_{a.p}$、$\dot{I}_{b.p}$、$\dot{I}_{c.p}$ 相量之和。正常运行时,零序 CT 输出电流为三相不平衡电流,接近于零;所在系统发生接地故障时,零序 CT 二次侧输出电流的大小与系统电容电流大小、接地点位置有关。

例如,中低压配电系统接地变压器的中性点经电阻接地,其接地中性线上可接零序 CT。

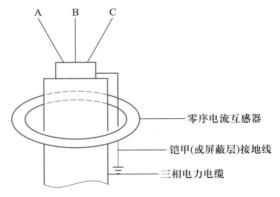

图 5-4-2　三相电力电缆终端头铠甲(或屏蔽层)的接地线示意图

在工程应用中,应注意电缆的铠甲(或屏蔽层)接地应满足《电气装置安装工程电缆线路施工及验收标准》GB 50168—2018 第 6.2.9 节要求,电缆终端头铠甲(或屏蔽层)的接地线应退至零序电流互感器后再接地,如图 5-4-2 所示接地线的接法。对于零序电流互感器,电缆两端端部接地线与电缆金属保护层、大地形成的闭合回路不得与零序电流互感器匝链(穿过),若已匝链(穿过)则必须实施一次"回穿",否则系统发生接地故障时,接地电流与经过电缆的铠甲(或屏蔽层)构成回路,此时零序 CT 所匝链的电流将是零。由于进、出零序 CT 的零序电流相互抵消,将会造成保护装置产生错误判断。同时,由电缆头至零序 CT 的一段电缆金属护层和接地线应对地绝缘,对地绝缘电阻值应不低于 50 kΩ。以上做法是为了防止电缆接地时的零序电流在零序 CT 前面泄漏,造成误判断。

3. 三相CT

三相 CT 构成的零序电流 $3\dot{i}_{0.s}$ 获取回路如图 5-4-3 所示。该接法也被称为零序电流滤过器,数字式保护直接获得三倍零序电流的二次值,称为外接零序电流。

当然,对于某些数字式保护并不需要采用零序电流滤过器接法,而是将图 5-4-3 所示三相电流先输入保护装置,再用软件计算得到三倍零序电流 $3\dot{i}_{0.s}$(简称零序电流),又称为自产零序电流。

在工程应用中,当三只单相 CT 套于电缆上时,电缆屏蔽线及金属护层匝链(穿过)CT,要保证相应接地线退至 CT 后再接地,即要实施一次"回穿"。

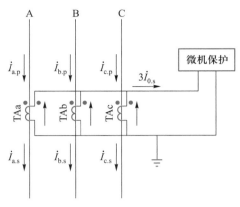

图 5-4-3　单芯电缆零序电流的获取

5.4.3　拉路法与小电流接地选线

中性点不直接接地电网在发生单相接地故障时,故障电流就是对地的电容电流,并且电容电流很小,保护方案主要有以下两种。

1. 拉路法

如果出线回路数不多,或难以装设选择性单相接地保护时,可用依次断开线路的方法寻找故障线路,简称拉路法。通过对母线零序电压的监视,可以知道电网是否有接地故障。当零序电压较大时,值班人员轮流拉开(即断开)各出线的断路器,如果零序电压消失,则说明拉开线路就是故障线路;如果拉开线路后,零序电压依然存在,则说明拉开线路不是故障线路,应把所拉开线路的断路器合上,继续拉开下一条线路,直到零序电压消失。显然,这是一种"笨"办法。

2. 小电流接地选线

对于有条件安装零序 CT 的线路,如电缆线路或经电缆引出的架空线路,当单相接地电流能满足保护的选择性和灵敏性要求时,应装设动作于信号的单相接地保护。

小电流接地选线功能的实现采用的设计思路是分散采集、集中判别。在单相接地出现零序电压时启动选线功能。首先把各出线的零序电流计算出来,然后计算各出线零序电压与零序电流的夹角,根据零序电流的幅值与夹角的差异,选出故障线路。该方法需要收集各条出线的零序电流与母线的零序电压。

5.4.4　中性点经小电阻接地方式下配电网的接地保护

随着城市供电负荷和城市供电系统变电站数量及容量的不断增加,由于在配电网中大量采用电缆线,因而在接地故障时,易于使接地电容的电流大于规定值。以前通常采用中性点消弧线圈来补偿接地电流,使接地电流变得很小,电弧可自行熄灭。但采用消弧线圈势必增加投资费用,另外还容易形成操作过电压。因此,某些城市配电网开始采用中性点经小电阻接地的运行方式。

接地变压器作为人为中性点接入电阻,接地变压器的绕组在电网正常供电情况下阻抗很高,等于励磁阻抗,绕组中只流过很小的励磁电流。当系统发生接地故障时,绕组将流过正序、负序和零序电流,而绕组对正序、负序电流呈现高阻抗,对零序电流呈现低阻抗,因此在发生故障情况下会产生较大的零序电流。如继电保护装置能获取该电流,即可实现有选择性的快速保护功能。

故障线路的零序电流比上述电流略小,这是因为有一部分电流通过本线路流向大地。在中性点经小电阻接地电网中,不同电压等级选用电阻性电流为:3 kV 取 100 A;6 kV 取 250 A;10 kV 取 300 A。若电阻性电流远大于容性电流,系统可以有效抑制接地过电压,在正常相电压两倍以下,相应的中性点接地电阻值在 5 ~ 20 Ω 之间。考虑到配电网环网装置中组合负荷开关熔断器的"开断"能力应与单相接地电流相配合,在 10 kV 网络中取接地故障电流为 1 000 A,在 35 kV 网络中取接地故障电流为 2 000 A。

在中性点经小电阻接地系统中,发生接地时故障电流较大,从而为快速而准确地查找、切除及修复接地线路创造了条件。因此除配置相间故障保护外,3 ~ 35 kV 中性点经小电阻接地单侧电源线路还应配置零序电流保护。零序电流可用三相电流互感器组成零序电流滤过器,也可加装独立的零序电流互感器,其值由接地电阻阻值、接地电流和整定值大小而定。

一般情况下,零序电流保护采用二段式,第 I 段为零序电流速断保护,时限应与相间速断保护相同,第 II 段为零序过电流保护,时限应与相间过电流保护相同。若零序速断保护时限不能保证选择性需要,则可以配置两套零序过电流保护。

中性点非直接接地系统发生单相接地后,由于接地电流小,因此规程规定在电容电流小于允许值时,可以最长允许运行 2 h。目前,绝缘监视功能较为完善,使用效果较好,但由于发生故障后零序电压处处相等,使得选择接地线路成为继电保护工作的难题,本书所介绍的通过零序电压与零序电流相位关系判别接地线路的方法,在某些现场应用并不理想,需要进一步改进,期望读者能发挥聪明才智,为这一难题的解决做出贡献。

5.5　大接地电流系统的零序电流保护

PPT 资源:
5.5 大接地电流系统的零序电流保护

对于 110 kV 及以上线路,广泛采用零序电流保护。如前所述,零序电压与电流一般通过保护内部算法求得,称为自产零序,即通过三相电压(电流)相量相加得到三倍零序电压(电流)。有关零序电压与电流的计算方法,请参见电力系统暂态分析或电力系统故障分析的书籍。

5.5.1 电流、电压量分析

1. 电气量的分布

正常线路区内接地故障时的零序电流、电压分布如图 5-5-1 所示。图中 $Z_{SM.0}$ 和 $Z_{SN.0}$ 为两侧保护安装处背后系统的零序等值阻抗，$Z_{Mk.0}$ 和 $Z_{Nk.0}$ 分别为两侧母线到故障点之间的线路零序阻抗。遵从电压、电流规定的正方向，M、N 两侧零序电流保护装置所采用的零序电流 $\dot{I}_{M.0}$、$\dot{I}_{N.0}$ 的参考方向均由母线指向被保护线路，零序电压的 $\dot{U}_{M.0}$、$\dot{U}_{N.0}$ 的参考方向均为指向大地。

视频资源：
5.5.1.1 零序电气量分布

零序网络如图 5-5-1(b) 所示，根据接地故障分析原理，零序能量是在故障点由正序能量转化而来的，零序电流可看成由故障点的零序电动势 $\dot{U}_{k.0}$ 施压于零序网络而产生，为便于理解，在图中以虚线表示出零序电流 $\dot{I}'_{M.0}$、$\dot{I}'_{N.0}$ 所流经的回路。

零序电压分布如图 5-5-1(c) 所示，发生接地故障时，故障点的零序电压最高，离故障点越远零序电压越低。变压器中性点的零序电压为零。零序电流由故障点的零序电动势产生，零序电流仅在中性点接地的电网中流通。只要 N 侧存在零序电流通路，即使其背后无电源，当 MN 线路发生接地故障时，也会有零序电流在 N 侧流动，而无正序、负序电流；否则即使其背后有电源，也无零序电流，只有正序、负序电流。

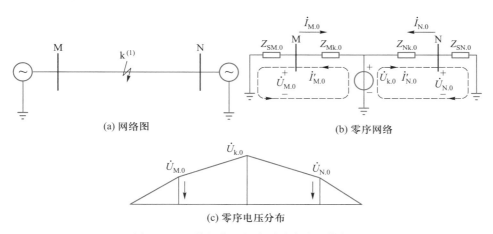

图 5-5-1 单相接地短路时零序分量特点图

由图 5-5-1 可知，$\dot{I}'_{M.0}$ 与 $\dot{I}_{M.0}$ 方向相反，$\dot{I}'_{N.0}$ 与 $\dot{I}_{N.0}$ 方向相反，相位均相差 180°。以 M 侧为例有

$$\dot{U}_{M.0} = -\dot{I}_{M.0} Z_{SM.0} \qquad (5-5-1)$$

当发生正向接地短路故障时，保护安装处母线零序电压与零序电流的相位关系，取决于所在母线背后元件的零序阻抗，而与正向的零序阻抗无关。保护装置所测得零序功率应为负值。设 $Z_{SM.0}$ 的角度 $\varphi_{SM.0}$ 为 70°~85°，零序电流超前零序电压角度为 $180°-\varphi_{SM.0}=95°\sim110°$。由于继电保护以电压超前电流的角度为正角度，因此规范的角度应表示为

$$\arg(3\dot{U}_{M.0}/3\dot{I}_{M.0}) = 180° + \varphi_{SM.0} = 250° \sim 265° \tag{5-5-2}$$

其中 $\arg(3\dot{U}_{M.0}/3\dot{I}_{M.0})$ 在工程上读为三倍零序电压超前于三倍零序电流的角度,采用三倍值是一种历史传承。零序电压与电流的向量图如图5-5-2所示。

总之,即使故障点距离保护很远,或者故障点存在过渡电阻 R_g,这些因素只会影响零序电流的大小,并不影响零序电压与零序电流之间的相位关系。当发生正向故障时,零序功率由故障线路流向母线,与正序功率从母线流向线路相反。零序方向元件就是根据这一原理进行设计的,当对应的一次侧零序电流、电压的相位关系与图5-5-2相近时,判别为正向发生接地故障。

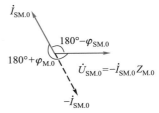

图 5-5-2 零序电压与电流的向量图

2. 零序互感对零序方向元件的影响

在平行双回线中,由于双回线之间受零序互感的影响,当其中某一回路(回路Ⅰ)因发生接地故障而流过零序电流时,将在另一平行线路(回路Ⅱ)感应出一个纵向零序电动势,从而在回路Ⅱ中形成零序环流 $\dot{I}_{MN.0}$。回路Ⅱ零序电压、电流的分布如图5-5-3所示。M、N 母线处的电压为

$$\dot{U}_{M.0} = 0 - \dot{I}_{MN.0}Z_{SM.0} \tag{5-5-3}$$

$$\dot{U}_{N.0} = 0 + \dot{I}_{MN.0}Z_{SN.0} \tag{5-5-4}$$

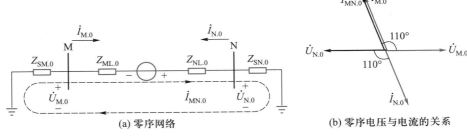

(a) 零序网络   (b) 零序电压与电流的关系

图 5-5-3 零序电压、电流的分布图

视频资源:
5.5.1.2 零序互感对零序方向元件的影响

环流 $\dot{I}_{MN.0}$ 与 M 侧电流 $\dot{I}_{M.0}$ 同相,与 N 侧电流 $\dot{I}_{N.0}$ 反相,以 $\dot{U}_{M.0}$ 作为参考,画出零序电压与电流的关系图,如图5-5-3(b)所示。为说明方便,假设零序阻抗角均为70°,则有 M 侧零序电流 $\dot{I}_{M.0}$ 超前零序电压 $\dot{U}_{M.0}$ 110°,N 侧零序电流 $\dot{I}_{N.0}$ 超前零序电压 $\dot{U}_{N.0}$ 110°,此时两侧零序方向元件都判断为正向故障,而实际上该线路并未发生接地故障,因此在平行双回线中零序互感器会妨碍接地故障方向的正确判断。

3. 零序电流的改变

(1)运行方式改变零序电流的大小。假设平行双回线路中的某一回线停电检修,另一回线路维持运行,而停电检修的线路两侧均可靠接地。如图5-5-4所示,假设其中Ⅱ线路停电检修,Ⅰ线路运行。

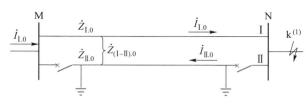

图 5-5-4　某一回线路停电检修时零序电流回路

此时，I 线路的零序阻抗 $Z'_{\mathrm{I.0}}$ 为

$$Z'_{\mathrm{I.0}} = Z_{\mathrm{I.0}} - \frac{Z^2_{\mathrm{(I-II).0}}}{Z_{\mathrm{II.0}}} \qquad (5-5-5)$$

可见，此时零序阻抗变小。这是因为 $\dot{I}_{\mathrm{I.0}}$ 与 $\dot{I}_{\mathrm{II.0}}$ 方向相反，产生去磁作用。零序阻抗减小，发生接地故障时通过的零序电流将会增大。

（2）过渡电阻改变零序电流的大小。过渡电阻是一种瞬间状态的电阻。当电气设备发生相间短路或相对地短路时，短路电流从某一相流到另一相或从某一相流入接地部位途径中所通过的电阻。当发生相间短路时，过渡电阻主要是电弧电阻。当发生接地短路时，过渡电阻主要是杆塔及其接地电阻。一旦故障消失，过渡电阻也随之消失。如果过渡电阻无穷大，则接地零序电流为零。相关技术规程规定，对于 220 kV 线路，当接地电阻不大于 100 Ω 时，保护应能可靠地切除故障。反思可知，接地电阻增加，势必降低零序电流幅值，影响保护的灵敏性。

4. 零序电流经变压器传变

对于末端接有中性点接地变压器的输电线路，当上级系统发生接地故障时，将可能在输电线路保护安装处测得零序电流。如图 5-5-5 所示，在 k 点发生接地故障时，变压器的高压侧与中压侧绕组中性线的中性点都接地，M 侧与 P 侧中性点也都接地，可以流过零序电流，P 侧变压器中性点接地，零序电流可通过虚线路径流通。因此，当变压器高压侧 k 点发生接地故障时，NP 线路上 P_1 保护处将会流过三倍零序电流。对于零序电流的保护整定值，有时需要考虑变压器另一电压侧发生母线接地故障时流过本线路的零序电流。

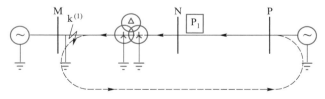

图 5-5-5　零序电流经变压器传变示意

图 5-5-5 中，变压器的高压侧、中压侧都无法与其低压侧进行零序能量的传变，原因是零序电流在变压器三角形绕组中形成环流，不会流出。因此，在低压侧不需装设反应高压侧接地故障的零序电流保护，高压侧的零序电流保护也不需要分析低压侧接地故障的情况。

由故障分析可知，零序电流与接地故障的类型有关。对于接地点，当零序综合阻抗大于正序综合阻抗时，单相接地短路的零序电流大于两相接地短路的零序电流。反之,单相接地短路的零序电流小于两相接地短路的零序电流。

综上所述,大电流接地电网中,中性点接地变压器的数目及分布决定了零序网络的结构,影响了零序电压和零序电流的大小和分布。

220 kV 及以上输电线路多配置有能反应接地短路的纵联差动保护或接地距离保护,其性能优于零序电流保护。另一方面,系统中平行双回线、长度较短线路的大量应用以及系统运行方式的改变将使零序电流保护的选择性与灵敏性受到重大影响,整定配合存在诸多难题。因此在 220 kV 及以上输电线路中,一般不会选择零序电流保护为 I 段主保护,仅保留其较长延时段或最末段,用于反应经高电阻的接地故障。

视频资源:
5.5.2 零序
方向电流保
护原理

5.5.2　零序方向电流保护原理

1. 阶段式零序电流保护

零序电流保护通过接地时产生的零序电流来区分正常运行和短路故障,并且能区分短路点的远近,以便在近处发生故障时用较短的时间切除故障,满足选择性的要求。但对于两相短路故障和三相短路故障不能反应。

零序电流保护一般配置为三段式或四段式。其中,零序电流 I 段为速动段保护,零序电流 II 段为带时限零序电流速断保护,零序电流 III 段、IV 段为零序过电流保护。各段零序可由用户选择经或不经零序方向元件控制。在电压互感器发生断线造成保护装置无法正常获得电压时,零序 I 段可由用户选择是否退出。

无时限零序电流速断保护(零序电流 I 段)的工作原理与反应相间短路故障的无时限电流速断保护相似,所不同的是无时限零序电流速断保护仅仅反应电流中的零序分量,零序电流 I 段可按照躲过被保护线路末端单相或两相接地短路时通过保护装置的最大三倍零序电流($3I_{0.\max}$)来整定,其整定公式与无时限电流速断保护整定公式类似,即

$$I_{op}^{I} = K_{rel} \cdot 3I_{0.\max} \tag{5-5-6}$$

式中,I_{op}^{I} 表示 I 段动作电流;K_{rel} 表示可靠系数。但在实际应用中,I_{op}^{I} 存在多种变化,甚至有可能停用该段,具体内容详情见本书 7.1 节整定计算。

零序电流限时速断保护(零序电流 II 段)动作电流的整定原则与反应相间短路的限时电流速断保护相似,整定时应注意将零序电流的分流因素考虑在内,保护区不超出相邻线路零序电流 I 段保护区。零序电流 II 段整定需要考虑的因素更为复杂,具体内容详情见本书 7.1 节整定计算。

零序过电流保护(零序电流 III 段)与相间电流保护的 III 段相似,在正常时应当不启动,外部故障切除后应当返回。为了保证选择性,动作时间应当与相邻线路 III 段按照阶梯原则配合,动作值按躲过下级线路出口短路时流过保护装置的最大不平衡电流 $I_{unb.\max}$ 整定,公式为

$$I_{op}^{III} = K_{rel}^{III} \cdot I_{unb.\max} \tag{5-5-7}$$

零序电流 III 段保护范围较长,对于本线路和相邻线路的接地故障,零序过电流保护都能够反应。

为了保证线路发生高阻接地故障时能够可靠切除,设置零序电流 IV 段,其整

定值一般不大于 300 A。零序Ⅰ、Ⅱ、Ⅲ、Ⅳ段可选择是否经零序方向元件闭锁。当 PT 断线后,零序电流保护的方向元件将不能正常工作。零序各段保护若选择经方向元件闭锁,则在 PT 断线后,保护将不再受零序方向元件制约。

在所有段中,由于零序电流判别的元件(类似于过电流继电器)均不经方向元件控制,但都受到启动过流元件控制,因此各零序电流保护定值只有大于零序启动电流定值时才能动作。

零序方向保护共用一个零序功率方向元件,各段由一个零序电流元件完成零序电流的测量。

2. 零序方向元件

与相间短路功率方向原理类似,在大接地电流系统中的零序电流保护,有时需加设零序方向元件以构成零序方向电流保护,这样才能保证有选择地切除故障线路。零序方向保护是在零序电流保护的基础上加上方向元件。

在数字式保护中,方向元件的典型动作方程为

$$170° \leqslant \arg(3\dot{U}_0/3\dot{I}_0) \leqslant 350° \tag{5-5-8}$$

继电器的动作区如图 5-5-6 所示,其最灵敏线所处的位置与图 5-5-2 中零序电流超前零序电压的角度一致,最灵敏线对应角度为 $\arg(3\dot{U}_0/3\dot{I}_0) = 260°$,边界 1 所对应的角度为 $170°$,边界 2 所对应的角度为 $350°$(也有厂家设为 $330°$,使动作区间为 $160°$)。

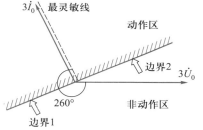

图 5-5-6　继电器的动作区

由于零序保护只在中性点直接接地电网中配合,因此其速动性较一般电流保护好;零序阻抗一般大于正序阻抗,因此零序电流与故障长度的关系曲线较全电流与故障长度的关系曲线更陡,这样零序电流保护的灵敏性较一般电流保护好。但其相对于接地距离保护而言,在灵敏度方面还是存在差距,因此在 110 kV 及以上电压等级的电网中的应用受到一定的限制,主要作为后备保护。

5.6　距离保护

5.6.1　基本原理

距离保护也称为阻抗保护。简单地说,距离保护是反应保护安装处到故障点处的阻抗特征而确定动作行为的一种保护装置。距离保护装置通过测得的电压与电流计算出阻抗,以此获得故障点所在的方向、离开保护安装处的距离、发生故障的相别等故障信息,从而确定保护是否动作。该保护属于单端测量保护,是一种阶段式保护。距离保护是一种传统保护,至今已有百年历史。目前,距离保护在 110 kV 输(配)电线路、220 kV 及其上电压等级输电线路中被广泛采用。

相对于电流类保护,距离保护有明显的优势。电流类保护的主要缺陷在于保护区域容易受系统运行方式的影响,主要原因是只能通过电流幅值的大小判

PPT 资源:
5.6 距离保护

断故障点的远近,造成信息量不足,保护灵敏性差;而距离保护通过测量电压与电流获得阻抗值,其信息量相对丰富。例如,正常运行时,保护根据额定电压与负荷电流所测得的阻抗为负荷阻抗;被保护线路发生故障时,保护根据母线残压与故障电流测得的阻抗变为短路阻抗。由于短路阻抗只与线路参数、距离故障点的远近、过渡电阻的大小有关,而不受系统运行方式的影响,所以可以获得较为稳定的灵敏度。

距离保护简化原理框图如图 5-6-1 所示,由启动元件、测量元件与逻辑回路三部分组成。

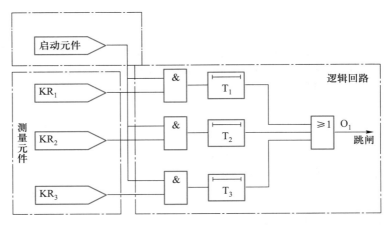

图 5-6-1　距离保护简化原理框图

1. 启动元件与逻辑回路

由于 CT 断线、电力系统静态稳定性被破坏,所以有可能出现失步,导致测量元件误动作。为了避免测量元件误动作所造成的保护误动作,设置启动元件(也称为总闭锁元件),该元件反应保护所在系统发生故障时负序电流、零序电流的变化,或者相电流的剧变,并短时间开放保护。配合测量元件,可有效地防止元件距离保护的误动作,从而提高可靠性。

图 5-6-1 中测量元件 KR_1、KR_2、KR_3 分别与启动元件构成**与门**关系,分别接入延时元件 T_1、T_2、T_3,经**或门** O_1 跳闸,属于继电保护的执行部分。启动元件与测量元件配合,主要用于判断保护区内部或外部故障,并以相应的动作延时控制保护是否动作。

2. 测量元件

在图 5-6-1 中,KR_1、KR_2、KR_3 均为阻抗元件,在传统保护中称为阻抗继电器。阻抗元件是距离保护的核心部件,用以实现测量阻抗的功能。阻抗元件的特性分析将在本章重点介绍。虽然目前常用的微机型保护装置是通过算法来实现阻抗测量的功能,但现场人员仍习惯称 KR 为阻抗继电器,相应文字标号仍沿用 K。测量元件完成保护安装处到故障点阻抗的测量并与事先确定的整定阻抗值进行比较,做出是否动作的判断,向后续逻辑门输出 1 或 0。

单侧电源线路距离保护的保护区域示意图如图 5-6-2 所示。图中 S 代表等值电源。保护 P 安装于 MN 线路首端, MN 代表本线路, NP 代表相邻线路。QF₁ ~ QF₄ 为 MN 和 NP 线路两端的断路器, Z_L 代表本线路的阻抗。k 为故障点的示意, 目前故障点位于 MN 线路上。

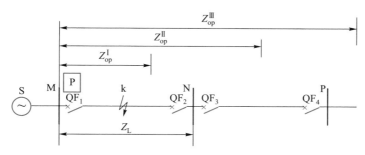

图 5-6-2　保护区域示意图

与阶段式电流保护类似, 距离保护多为三段式。图 5-6-1 中 KR₁、KR₂、KR₃ 分别代表距离 I 段、II 段和 III 段, 其动作值分别为 Z_{op}^{I}、Z_{op}^{II}、Z_{op}^{III}。动作值常被称为整定阻抗, 在图 5-6-2 中, 它们分别对应一定长度的保护范围, 读者可对照线路长度感受保护范围的不同。以下简要介绍各段动作值的整定方法。

距离 I 段为瞬时段, 对应的延时元件为 T₁, Z_{op}^{I} 为 KR₁ 整定阻抗。为保证选择性, 保护区不能伸出本线路, 一般可以保护本线全长的 80%。常用的整定公式为

$$Z_{op}^{I} = K_{rel}^{I} Z_L \tag{5-6-1}$$

式中, K_{rel}^{I}——可靠系数, 一般取 0.8 ~ 0.85;

$\quad Z_L$——本线路的正序阻抗。

距离 II 段延时动作, 对应的延时元件为 T₂, Z_{op}^{II} 为 KR₂ 整定阻抗。II 段主要任务是保护本线路的全长, 弥补 I 段的缺点, 能够反应线路的末端故障。常用的整定公式为

$$Z_{op}^{II} = K_{sen} Z_L \tag{5-6-2}$$

式中, K_{sen}——灵敏系数, 一般取 1.3 ~ 1.5, 不得小于 1.3。

距离 III 段主要作为本线路的近后备, 也作为相邻线路的远后备, 保护范围伸到 P 母线之外。对应的延时元件为 T₃, Z_{op}^{III} 为 KR₃ 的整定阻抗。常用的整定公式为

$$Z_{op}^{III} = K_{rel} Z_{Load. min} \tag{5-6-3}$$

式中, K_{rel}——可靠系数, 一般取 0.7;

$\quad Z_{Load. min}$——最小负荷阻抗。

与阶段式电流保护相似, 距离保护 I 段的动作时间最短, III 段的动作时间最长, 呈阶梯性特征。

需要注意, 上述公式为距离保护的基本整定公式。在实际工程中, 随着线路结构的变化及保护目的不同, 整定公式也会相应发生一些变化, 具体计算方法详见本书第 7 章, 此处仅理解概念即可。

5.6.2　感受阻抗及动作特性的表示方法

在距离保护中, 阻抗元件是核心, 用来测量保护安装处到故障点的阻抗。

1. 阻抗元件的感受阻抗

在距离保护中,定义一次测量阻抗为

$$Z_{\mathrm{m}} = \frac{\dot{U}_{\mathrm{m}}}{\dot{I}_{\mathrm{m}}} \qquad (5-6-4)$$

式中, $\dot{U}_{\mathrm{m}}$ ——测量电压一次值;

$\dot{I}_{\mathrm{m}}$ ——测量电流一次值。

为避免混淆,本节测量阻抗均以一次测量阻抗表示。虽然阻抗元件用于计算的电压和电流为二次值,但由于互感器的变比已预先确定,因此二次测量阻抗与一次测量阻抗的比值系数是固定的,用一次阻抗表示阻抗元件的动作值、动作特性更为直观。

2. 接线方式

阻抗元件的接线方式是指接入阻抗元件的电压和电流的相别及组合方式。在传统保护中,学习距离保护首先要清楚有几只阻抗继电器,其次要清楚阻抗继电器与电压互感器、电流互感器的连接方式。对于数字式保护,同样也要明确反应的不同类型故障共需要多少个阻抗测量元件,以及每个元件所计算的电压、电流量。具体而言,就是要明确 $\dot{U}_{\mathrm{m}}$、$\dot{I}_{\mathrm{m}}$ 的下标具体指什么。

为说明该问题,先要掌握保护安装处电压与故障点处电压之间的关系,如图 5-6-2 所示。k 点短路时,保护安装处(母线 M)A 相、B 相、C 相电压 $\dot{U}_{\mathrm{Ma}}$、$\dot{U}_{\mathrm{Mb}}$、$\dot{U}_{\mathrm{Mc}}$ 可表示为

$$\begin{cases} \dot{U}_{\mathrm{Ma}} = \dot{U}_{\mathrm{ka}} + \dot{I}_{\mathrm{a.1}} z_1 l_{\mathrm{k}} + \dot{I}_{\mathrm{a.2}} z_2 l_{\mathrm{k}} + \dot{I}_{\mathrm{a.0}} z_0 l_{\mathrm{k}} \\ \dot{U}_{\mathrm{Mb}} = \dot{U}_{\mathrm{kb}} + \dot{I}_{\mathrm{b.1}} z_1 l_{\mathrm{k}} + \dot{I}_{\mathrm{b.2}} z_2 l_{\mathrm{k}} + \dot{I}_{\mathrm{b.0}} z_0 l_{\mathrm{k}} \\ \dot{U}_{\mathrm{Mc}} = \dot{U}_{\mathrm{kc}} + \dot{I}_{\mathrm{c.1}} z_1 l_{\mathrm{k}} + \dot{I}_{\mathrm{c.2}} z_2 l_{\mathrm{k}} + \dot{I}_{\mathrm{c.0}} z_0 l_{\mathrm{k}} \end{cases} \qquad (5-6-5)$$

式中, $\dot{U}_{\mathrm{ka}}$、$\dot{U}_{\mathrm{kb}}$、$\dot{U}_{\mathrm{kc}}$ ——故障点(k 点)A 相、B 相、C 相电压;

$\dot{I}_{\mathrm{a.1}}(\dot{I}_{\mathrm{b.1}}、\dot{I}_{\mathrm{c.1}})$、$\dot{I}_{\mathrm{a.2}}(\dot{I}_{\mathrm{b.2}}、\dot{I}_{\mathrm{c.2}})$、$\dot{I}_{\mathrm{a.0}}(\dot{I}_{\mathrm{b.0}}、\dot{I}_{\mathrm{c.0}})$ ——流经线路的 A(B、C)相的正序电流,负序电流和零序电流;

z_1、z_2、z_0 ——单位长度正序阻抗,负序阻抗和零序阻抗;

l_{k} ——保护安装处(母线 M)到故障点(k 点)的线路长度。

因为阻抗元件用于测量保护安装处到故障点的阻抗(距离),因此应当满足要求:测量阻抗与保护安装处到故障点的距离成正比,而与系统的运行方式无关;测量阻抗应与短路类型无关,即在同一故障点发生不同类型的短路故障时测量的阻抗应当一样。

(1)相间距离保护 0°接线。0°接线方式接入的电压和电流如表 5-6-1 所示。阻抗元件 KR 共有三只,其下标代表相别。采用 0°接线方式时,阻抗元件的测量电压 $\dot{U}_{\mathrm{m}}$ 取相间电压,测量电流 $\dot{I}_{\mathrm{m}}$ 取相电流之差。由于在纯阻抗负荷电流下($\cos \varphi = 1$),每个元件电压、电流的夹角都为 0°,因此该接线被称为相间距离保

护 0°接线。简单地说,相间距离阻抗元件有三只,每只输入相间(如 A 相与 B 相)电压和同名两相的相电流之差(A 相减 B 相)。根据上述接线组合,对于图 5-6-2 中 M 侧保护,三只阻抗元件的测量阻抗表示为

表 5-6-1　0°接线方式接入的电压和电流

阻抗元件相别	$\dot{U}_{\mathrm{m}}$	$\dot{I}_{\mathrm{m}}$
KR_{ab}	$\dot{U}_{ab}$	$\dot{I}_a - \dot{I}_b$
KR_{bc}	$\dot{U}_{bc}$	$\dot{I}_b - \dot{I}_c$
KR_{ca}	$\dot{U}_{ca}$	$\dot{I}_c - \dot{I}_a$

$$\begin{cases} Z_{\mathrm{Mab}} = \dfrac{\dot{U}_{\mathrm{Mab}}}{\dot{I}_a - \dot{I}_b} = \dfrac{\dot{U}_{\mathrm{kab}} + (\dot{I}_a - \dot{I}_b) z_1 l_k}{\dot{I}_a - \dot{I}_b} \\[3mm] Z_{\mathrm{Mbc}} = \dfrac{\dot{U}_{\mathrm{Mbc}}}{\dot{I}_b - \dot{I}_c} = \dfrac{\dot{U}_{\mathrm{kbc}} + (\dot{I}_b - \dot{I}_c) z_1 l_k}{\dot{I}_b - \dot{I}_c} \\[3mm] Z_{\mathrm{Mca}} = \dfrac{\dot{U}_{\mathrm{Mca}}}{\dot{I}_c - \dot{I}_a} = \dfrac{\dot{U}_{\mathrm{kca}} + (\dot{I}_c - \dot{I}_a) z_1 l_k}{\dot{I}_c - \dot{I}_a} \end{cases} \tag{5-6-6}$$

设在 k 点发生 AB 相间金属性短路,有 $\dot{U}_{\mathrm{kab}} = 0$、$\dot{U}_{\mathrm{kbc}} \neq 0$、$\dot{U}_{\mathrm{kca}} \neq 0$,因此只有 $Z_{\mathrm{Mab}} = z_1 l_k$ 为保护安装处到故障点线路长度 l_k 对应的正序阻抗,其余两相测量值都因故障点的电压不为零,将获得大于 $z_1 l_k$ 的值。因此此时故障相(AB)间测量阻抗值最小、最精确。对于 BC、CA 相间短路也是同样道理。当发生三相短路故障时,AB、BC、CA 三个相间阻抗继电器的测量阻抗都为短路阻抗 $z_1 l_k$。由此可知,前述 $\dot{U}_{\mathrm{m}}$ 的下标在此变成了三种组合,即 AB、BC、CA,因此称为相间电压;$\dot{I}_{\mathrm{m}}$ 的下标也对应变成了三种组合,称为相电流差。当发生两相短路时,只有其中之一能精确测量,而三相短路的三个继电器都能精确测量。

(2)接地距离保护零序补偿接线。零序补偿接线方式接入的电压和电流如表 5-6-2 所示。阻抗元件有三只,采用零序补偿接线时,阻抗元件的测量电压 $\dot{U}_{\mathrm{m}}$ 取相电压,测量电流 $\dot{I}_{\mathrm{m}}$ 取经过零序电流补偿的相电流。此接线方式称为零序补偿接线,用于反应接地故障。

表 5-6-2　零序补偿接线方式接入的电压和电流

阻抗元件相别	$\dot{U}_{\mathrm{m}}$	$\dot{I}_{\mathrm{m}}$
KR_a	$\dot{U}_a$	$\dot{I}_a + K3\dot{I}_0$
KR_b	$\dot{U}_b$	$\dot{I}_b + K3\dot{I}_0$
KR_c	$\dot{U}_c$	$\dot{I}_c + K3\dot{I}_0$

以 A 相接地为例,考虑到 $z_1 = z_2$,对公式(5-6-5)进行改动,有

$$\begin{aligned} \dot{U}_{\mathrm{Ma}} &= \dot{U}_{\mathrm{ka}} + \dot{I}_{a.1} z_1 l_k + \dot{I}_{a.2} z_1 l_k + \dot{I}_{a.0} z_0 l_k \\ &= \dot{U}_{\mathrm{ka}} + (\dot{I}_{a.1} + \dot{I}_{a.2} + \dot{I}_{a.0}) z_1 l_k + \dot{I}_{a.0} (z_0 - z_1) l_k \\ &= \dot{U}_{\mathrm{ka}} + \left(\dot{I}_a + 3\dot{I}_{a.0} \frac{z_0 - z_1}{3 z_1} \right) z_1 l_k \\ &= \dot{U}_{\mathrm{ka}} + (\dot{I}_a + K3\dot{I}_{a.0}) z_1 l_k \end{aligned} \tag{5-6-7}$$

其中，$(\dot{I}_a+K3\dot{I}_{a.0})$ 为 A 相零序补偿电流，是对 A 相电流的一种修正，也称为补偿；$K=\dfrac{z_0-z_1}{3z_1}$ 为零序补偿系数，当 $z_0=3z_1$ 时，有 $K=0.667$。其他两相类似。

根据上述接线组合，对于图 5-6-2 中 M 侧保护，三只阻抗元件的测量阻抗表示为

$$\begin{cases} Z_{Ma}=\dfrac{\dot{U}_{Ma}}{\dot{I}_a+K3\dot{I}_0}=\dfrac{\dot{U}_{ka}+(\dot{I}_a+K3\dot{I}_{a.0})z_1l_k}{\dot{I}_a+K3\dot{I}_{a.0}} \\[4mm] Z_{Mb}=\dfrac{\dot{U}_{Mb}}{\dot{I}_b+K3\dot{I}_0}=\dfrac{\dot{U}_{kb}+(\dot{I}_b+K3\dot{I}_{b.0})z_1l_k}{\dot{I}_b+K3\dot{I}_{b.0}} \\[4mm] Z_{Mc}=\dfrac{\dot{U}_{Mc}}{\dot{I}_c+K3\dot{I}_0}=\dfrac{\dot{U}_{kc}+(\dot{I}_c+K3\dot{I}_{c.0})z_1l_k}{\dot{I}_c+K3\dot{I}_{c.0}} \end{cases} \tag{5-6-8}$$

以在 k 点发生对于 A 相金属性接地短路为例，若 $\dot{U}_{ka}=0$，则有 $Z_{Ma}=z_1l_k$，测得最准确，B 相、C 相测量阻抗不够准确。因此，针对接地类故障，前述 $\dot{U}_m$ 的下标在此变成了三种组合，即 A、B、C，又称为单相电压，$\dot{I}_m$ 的下标也对应变成了对应的单相电流加零序补偿电流的三种组合。当发生单相接地短路时，只有其中之一能够实现精确测量，如实反映保护安装处到故障点的正序阻抗值。当发生两相接地故障时，将会有两个接地阻抗元件，测得 z_1l_k。

综上所述，对于距离保护中阻抗元件而言，为了使得 Z_m 能与短路阻抗 z_1l_k 成正比，出现了六种 $\dot{U}_m$ 与 $\dot{I}_m$ 的组合，即 6 个阻抗元件构成一个"团队"，针对不同类型的故障各显身手，精确测量。当被保护线路发生各种故障时，阻抗元件正确测量的分析如表 5-6-3。表中第一列 KR 代表阻抗元件，下标 a、b、c 代表相别。

注：AN 表示 A 相接地，其余依此类推。能够正确测量短路阻抗为√，反之为×。

表 5-6-3　当保护线路发生各种故障时阻抗元件正确测量的分析

	AN	BN	CN	ABN	BCN	CAN	AB	BC	CA	ABC
KR_a	√	×	×	√	×	√	×	×	×	√
KR_b	×	√	×	√	√	×	×	×	×	√
KR_c	×	×	√	×	√	√	×	×	×	√
KR_{ab}	×	×	×	√	√	×	√	×	×	√
KR_{bc}	×	×	×	×	√	×	×	√	×	√
KR_{ca}	×	×	×	×	×	√	×	×	√	√

从表 5-6-3 可以看出，发生故障时只有故障相相关的阻抗元件可以正确测量。对于数字式保护，可先选出故障相（由选相元件完成），再由对应的阻抗元件进行计算，这样可以减少计算的时间，从而加快微机保护的动作速度。比如判断出是 A 相接地故障时，可以只对 KR_a 是否动作进行计算。

3. 阻抗元件的特性表示方法

阻抗元件动作特性主要有两种表示方法。

（1）复平面上阻抗元件动作特性的表示法。这种方法是比较常用的一种阻抗元件动作特性表示法，阻抗复平面的横轴 R 表示电阻，纵轴 jX 表示电抗。它表明在阻抗复平面上 $Z_m = R_m + jX_m$ 临界动作轨迹。

图 5-6-3 为复平面上阻抗元件的动作特性，它的轨迹是圆，阴影区域为动作区。Z_{op} 称为整定阻抗，与最大保护范围相对应；Z_{op} 也是测量阻抗 Z_m 的临界动作阻抗。若阻抗元件感受阻抗轨迹在阴影区内（如 Z_{m1}），则阻抗元件应动作；否则（如 Z_{m2}）阻抗元件不会动作。

（2）电压相量图上阻抗元件动作特性表示方法。该方法将阻抗元件动作特性用电压、电流表示。当阻抗元件输入电压、电流（$\dot{U}_m$、$\dot{I}_m$）为单相量时，用复平面上特性表示法很直观，分析方便，但当阻抗元件不再反映单一电压和电流时，就可能出现困难，特别是阻抗元件中比较器用相位比较方式工作时，其动作条件

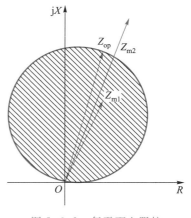

图 5-6-3　复平面上阻抗元件的动作特性

由两个或几个比较电压之间的相位关系确定，在此情况下，阻抗元件动作特性可在电压相量图上比较电压间相位范围，能取得直观的效果。电压相量图上表明阻抗元件动作特性，可以说是一种动作特性表示法，但实际上是表明一种动作特性分析方法。

5.6.3　阻抗元件的通用特性

阻抗元件动作特性的设计是距离保护装置中测量元件的核心技术之一，也是本章重点介绍的内容。为了更好地学习动作特性，下面将以圆特性为基础介绍相位比较式阻抗元件的通用动作特性。

设 $\dot{E}_x$、$\dot{E}_y$ 为相位比较式阻抗元件中具有电势性质的两组比较量，有

视频资源：5.6.3 阻抗元件的通用特性

$$\dot{E}_x = \dot{I}_m Z_{comp1} - K_u \dot{U}_m$$
$$\dot{E}_y = K_p \dot{U}_m - \dot{I}_m Z_{comp2} \tag{5-6-9}$$

式中，Z_{comp1}、Z_{comp2}——设定的阻抗值，称为补偿阻抗；

K_u、K_p——调整阻抗元件动作特性的系数，可认为是实数；

$\dot{E}_x$——比较量 x，习惯称为补偿电压；

$\dot{E}_y$——比较量 y，习惯称为极化电压。

将相位比较器的动作条件设计为

$$\theta_1 \leqslant \arg \frac{\dot{E}_x}{\dot{E}_y} \leqslant \theta_2 \tag{5-6-10}$$

式中，θ_1、θ_2——设定的相位角值的上、下限；

arg——复数的辐角（argument of a complex number）的缩写。

注意：$\arg \dfrac{\dot{E}_x}{\dot{E}_y}$ 是指 $\dot{E}_x$ 相量顺时针方向超前 $\dot{E}_y$ 相量的相位角度。

为了确定上述两式组成的比较量和所规定的动作条件在复平面上的动作特性,对式(5-6-9)中的 $\dot{E}_x$、$\dot{E}_y$ 分别除以 $K_u \dot{I}_m$ 和 $K_p \dot{I}_m$,可以得到

$$Z_x = \frac{\dot{E}_x}{K_u \dot{I}_m} = \frac{Z_{comp1}}{K_u} - Z_m$$

$$Z_y = \frac{\dot{E}_y}{K_p \dot{I}_m} = Z_m - \frac{Z_{comp2}}{K_p}$$
(5-6-11)

动作条件为

$$\arg\frac{Z_x}{Z_y} = \arg\frac{\dot{E}_x}{\dot{E}_y} + \arg\frac{K_p}{K_u} = \arg\frac{\dot{E}_x}{\dot{E}_y} + \theta_p$$
(5-6-12)

由于 K_u、K_p 为实数,相角为 0。因此在复平面上比较量 Z_x、Z_y 的动作条件为

$$\theta_1 \leqslant \arg\frac{Z_x}{Z_y} = \arg\frac{\dot{E}_x}{\dot{E}_y} \leqslant \theta_2$$
(5-6-13)

为了确定式(5-6-13)所规定的动作区,在复平面上作 $\overrightarrow{OA} = \dfrac{Z_{comp1}}{K_u}$,$\overrightarrow{OB} = \dfrac{Z_{comp2}}{K_p}$

及任意一点 $\overrightarrow{OC} = Z_m$,按照(5-6-11)求得 Z_x、Z_y 和 $\theta = \arg\dfrac{Z_x}{Z_y}$。

设 Z_x 领先 Z_y 的角度为正,令 $\theta = \theta_2$,以 AB 线段为圆弧的弦,可以做出如图 5-6-4(a)所示的动作区域,圆弧内(包括 AB 延长线内侧)为动作区,C 点进入该区后,θ 将会减小,出现 $\theta < \theta_2$。同样,以 AB 线段为圆弧的弦,令 $\theta = \theta_1$,设 Z_x 领先 Z_y 的角度为正,可知 θ_1 此时为负值,做出如图 5-6-4(b)所示的动作区域,圆弧内(包括 AB 延长线内侧)为动作区,C 点进入该区后,θ 角的绝对值减小,将会出现 $\theta > \theta_1$。将这两部分综合起来就能构成式(5-6-13)所确定的动作边界,它由两段圆弧构成,如果 $\theta_2 - \theta_1 = 180°$,则其动作边界为圆,圆内为动作区,如图 5-6-4(c)所示。

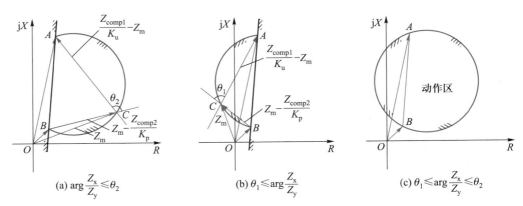

图 5-6-4　两比较量相位比较式阻抗元件在复平面上的动作区

视频资源:
5.6.4.1 传统阻抗继电器圆特性之一

5.6.4　传统阻抗继电器的圆特性

传统阻抗测量元件是通过阻抗继电器实现的,分为全阻抗元件、方向阻抗元

件、偏移方向阻抗元件三种类型,图 5-6-5 画出了它们的动作特性,以下结合通用特性,分别说明其动作特性与动作方程,找出其中的规律。

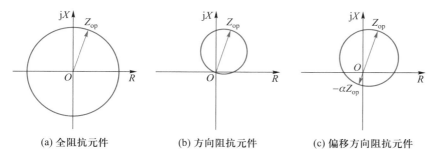

（a）全阻抗元件　　　　（b）方向阻抗元件　　　　（c）偏移方向阻抗元件

图 5-6-5　圆特性阻抗元件的动作特性

（1）全阻抗元件。令 $Z_{comp1} = -Z_{comp2} = Z_{op}$，$K_p = K_u = 1$，$\theta_1 = -90°$，$\theta_2 = 90°$，结合公式（5-6-13）有动作条件

$$-90° \leqslant \arg \frac{Z_{op} - Z_m}{Z_m - (-Z_{op})} = \arg \frac{\dot{I}_m Z_{op} - \dot{U}_m}{\dot{U}_m + \dot{I}_m Z_{op}} \leqslant 90° \qquad (5-6-14)$$

如图 5-6-5（a）所示,为一个全阻抗圆。全阻抗元件对感受阻抗的阻抗角不敏感,无方向性,在实际中运用得很少。

（2）方向阻抗元件。令 $Z_{comp1} = Z_{op}$、$Z_{comp2} = 0$、$K_p = K_u = 1$、$\theta_1 = -90°$、$\theta_2 = 90°$、$\dot{E}_x = K_u \dot{U}_m - \dot{I}_m Z_{op}$、$\dot{E}_y = K_p \dot{U}_m$，结合公式（5-6-13）有动作条件

$$-90° \leqslant \arg \frac{Z_{op} - Z_m}{Z_m} = \arg \frac{\dot{I}_m Z_{op} - \dot{U}_m}{\dot{U}_m} \leqslant 90° \qquad (5-6-15)$$

方向阻抗元件对测量阻抗的阻抗角很敏感,方向阻抗元件的动作特性如图 5-6-5（b）所示。

由于元件的动作区在第 Ⅰ 象限,因此该元件具有方向性。在高压电网中需考虑方向问题,此类元件在距离保护中运用较多。但方向阻抗元件也有严重的缺点。当故障发生在保护出口处时,故障相的电压均为零,测量阻抗均为零,故障相的阻抗元件不会满足动作条件,保护安装处的阻抗元件出现拒动,即方向阻抗元件在出口短路时存在动作死区问题。所以,方向阻抗如何消除出口短路时的动作死区就是继电保护的一项技术难题,经过长期研究已发明了一套方向阻抗元件消除动作死区的方法。

（3）偏移方向阻抗元件。令 $Z_{comp1} = Z_{op}$、$Z_{comp2} = -\alpha Z_{op}$（一般 α 取 0.1）、$K_p = K_u = 1$、$\theta_1 = -90°$、$\theta_2 = 90°$，结合公式（5-6-13）有动作条件

$$-90° \leqslant \arg \frac{Z_{op} - Z_m}{Z_m - (-\alpha Z_{op})} = \arg \frac{\dot{I}_m Z_{op} - \dot{U}_m}{\dot{U}_m + \dot{I}_m \alpha Z_{op}} \leqslant 90° \qquad (5-6-16)$$

如图 5-6-5（c）所示,元件的动作特性包含复平面上的坐标原点,因此没有出口短路动作死区,但也不具备完全的方向性。偏移方向阻抗元件常在距离保护中用作灵敏的阻抗元件,如距离 Ⅲ 的测量元件、距离保护整组的启动元件、瞬时固定保持元件和振荡消失判别元件等。

在上述偏移圆特性阻抗元件的相位比较式动作方程中,临界动作的边界是

视频资源:
5.6.4.2 传统阻抗继电器圆特性之二

−90°和 90°，假设临界动作的边界为 −90°+α 和 90°+α，这时的相位比较动作方程变为

$$-90°+\alpha \leqslant \arg \frac{Z_{\mathrm{op}}-Z_{\mathrm{m}}}{Z_{\mathrm{m}}-(-\alpha Z_{\mathrm{op}})}= \arg \frac{\dot{I}_{\mathrm{m}}Z_{\mathrm{op}}-\dot{U}_{\mathrm{m}}}{\dot{U}_{\mathrm{m}}+\dot{I}_{\mathrm{m}}\alpha Z_{\mathrm{op}}} \leqslant 90°+\alpha \qquad (5-6-17)$$

当 α=0 时，动作范围如图 5-6-5(c) 所示；当 α≠0 时，上式对应的特性仍是一个圆，但是 Z_{comp1}、Z_{comp2} 的连线不再是圆的直径，而是变成了它的一个弦，所对应的右侧圆弧上的圆周角变成了 90°+α，对应的左侧圆弧上的圆周角变成了 −90°+α，动作特性如图 5-6-6 所示。

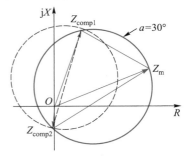

图 5-6-6　动作特性圆

当 α 取正值时，由于动作特性圆向着 R 轴的正方向偏移，在该方向有更多的保护范围，因此有更强的耐过渡电阻能力（即区内经过渡电阻故障灵敏度更高），α 角度越大，距离保护耐过渡电阻的能力就越大，目前高压线路保护装置中多采用偏移圆特性的阻抗继电器，在短线路上使用可以提高耐过渡电阻的能力。

（4）两段圆弧构成的方向阻抗继电器。令 $Z_{\mathrm{comp1}}=Z_{\mathrm{op}}$、$Z_{\mathrm{comp2}}=0$、$K_{\mathrm{p}}=K_{\mathrm{u}}=1$、$\theta_1=-45°$、$\theta_2=45°$，结合公式（5-6-13）有动作条件

$$-45° \leqslant \arg \frac{Z_{\mathrm{op}}-Z_{\mathrm{m}}}{Z_{\mathrm{m}}}= \arg \frac{\dot{I}_{\mathrm{m}}Z_{\mathrm{op}}-\dot{U}_{\mathrm{m}}}{\dot{U}_{\mathrm{m}}} \leqslant 45° \qquad (5-6-18)$$

设 $\theta_1=-45°$、$\theta_2=120°$，有动作条件

$$-45° \leqslant \arg \frac{Z_{\mathrm{op}}-Z_{\mathrm{m}}}{Z_{\mathrm{m}}}= \arg \frac{\dot{I}_{\mathrm{m}}Z_{\mathrm{op}}-\dot{U}_{\mathrm{m}}}{\dot{U}_{\mathrm{m}}} \leqslant 120° \qquad (5-6-19)$$

由于 $\theta_2-\theta_1 \neq 180°$，所以构成的特性不是圆而是由两段圆弧封闭而成的。

图 5-6-7(a) 为对称的菱形方向阻抗元件。它有较为狭窄的形状，在系统振荡时，如会误动，误动的持续时间也较短。

图 5-6-7(b) 为一种不对称特性的方向阻抗元件，称为透镜（lens）形方向阻抗元件。由于它沿 R 轴有较宽的动作区，所以容易避开过渡电阻，对测量阻抗的影响较好，而在 −R 轴较窄，系统振荡时性能有一定改善。

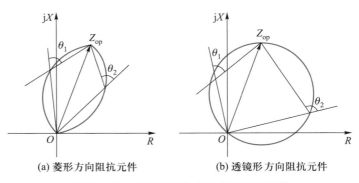

(a) 菱形方向阻抗元件　　　　　　(b) 透镜形方向阻抗元件

图 5-6-7　两段圆弧构成的方向阻抗元件

5.6.5 直线及四边形特性

直线是圆的特例,凡是具有圆特性或圆弧特性的阻抗元件都可以通过比较量中参数的整定和比较条件的变化来获得多种直线特性的阻抗元件或方向元件。

视频资源:
5.6.5 直线
及四边形特
性

1. 通过改变比较量获得直线特性

图 5-6-8(a)是在圆特性方向阻抗元件基础上变化成的直线特性阻抗元件。阻抗圆直径为 OA,当减少 K_u 时,OA 线上 A 沿 Z_{comp1} 延长线延长。当 $K_u=0$,OA 为 ∞,圆就变为过 O 点与直径 OA 垂直的直线。此时为方向元件,最灵敏线即为 $\overrightarrow{OA}$。φ_{comp},动作量及动作条件为

$$\dot{E}_x = \dot{I}_m Z_{comp1}$$

$$\dot{E}_y = K_p \dot{U}_m \tag{5-6-20}$$

$$-90° \leqslant \arg \frac{\dot{E}_x}{\dot{E}_y} \leqslant 90° \tag{5-6-21}$$

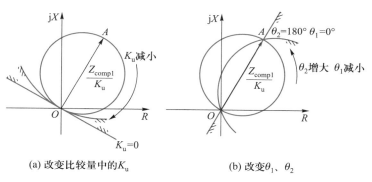

(a) 改变比较量中的 K_u (b) 改变 θ_1、θ_2

图 5-6-8 由方向阻抗元件特性向直线元件特性的演化

2. 通过动作条件改变获得直线特性

在图 5-6-8(b)中,基础为方向阻抗元件特性。见式(5-6-5),在不改变比较量但改变动作条件下,当 $\theta_1=0$、$\theta_2=180°$ 时,圆就扩大为与 $\dfrac{Z_{comp1}}{K_u}$ 相切,直径为无限大的圆,即为 Z_{comp1} 阻抗(即整定阻抗)线本身,方向阻抗元件变为方向元件,其最灵敏线与 $\overrightarrow{OA}$ 成 90° 夹角。动作条件可表示为

$$0° \leqslant \arg \frac{\dot{E}_x}{\dot{E}_y} \leqslant 180° \tag{5-6-22}$$

3. 四边形特性阻抗元件

由多个直线围成的区域就是多边形特性阻抗元件。工程应用最常见的四边形特性阻抗元件如图 5-6-9 所示。

四边形特性阻抗的边界与工程应用息息相关,动作特性中的 α 是为了防止在输电线路经过渡电阻发生故障时,距离保护误动作而设置的,工程应用通常内

部固定为 12°。R'_{op} 和 X'_{op} 是为了保证在出口
(即在被保护输电线路上距离保护安装处
最近的距离)发生故障时,以及保护出口附
近发生经过渡电阻故障时,阻抗元件可靠动
作而设置的。负荷限制线 R 是为了防止线
路发生过负荷时距离保护误动作而设置的,
R 值应躲过本线路输送的最大负荷,另外为
了使各段距离保护具有相同的耐故障电阻
能力,负荷限制线 R 的倾角与线路阻抗角 φ
相同。

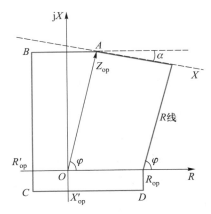
图 5-6-9 四边形特性阻抗元件

对于偏移阻抗特性 $ABCD$,动作判据为

$$X'_{op}<X_m<Z_{op}\sin\varphi \quad (5-6-23)$$

$$R'_{op}<R_m<R_{op} \quad (5-6-24)$$

式中,Z_{op}、R_{op}——距离阻抗定值、负荷限制电阻定值;

X'_{op}、R'_{op}——电抗偏移门槛、电阻偏移门槛,通常取值与阻抗整定值 Z_{op} 和
R_{op} 有关系。

一般整定为

$$X'_{op}=0.5Z_{op} \quad (5-6-25)$$

$$R'_{op}=\min(0.5R_{op},0.5Z_{op}) \quad (5-6-26)$$

对于电抗动作元件 X,动作判据设计为

$$180°-\alpha<\arg(Z_m-Z_{op})<360°-\alpha \quad (5-6-27)$$

式中,α——电抗线偏移角,一般为装置内部的固定值。

对于负荷限制线 R,动作判据为

$$0°+\varphi<\arg(Z_m-R_{op})<180°+\varphi \quad (5-6-28)$$

式中,φ——线路正序阻抗角。

由此可见,四边形阻抗特性的阻抗元件只需要整定距离保护动作定值 Z_{op}、
负荷限制电阻定值 R_{op} 和正序阻抗角 φ,即可确定四边形的动作边界。

5.6.6 正序电压极化量阻抗圆特性

视频资源:5.6.6 正序电压极化量阻抗圆特性

该阻抗元件极化电压可表示为

$$\dot{E}_y=\dot{U}_m-\dot{I}_m Z_{S.eq} \quad (5-6-29)$$

式中,$Z_{S.eq}$——等效电源阻抗,近似等于保护安装处背后即电源侧的等值正序阻
抗的负值。

阅读资料:5.6.6 正序电压推导过程

当保护正向发生故障时,以正序电压为极化量的方向阻抗元件的动作特性
为典型的方向阻抗圆特性,补偿电压和极化电压分别为

$$\dot{E}_x=\dot{I}_m Z_{op}-K_u\dot{U}_m$$
$$\dot{E}_y=\dot{U}_p=\dot{U}_{m.1}=\dot{U}_m\dot{I}_m Z_{S.eq} \quad (5-6-30)$$

极化电压如此设计之后,相当于在传统的方向阻抗元件特性基础上,将极化
电压由测量电压 $\dot{U}_m$ 变为正序电压 $\dot{U}_{m.1}$。这样做的主要目的是当发生出口短路

时,消除测量电压 $\dot{U}_m$ 为零而造成的动作死区问题。正序电压 $\dot{U}_{m.1}$ 的相应推导请见本节二维码阅读资料。

对照"传统阻抗继电器圆特性"中式(5-6-15),相应动作方程变为

$$-90°\leqslant \arg\frac{Z_{op}-Z_m}{Z_m}=\arg\frac{\dot{I}_m Z_{op}-\dot{U}_m}{\dot{U}_m-\dot{I}_m Z_{S.eq}}\leqslant 90° \qquad (5-6-31)$$

以正序电压为极化量的方向阻抗元件当发生正向短路时,在复平面上的动作特性如图5-6-10(a)所示,由于 $\dot{E}_x=\dot{I}_m Z_{op}-\dot{U}_m$ 未变,因此它是以 Z_{op} 向量和 $Z_{S.eq}$ 向量端头连线为直径的圆。对照"传统阻抗继电器圆特性"中的图5-6-5(b)可知,改进后的圆特性包括了原点。

如果是背后短路,方向阻抗元件极化电压表达式为

$$\dot{E}_y=\dot{U}_p=\dot{U}_{m.1}=\dot{U}_m-\dot{I}_m Z'_{S.eq} \qquad (5-6-32)$$

式中,$Z'_{S.eq}$——阻抗元件安装处到对侧电源之间的等效电源阻抗。动作方程为

$$-90°\leqslant \arg\frac{Z_{op}-Z_m}{Z_m}=\arg\frac{\dot{I}_m Z_{op}-\dot{U}_m}{\dot{U}_m-\dot{I}_m Z'_{S.eq}}\leqslant 90° \qquad (5-6-33)$$

由于 $\dot{E}_x=\dot{I}_m Z_{op}-\dot{U}_m$ 未变,以正序电压为极化量的方向阻抗元件的动作特性如图5-6-10(b)所示,它是以 Z_{op} 向量和 $Z'_{S.eq}$ 向量端头连线为直径的圆。

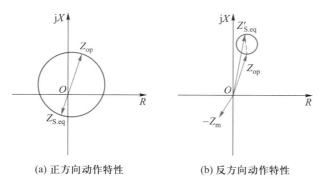

(a) 正方向动作特性   (b) 反方向动作特性

图5-6-10　正序电压极化量阻抗元件的动作特性

由图5-6-10可知,正序电压极化量阻抗元件动作区包括原点、无正向出口死区。当发生反向故障时,由于动作区在以 $Z_{op}-Z'_{S.eq}$ 为直径的圆内,短路测量阻抗在第Ⅲ象限而动作区在第Ⅰ象限,所以保护不会误动。

正序电压极化量阻抗元件不但适用于相间距离保护,还适用于接地距离保护。

5.6.7　影响距离保护正确动作的因素及对策

有很多因素可能导致距离保护无法正确动作,如过渡电阻、分支电流、振荡以及电压回路断线等。

1. 系统振荡

并列运行的系统或发电厂之间失去同步的现象称为系统振荡,电力系统振荡时两侧电源的夹角 δ 在 $0\sim360°$ 范围内周期性变化。引起振荡的原因较多,大

视频资源:
5.6.7.1 系统振荡

多数是因故障切除时间过长而引起的系统暂态稳定被破坏。在联系较弱的系统中，也可能是误操作、发电机失磁或故障跳闸、断开某一线路（或设备）、过负荷等引起振荡。

（1）振荡闭锁的实现。距离保护的启动元件在系统振荡时闭锁保护，在故障时开放保护。根据振荡与短路的区别，启动元件一般采用负序电流 I_2 加零序电流 I_0（即 I_2+I_0）启动；也可以采用突变量元件启动，如负序零序增量 $\Delta(I_2+I_0)$，或相电流差突变量 ΔI_ϕ。

利用振荡时各电气量变化速度慢的特点，在振荡时闭锁保护，在短路伴随振荡时短时开放距离保护 160 ms。振荡闭锁逻辑如图 5-6-11 所示（其中的时间元件无单位标注时单位为 ms）。

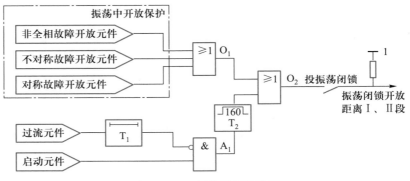

图 5-6-11　振荡闭锁逻辑图

当电力系统的静态稳定被破坏引起系统振荡时，振荡中"开放保护"涉及的三个开放元件不会动作，或门 O_1 无输出。即使过流元件动作，启动元件也不会动作，经过 T_1 的 10 ms 延时后关闭禁止门 A_1，保护不开放。

发生故障短路时，过流元件与启动元件竞争，但过流元件需经过 T_1 延时后才关闭 A_1，而启动元件不经延时，因此 A_1 开放。T_2 是一个固定宽度的时间元件，只要 A_1 开放就固定输出 160 ms 宽度的脉冲。经 O_2 后开放保护 160 ms。

（2）振荡闭锁开放元件。根据实际记录的数据统计，系统初次故障引起振荡有一定时间，在第一个振荡周期中两侧功角达到 180° 的前半个振荡周期的最短时间至少为 0.4 s，而到达 120° 的时间也在 0.2 s 以上。由于短路引起系统振荡，并导致阻抗继电器在第一个振荡周期误动，最快也要在短路 200 ms 之后，所以如果在初次故障的前 200 ms 开放距离保护，200 ms 后再进入振荡闭锁，这样既可以保证区内故障快速切除也能保证距离保护不受振荡影响而误动。为保证安全性，目前高压线路保护装置均保留更大裕度，第一次故障的短时开放时间一般为 160 ms，160 ms 后进入振荡闭锁环节。

根据目前电网保护整定规程，距离 Ⅰ 段为无延时段，距离 Ⅱ 段一般整定为 0.3～0.5 s，距离 Ⅲ 段整定在 1.5 s 以上。由于系统中最长的振荡周期按 1.5 s 来考虑，因此阻抗继电器在振荡时的动作时间不会大于 1.5 s，高压线路保护中的距离 Ⅲ 段保护依靠延时可躲过振荡影响而不需要再进入振荡闭锁逻辑，距离 Ⅰ 段、距离 Ⅱ 段可由控制字选择是否经振荡闭锁。

振荡闭锁功能既要保证距离保护在系统纯振荡及振荡同时在区外故障时不

发生误动,又要保证振荡闭锁元件在区内故障时快速开放,允许距离保护切除故障。因此,距离保护均设置多种振荡闭锁开放的判别元件。本节以扫描二维码阅读资料形式,介绍这些判别元件的工作原理。

2. 过渡电阻

阅读资料:
5.6.7 振荡
闭锁开放元
件

输电线路实际发生接地故障很多都是带过渡电阻故障。过渡电阻的存在会使测量阻抗产生偏差,影响测量阻抗与故障点到保护安装处线路阻抗的比例关系。为简化分析,以图 5-6-12 所示的单相线路发生故障为例说明过渡电阻对测量阻抗的影响。

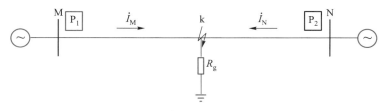

图 5-6-12　过渡电阻对测量阻抗的影响

当单相经过渡电阻 R_g 接地时,M 侧的保护装置 P_1 安装处的测量电压 $\dot{U}_m$ 和测量电流 $\dot{I}_m$ 的关系可表示为

视频资源:
5.6.7.2 过
渡电阻

$$\dot{U}_m = \dot{I}_m Z_k + \dot{U}_k \qquad (5-6-34)$$

由于过渡电阻的存在,故障点的电压 $\dot{U}_k$ 不为零,$\dot{U}_k = (\dot{I}_m + \dot{I}_n) R_g$。保护 1 的测量阻抗为

$$Z_m = \frac{\dot{U}_m}{\dot{I}_m} = Z_k + \Delta Z \qquad (5-6-35)$$

$$\Delta Z = \frac{\dot{U}_k}{\dot{I}_m} = \frac{(\dot{I}_m + \dot{I}_n) R_g}{\dot{I}_m} \qquad (5-6-36)$$

由 $\dot{U}_k$ 产生一个 ΔZ,称之为附加阻抗,其表达式为(5-6-36),式中 $\dot{I}_n$ 为对侧保护安装处的测量电流,可以看出,过渡电阻对测量阻抗的影响取决于过渡电阻的大小、两侧电流的大小和相位关系,如图 5-6-13 所示。

若为单侧供电线路,$\dot{I}_n = 0$,则式
(5-6-36)中的附加阻抗为过渡电阻,即表现为电阻的特性。

若 M 侧为送电端,N 侧为受电端,则M 侧电源提供的故障相电流的相位超前N 侧,这样在两侧系统阻抗角相等的情况下,$\dot{I}_m$ 相位超前 $\dot{I}_n$ 相位,式(5-6-36)中的附加阻抗将具有负阻抗角,即表现为容性的阻抗。

若 M 侧为受电端,N 侧为送电端,则

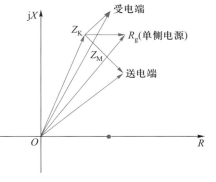

图 5-6-13　过渡电阻对
测量阻抗的影响示意图

M 侧电源提供的故障相电流的相位滞后 N 侧,这样在两侧系统阻抗角相等的情况下,$\dot{I}_m$ 相位滞后 $\dot{I}_n$ 相位,式(5-6-36)中的附加阻抗将具有正的阻抗角,即表现为感性的阻抗。

目前继电保护装置中常用到的主要是圆特性元件与四边形特性继电器,但由于两种动作特性的不同,其在相同定值下的耐过渡电阻能力以及抗过负荷特性等方面表现都有所不同,在现场应用中可能会有不同的动作行为,因此将圆特性元件与四边形特性继电器进行对比分析,对于现场应用及事故分析都有指导意义。

图 5-6-14 为在阻抗平面上不同负荷的测量阻抗。从中可知,正常情况下,测量阻抗位于保护动作区外,随着负荷不断增大,测量阻抗沿 OO' 越过距离特性 R 轴边界,进入保护动作区,导致距离保护误动。

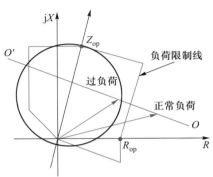

图 5-6-14　在阻抗平面上不同负荷的测量阻抗

相比圆特性,多边形特性阻抗元件最明显的优点是解决了整定阻抗在满足灵敏度要求和躲开最小负荷阻抗之间的矛盾。自身设有可独立整定的负荷限制线,使在长线上躲开负荷,在短线上覆盖很大的过渡电阻成为可能。但对于圆特性阻抗元件,由于圆特性本身的限制,其在 R 轴方向抗过负荷的能力由动作阻抗定值决定,动作阻抗定值整定的越大,其负荷限制能力就越弱;动作阻抗定值整定的越小,其负荷限制能力就越强。因此在短线路情况下圆特性阻抗元件的抗过负荷能力较强,但相应的抗过渡电阻能力相对较弱,而在长线路情况下,阻抗元件表现则相反。

由于系统相间短路发生概率较低且相间短路时过渡电阻主要为电弧电阻,对距离保护影响较小,而接地故障时主要为导线对杆塔、树木或其他物体放电,因此接地距离元件受过渡电阻的影响大,另外单侧电源线路分析较为简单,本章仅对双侧电源线路下发生概率较大的单相接地短路故障进行分析。

对于双侧电源长距离输电线路,当送电端保护范围首端发生接地故障时,由于过渡电阻引起的附加阻抗略呈感性(线路电容电流及对侧故障电流较小),在整定相同定值的情况下,多边形特性在第一、四象限的范围比圆特性大,所以多边形特性的抗过渡电阻能力更强;当保护范围末端发生接地故障时,此时过渡电阻引起的附加阻抗略呈容性,其测量阻抗变化轨迹随着过渡电阻的增大近似为一条向右下倾斜的直线,尤其对于重载线路,两侧电流夹角大,测量阻抗变化轨迹的"下倾"程度大,多边形特性更容易发生超越,此时圆特性在保护范围末端有更大的倾斜特性,相比多边形特性,圆特性抗超越能力强;当在受电端保护范围内发生接地故障时,其测量阻抗变化轨迹近似为一条向右上倾斜的直线,尤其对于保护范围末端故障,此时圆特性与多边形特性都容易拒动,抗过渡电阻能力都相对较弱。

对于双侧电源短距离输电线路,线路两端不同故障点经不同过渡电阻的测量阻抗变化轨迹与长线路类似,但由于阻抗定值整定较小,保护抗过渡电阻能力相对长线路较弱。对于多边形特性阻抗元件,因其能独立整定负荷限制定值,可增强短线路上的抗过渡电阻能力;若圆特性阻抗元件在较短线路上应用,可将圆特性向第Ⅰ象限偏移,以扩大允许故障过渡电阻的能力。

3. 电压互感器二次回路断线

距离保护是通过对电压电流的比值来判断线路是否发生故障,而电压取自电压互感器的二次侧,因此当电压互感器二次电压回路发生断线时会造成保护无法完成阻抗的测量。按现场工作习惯,电压互感器二次电压回路断线以下简称为 PT 断线。

阻抗继电器的测量阻抗为 $Z_{\mathrm{m}} = \dot{U}_{\mathrm{m}}/\dot{I}_{\mathrm{m}}$,当电压回路断线时 $\dot{U}_{\mathrm{m}} = 0$,从而导致测量阻抗为零。阻抗继电器在 $Z_{\mathrm{m}} = 0$ 时动作,导致距离保护误动。因此必须采取电压回路断线闭锁措施来防止距离保护误动。

保护装置多采用母线电压回路断线闭锁,也称为 PT 断线闭锁。在启动元件未启动的情况下,满足下列条件之一将启动断线闭锁功能。

(1)三相电压相量和大于 8 V,即

$$|\dot{U}_{\mathrm{a}} + \dot{U}_{\mathrm{b}} + \dot{U}_{\mathrm{c}}| > 8\ \mathrm{V} \tag{5-6-37}$$

延时 1.25 s 发出 PT 断线异常信号——反应电压回路不对称断线。

(2)三相电压代数和小于 24 V,即

$$|\dot{U}_{\mathrm{a}}| + |\dot{U}_{\mathrm{b}}| + |\dot{U}_{\mathrm{c}}| < 24\ \mathrm{V} \tag{5-6-38}$$

若每相电压均小于 8 V,则延时 1.25 s 发出 PT 断线异常信号——反应电压回路对称断线。

在发出电压断线信号的同时,闭锁在电压回路断线时会误动保护,并启动断线过流保护。在三相电压正常后,经 10 s 延时 PT 断线信号复归。

目前,数字式保护多采用启动元件实现反闭锁(即使满足 PT 断线闭锁条件也不会闭锁保护),而不用开口三角形的 $3\dot{U}_0$ 实现反闭锁。因为正常时 $3\dot{U}_0 = 0$,很难监视,一旦出现 $3\dot{U}_0$ 回路断线,系统发生不对称故障,将不能实现反闭锁,此时 PT 断线闭锁将启动闭锁保护而不能跳闸,后果严重。因为距离保护的启动元件由电流分量构成,PT 断线只会引起阻抗继电器动作,而不会引起整个保护误动作,不需要立即闭锁保护,因此可延时 1.25 s 发出 PT 断线异常信号,并闭锁距离保护,以增加切除线路故障的可靠性。

线路电压回路断线的闭锁条件是在启动元件没有动作的情况下,如任意某一相线路电压小于 8 V,且线路有电流,则延时 1.25 s 发出 PT 断线异常信号。

5.7　纵联保护

● 5.7.1　概述

纵联保护,其中的"纵"字代表"纵向":"联"代表"互联",英文为 pilot protection,其中 pilot 为导引线的意思。纵联保护的雏形是被保护线路两侧各有一个继电器,借助导引线将本侧互感器所测到的电流送至对侧继电器,并进行相互比

PPT 资源:
5.7 纵联保护

较,做出是否应动作的判断。因此,纵联保护原理的核心是线路两端保护之间进行有效的信息交互。

电流类保护、距离保护均属于单端测量保护,仅测量线路某一侧的母线电压、线路电流等电气量,消息相对"闭塞"。为保证选择性,无法实现全线路无时限快速动作切除故障。纵联保护有效地解决了这个问题,双端保护及时交互对于故障的判断信息相对"灵通"。

纵联保护是高压(一般用于 220 kV 及以上电压等级)输电线路的主保护,借助通信通道进行两侧保护间的信息交互,当被保护线路内部发生故障时,能使两侧断路器都快速跳闸。在高压输电线路上配置纵联保护的主要目的是保证电力系统运行的稳定。

纵联保护以线路两侧判别量的特定关系作为判据,即借助信息通道将两侧判别量分别(如故障方向的判别)传送到对侧,然后两侧分别按照对侧与本侧判别量之间的关系来判别区内故障或区外故障。另一方面,双端保护需要借助通信通道进行信息交换。因此,纵联保护判别量及其通道为该保护的关键。

1. 两种测量原理

纵联保护按其保护原理可分为采用电流差动原理的纵联保护和采用纵联方向原理的纵联保护两种。以下分别简要介绍。

(1) 采用电流差动原理的纵联保护。这种保护是通过比较两侧的电流相量关系,以基尔霍夫电流定律为基础进行测量与判别。图 5-7-1 为采用电流差动原理的纵联保护示意图,保护测量电流为线路两侧电流相量和,也称差动电流 i_d。如将本线路整体看作一个广义节点,则流入该节点的总电流应为零,不考虑误差因素,正常运行或外部短路时,流入该节点的电流有两份,保护能测到这两份电流,并计算出差动电流 $i_d = 0$。当线路内部故障时 $i_M + i_N - i_k = 0$,流入该节点的电流为三份,因此保护计算出差动电流等于短路电流,即 $i_d = i_k$。

实际上,由于两侧互感器一致性,正常运行或外部短路时,差动电流(即不平衡电流)不为 0,因此需要进行差流整定,设置合理的门槛以躲过不平衡电流。

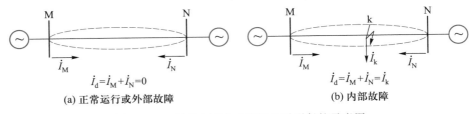

$$i_d = i_M + i_N = 0$$　　　　　　　$$i_d = i_M + i_N = i_k$$
(a) 正常运行或外部故障　　　　　　**(b) 内部故障**

图 5-7-1　采用电流差动原理的纵联保护示意图

(2) 采用纵联方向原理的纵联保护。该保护通过比较两侧线路保护各自对故障方向的判别结果,进一步做出故障是位于保护区内还是保护区外的综合判断。图 5-7-2 为比较线路两侧保护对故障方向判别结果的纵联方向保护原理示意图。当发生外部故障时,离故障点较远的一侧保护判别为正向故障,而离故障点较近的一侧保护判别为反向故障;如果两侧保护均判别为正向故障,则判断故障在本线路上。由于纵联方向保护仅需要获得由通道传输过来的、反应对侧保护对故障方向判别结果的逻辑量信息,因此对通道的要求较低。判别方向的手段有多种,既可以采用独立的方向元件,也可以利用零序电流方向元件、方向阻抗元件进行判别。该保护目前广泛应用于高压线路微机保护中。

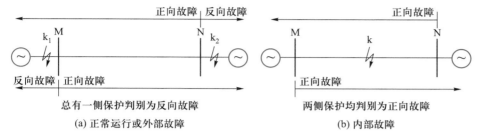

图 5-7-2　采用纵联方向原理的纵联保护示意图

　　纵联保护从原理上可以区分区内、外故障,而不需要保护整定值的配合,减少了整定过程,因此又称纵联保护具有绝对选择性。同时应该注意纵联保护不能反应本线路以外的故障,不能用于相邻元件的后备保护;由于纵联保护采用双侧测量原理,所以必须两侧同时投入,不能单侧工作。

2. 通信通道

　　通信通道也是纵联保护的关键,本节仅介绍常见的载波通道与光纤通道。

　　(1)载波通道。载波(carrier wave)通道是早期我国电力系统中使用较多的一种通道类型,是利用某一相输电线路,"夹带"包含有保护测量或判别信息的高频率信息,送至对方保护,信号频率范围是 50~400 kHz,这种频率在通信上属于高频频段范围,所以把这种通道也称作高频通道。如图 5-7-3 所示的是一个借助相-地耦合的高频通道示意图。通常也把利用这种通道的纵联保护称作高频保护。由于高频保护存在的历史久远,现场工作人员习惯于将线路纵联保护称作高频保护,所以实际采用的通信通道不一定是载波通道。由于将输电线路作为高频通道的一部分,输电线路除了传送 50 Hz 的工频信号外还传送高频信号。但是,输电线路是高压设备,保护装置通过收发信机接收解调后的信息,从一次侧的输电线路到保护之间要经过耦合电容器、连接滤波器、高频电缆、收发信机

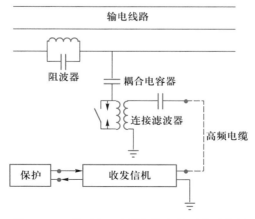

图 5-7-3　借助相-地耦合的高频通道示意图

一系列连接设备,为防止高频信号窜到其他线路,在输电线路上还要装设阻波器,上述这些设备统称为高频加工设备。上述设备结构复杂,连接点多,其中某一个环节出现损坏都将使纵联保护功能受到严重影响。因此,为提高保护可靠性,纵联保护载波通道已很少被采用,目前常见的通信通道为光纤通道。

(2)光纤通道。随着光纤通信技术的快速发展,用光纤作为继电保护的通道使用越来越多,这是目前发展速度最快、使用最广的一种通道类型。光纤通道通信容量大、不受电磁干扰,且通道与输电线路是否有故障无关。由于光纤通信技术日趋完善,虽然它在传输继电保护信号方面起步晚,但发展势头迅猛,在我国光纤通道已成为纵联保护的主要通道方式,构成不同原理的纵联保护。

光缆由多股光纤制成,其结构如图5-7-4(b)所示,光纤结构如图5-7-4(a)所示。光缆的纤芯由高折射率的高纯度二氧化硅材料制成,直径仅 100 ~ 200 μm,用于传送光信号;包层为掺有杂质的二氧化硅,作用是使光信号能在纤芯中产生全反射传输;涂覆层及套塑用来加强光纤的机械强度。光缆由多根光纤绞制而成,为了提高机械强度,采用起加固作用的多股钢丝,光缆中还可以绞制铜线,用于电源线或传输电信号。光缆可以埋入地下,也可以固定在杆塔上,或置于空心的架空地线中。

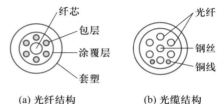

图 5-7-4 光纤结构与光缆结构

目前光纤通道有两种应用模式,专用光纤传输通道和复用通信设备传输通道。图 5-7-5 是线路保护光纤专用通道示意图,采用继电保护专用光纤通道的连接方式,两变电站之间给保护装置配置了专用的通道,这种方式传输全程为光信号,抗干扰能力强,系统结构简单,环节较少,故障处理容易,专用光纤通道不经中继设备,目前最大传输距离为 100 km 左右。

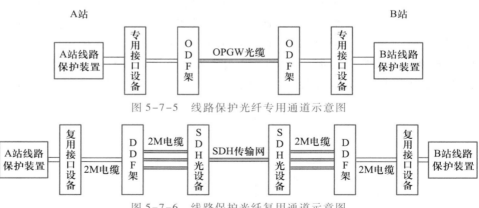

图 5-7-5 线路保护光纤专用通道示意图

图 5-7-6 线路保护光纤复用通道示意图

图 5-7-6 是线路保护光纤复用通道示意图,采用复用通信设备传输通道的连接方式。两变电站之间借助通信网通信。由于通信网是复用的,所以需要通过通信设备进行信号的复用连接。由于通信设备是在电信号中进行复用连接的,而保护装置输出的是光信号,所以中间还设有复用接口装置来实现光电转换。这种复用通道连接方式涉及的中间设备较多,通信延时也较长,但传输距离不受限制。

5.7.2　光纤分相电流差动保护

视频资源：
5.7.2 光纤
分相电流差
动保护

光纤分相差动保护采用光纤通道、电流差动原理，性能优越，目前广泛用于高压线路。输电线路两侧电流采样信号通过编码变成码流形式后转换成光信号，经光纤送至对侧保护，保护装置收到对侧传来的光信号后，先将其解调为电信号，再与本侧保护装置的电信号构成差动保护，采用分相差动方式，即三相电流各自构成差动保护。

在分相电流差动保护中常用的电流差动继电器（即判别元件，继电器属于习惯称谓）主要有变化量相差动继电器、稳态相差动继电器、零序差动继电器等。本节主要介绍后两种，变化量相差动继电器将在本节工频变化量原理部分进行介绍。

该保护整定相对简单，整定值的计算方法将随原理一同说明，学习时请参考相应的保护装置说明书以建立整体概念。

1. 保护特性涉及电流名称的定义

（1）差动电流。根据图 5-7-1，差动电流 I_d 定义为

$$I_d = |\dot{I}_M + \dot{I}_N| \qquad (5-7-1)$$

式中，$\dot{I}_M$——本侧（M 侧）一次电流；

$\dot{I}_N$——对侧（N 侧）一次电流。

两侧保护均以母线流向被保护线路为正方向，即两侧方向都向内。因此，在线路正常运行或外部故障时，实际流过本线路的电流或为左侧进入、右侧流出，或为右侧进入、左侧流出，都呈"穿越"性质。按本公式计算时，必有一侧电流与穿越电流同向，另一侧反向，差动电流定义为相量和，除去相量符号，实际计算为两侧电流的幅值之差，$I_d = |I_M - I_N|$，因此该电流被习惯称为差动电流，而不是和动电流。差动电流简称差流。

（2）不平衡电流。不平衡电流的实质仍是差动电流，只是换了一种叫法。所谓不平衡电流是指当一次侧差动电流严格为零时，二次侧流入保护的差动电流不为零。产生不平衡电流的原因有很多，主要包括以下几种：

① 输电线路分布电容、分布电导引起的电容电流和漏电流；

② 并联电抗器产生的分流；

③ 两侧电流互感器传变误差不一致引起的不平衡电流；

④ 两侧数据同步误差产生的不平衡电流。

不平衡电流的大小与穿越电流的大小成正比关系，当穿越电流为故障电流时，上述因素造成的不平衡电流将比较明显。不平衡电流 I_{unb} 一次值可表示为

$$I_{unb} = K_{unb} I_{cro} \qquad (5-7-2)$$

式中，K_{unb}——不平衡系数，小于 1，变化区间为 0.2~0.5。

因此在设计时必须考虑不平衡差动电流对动作判据电流以差保护的影响。

（3）制动电流。根据图 5-7-1，电流的一次值可表示为

$$I_{res} = |\dot{I}_M - \dot{I}_N| \qquad (5-7-3)$$

典型的光纤分相差动保护动作方程为

$$\begin{cases} I_d > K_{res} I_{res} \\ I_d > I_{op.\,min} \end{cases} \quad (5\text{-}7\text{-}4)$$

式中，K_{res}——制动系数，取 $0.5 \sim 0.75$。

　　$I_{op.\,min}$——最小动作电流。

2. 稳态相差动继电器动作特性（以某厂装置为例）

　　稳态相差动继电器比较的是两侧电流的相量值。分为两段，先介绍稳态相差动 I 段，该段的动作时间为 0 s，动作特性如图 5-7-7 所示，横轴为制动电流 I_{res}，纵轴为动作电流 I_{op}。折线上方为动作区，折线下方为制动区，当差动电流 I_d 落入动作区时，保护动作。I_H 为稳态相差动 I 段的动作门槛，见图 5-7-7 中折线的水平段，注意该门槛是浮动的。I_t 为根据折线关系与 I_H 相对应的制动电流，也称为"拐点"电流。保护在运行过程中，将实测线路的电容电流差 I_C，它由正常运行时未经补偿的稳态差动电流获得；当用户选择计算差动电流时，是否带有线路零序电流补偿功能可通过装置中的"电流补偿"控制字选择，具体计算公式为

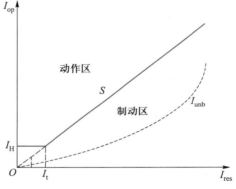

图 5-7-7　差动电流元件动作特性

$$\begin{cases} \text{电流补偿功能投入,} \; I_H = 2.5 \times \max\left(I_C, \dfrac{U_{N\varphi}}{X_C} - \dfrac{U_{N\varphi}}{X_L}, I_{op.\,min} \right) \\ \text{电流补偿功能退出,} \; I_H = 2.5 \times \max\left(I_C, I_{op.\,min} \right) \end{cases} \quad (5\text{-}7\text{-}5)$$

式中，$\dfrac{U_{N\varphi}}{X_C} - \dfrac{U_{N\varphi}}{X_L}$——实施补偿后电容的电流差，相电压除以线路容抗减去相电压除以线路并联的感抗值；

　　$I_{op.\,min}$——差动动作电流的最小值，按躲过最大负荷情况下的最大不平衡电流整定，一次电流值为 $400 \sim 700$ A。当电流补偿退出时，一次电流建议整定为 $500 \sim 800$ A。

注意：式（5-7-6）中的两个动作条件之间为与门关系，A、B、C 三相分别计算，条件相同。

　　动作区对应的动作方程为

$$\begin{cases} I_d \geqslant I_{op} = 0.8 I_{res} \\ I_d \geqslant I_H \end{cases} \quad (5\text{-}7\text{-}6)$$

　　以 A 相为例，当差动电流 $I_{d.a}$ 满足 $I_{d.a} \geqslant I_H$ 同时满足 $I_{d.a} \geqslant 0.8 I_{res.a}$ 时，保护动作。该动作方程为式（5-7-4）的应用。

　　图 5-7-7 中的折线斜率 S 取为 0.8，大于不平衡系数 K_{unb}，称为比率制动。该特性是将差动保护动作（op, operating）的阈值即动作电流 I_{op} 设计为变量，随 I_{res}

的增加而增加。对应于某一制动电流 I_{res}，各有一个 I_d 和 I_{op}，只有当 $I_d \geqslant I_{op}$ 时，差动保护才能动作，否则就制动。根据不平衡电流变化规律，利用差动电流与制动电流的比值区分内部故障与外部故障，而非单纯地根据差动电流的大小区分是内故障还是外部故障。

当发生外部故障时，$I_{res} = I_{cro} - (-I_{cro}) = 2I_{cro}$，对应的动作阈值 $I_{op} = 1.6I_{cro}$，而实际的差动电流 $I_d = I_{unb}$，即为不平衡电流，小于 1 倍穿越电流 I_{cro}，实际差动电流小于动作阈值，保护不会动作。

内部故障情况如图 5-7-2 所示，差动电流 I_d 等于短路电流 I_F，如两相电源提供的短路电流大小相等，方向相同，则 $I_{res} = 0$；如为单侧电源线路，则 $I_{res} = I_F$，因此 I_{res} 的变化区间为（0~1）倍 I_F，而 $I_d \geqslant 0.8I_{res}$ 的条件一定满足。只要差动电流达到（大于或等于）动作门槛值（即 $I_d \geqslant I_H$）即可动作。

稳态相差动保护的 II 段的动作方程为

$$\begin{cases} I_d \geqslant I_{op} = 0.6I_{res} \\ I_d \geqslant I_M \end{cases} \qquad (5-7-7)$$

式中，I_M——稳态相差动 II 段的动作门槛。

稳态相差动保护 II 段的动作门槛 I_M 的计算公式如下

$$\begin{cases} \text{电流补偿功能投入}，I_M = 1.5 \times \max\left(I_C, \dfrac{U_{N\varphi}}{X_C} - \dfrac{U_{N\varphi}}{X_L}, I_{op.\,min}\right) \\ \text{电流补偿功能退出}，I_M = 1.5 \times \max\left(I_C, I_{op.\,min}\right) \end{cases} \qquad (5-7-8)$$

值得注意的是，I 段的折线斜率取为 0.8，II 段的折线斜率取为 0.6，都属于该装置的内部参数，用户无法整定。其他厂家也有将 I、II 段折线斜率固定为 0.6 的设计。对于动作门槛 I_H、I_M 的设置，各厂家在系数选择上也有一些区别，如 I_H 的系数取 1.5 倍。动作门槛或折线斜率 S 取值越高，相应保护可靠性就越高，同时灵敏度会下降。

3. 分相零序差动继电器（以某厂装置为例）

经高过渡电阻的接地故障，如果采用零序差动继电器，将具有较高的灵敏度，本装置结合低比率制动系数的稳态差动选相元件，构成零序差动继电器，零序差动电流 $I_{d.0}$ 的计算公式与前文所述类似，取两侧零序电流的相量和的幅值。经 40 ms 延时动作，其动作方程为

$$\begin{cases} I_{d.0} \geqslant I_{op.0} = 0.8I_{res.0} \\ I_{d.0} \geqslant I_L \\ I_d \geqslant I_{op} = 0.2I_{res} \\ I_d \geqslant I_L \end{cases} \qquad (5-7-9)$$

式中，I_L——零序差动继电器的动作门槛，取值为 $\max(I_C, I_{op.\,min})$；

$\quad I_{op.0}$——零序差动继电器的动作电流；

$\quad I_{res.0}$——零序差动继电器的制动电流。

分相零序差动继电器只在单相接地故障时投入，动作延时为 100 ms，当通过差动电流选择故障相别的元件发生拒动时，延时 250 ms，三相跳闸。

4. 启动元件（以某厂装置为例）

启动元件可以由反应相间工频变化量的过流继电器、反应全电流的零序过流继电器组成，两者构成**或**逻辑，互相补充。

（1）电流变化量启动元件。电流变化量启动元件采用浮动门槛技术，动作方程为

$$\Delta I_{\varphi\varphi\max} > 1.25\Delta I_{\mathrm{T}} + \Delta I_{\mathrm{op}} \tag{5-7-10}$$

式中，$\Delta I_{\varphi\varphi\max}$——相间电流的半波积分的最大值；

ΔI_{op}——可整定的固定门槛；

ΔI_{T}——浮动门槛，随着变化量的变化而自动调整，取 1.25 倍可保证门槛电压始终略高于不平衡输出电压。

该元件动作并展宽 7 s，用于开放出口继电器的正电源。

（2）零序过流元件启动。当零序电流大于整定值时，零序启动元件动作并展宽 7 s，在该时间段内，开放出口继电器正电源。

5. 动作逻辑（以某厂装置为例）

图 5-7-8 为分相电流差动保护原理框图，主要由启动元件、电流互感器断线闭锁元件、分相电流差动元件、通道监视、收信回路组成，其中 P_1、P_2 为禁止门。分相电流差动元件可由相电流差动、相电流变化量差动、零序电流差动组成。

视频资源：
5.7.2.5　动作逻辑

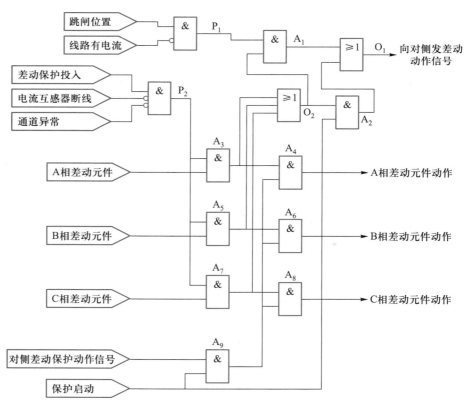

图 5-7-8　分相电流差动保护原理框图

（1）内部故障情况。启动元件将动作,图 5-7-8 中"保护启动"输入 **1**,则 A_9、A_2 门各满足其中一个条件。若此时本侧的分相电流差动保护功能投入,则 P_2 门输出 **1**。此时,故障相电流差动元件(如"A 相差动元件")动作,经 A_3(或者 A_5、A_7)、O_2 门、O_1 门,向对侧保护发出"差动动作信号"。若对侧保护正常,则本侧保护将收到"对侧差动保护动作"信号,此时 A_9 输出 **1**。通过 A_4(对应"A 相差动元件"动作)或 A_6、A_8 向跳闸逻辑部分发出分相电流差动元件动作信号。

（2）外部故障情况。保护启动元件动作但两侧分相电流差动元件均不动作,也收不到对侧保护的"差动保护动作"信号,保护不出口跳闸。

（3）保护闭锁。系统正常运行时发生电流互感器断线,在断线瞬间,断线侧的启动元件和差动继电器有可能动作。此时,对侧保护装置的启动元件不会动作,也不会向本侧保护装置发出"差动保护动作"信号,A_9 输出 **0**,防止本侧误动。保护感受到电流互感器断线后,延时 10 s 使图中"电流互感器断线"输入 **1**,从而使 P_2 门输出 **0**。同理,通道异常时,也将使 P_2 门输出 **0**,防止了本侧误动。

（4）远方跳闸。若本侧断路器已跳开,则"跳闸位置"输入 **1**,"线路有电流"输入为 **0**,P_1 输出 **1**。此时,是否向对侧保护发出"差动保护动作"信号将与本侧"保护启动"条件是否满足无关。若本侧保护装置的故障相电流差动元件(如"A 相差动元件")动作,则经 A_3、O_2、A_1、O_1 发出信号。这样做的目的是防止线路内部故障而本侧断路器先跳闸,由于电流消失使得"保护启动"输入 **0**,造成对侧保护无法收到"差动保护动作信号"而拒动。

5.7.3　方向比较式纵联保护

纵联保护是一种综合比较两端方向元件动作行为的保护,主要利用方向元件特点构成保护,目前高压线路应用的纵联保护根据采用的方向元件不同细分为纵联距离保护和纵联方向保护两种。在纵联保护中,可将收到对侧正向元件动作信号作为本侧纵联保护开放的依据,也可将收不到对侧发来的反向动作信号作为本侧保护装置的动作条件之一。据此又将纵联保护分为允许式逻辑和闭锁式逻辑两种。实际应用中,可根据通道传输设备的特点选用不同的通道逻辑,载波机高频通道和光纤通道多用允许式逻辑,专用收发信机高频通道多用闭锁式逻辑。

纵联距离保护是根据两侧带有方向判别功能的阻抗继电器的动作情况来区分区内外故障的。为保证足够的灵敏度,方向阻抗继电器的阻抗定值应大于本线路的全长阻抗,一般可取为距离 II 段阻抗定值(距离保护整定详见 5.6.1 节及第 7 章相关内容)。

纵联方向保护一般以相间功率方向元件、零序功率方向元件等作为主要的方向判别元件。零序电流以母线指向线路为正方向。发生高阻故障时可能出现零序电压灵敏度不足问题,可用经补偿的零序电压弥补,也可与灵敏度更高的方向元件综合判别。

利用光纤通道传输线路两侧电流、电压信息的纵联电流差动保护,因为具有原理简单、天然选择故障相别的能力,不受同塔双回线路互感影响等优势,所以在工程中全面应用。而纵联保护因为原理过于复杂,载波通道可靠性较差,已经逐步退出历史舞台。

5.7.4　工频变化量保护原理与应用

工频量包括工频电压和工频电流，是在电源电势作用下产生的各节点电压和电流，所以工频变化量可定义为在系统扰动后因扰动所引起的工频量与发生扰动前工频负荷量之差。

目前高压线路微机保护广泛采用基于变化量原理的方向元件与阻抗元件，以电压、电流的变化量（突变量）构成方向元件判据，动作速度快，不受负荷电流、故障类型的影响。

1. 工频变化量电压和电流

如图 5-7-9 所示，当系统发生故障后，其状态可分解为故障附加状态和正常状态，可利用叠加原理进行计算。故障分量的变化量由图 5-7-9(a)所示状态减去图 5-7-9(b)所示状态得到，因此故障附加状态反应了电气量（电压、电流、阻抗等）的变化量（突变量）。系统上出现的工频变化量电压和电流由故障点出现的故障工频分量电压 $\Delta \dot{U}_k$ 产生。以电压为例，保护安装处的工频变化量电压 $\Delta \dot{U}_m$ 为

$$\Delta \dot{U}_m = \dot{U}_m - \dot{U}_{|0|} \tag{5-7-11}$$

式中，$\dot{U}_m$——故障时的母线电压；

$\dot{U}_{|0|}$——故障前正常运行的母线电压。

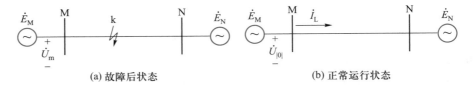

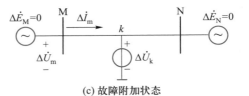

(c) 故障附加状态

图 5-7-9　故障状态的分解

使用对称分量法，故障附加状态可分解出正向故障附加状态和反向故障附加状态，如图 5-7-10 所示，图中变量下标中的"1"表示为正序量。

由图 5-7-10(a)可见，当发生正向故障时

$$\Delta \dot{U}_1 = -\Delta \dot{I}_1 Z_{SM.1} \tag{5-7-12}$$

若系统正序阻抗角为 φ（约80°），则

$$\arg \frac{\Delta \dot{U}_1}{\Delta \dot{I}_1} = -(180° - \varphi) \tag{5-7-13}$$

可见，发生正向故障时，工频变化量电压超前电流的角度约为-100°。

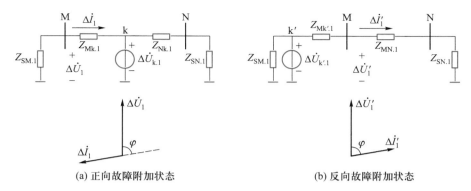

(a) 正向故障附加状态   (b) 反向故障附加状态

图 5-7-10   故障附加状态

由图 5-7-10(b)可见,当发生反向故障时

$$\Delta \dot{U}_1' = \Delta \dot{I}_1'(Z_{MN.1} + Z_{SN.1}) \tag{5-7-14}$$

若系统正序阻抗角与线路阻抗角相同,都为 φ(约 80°),则

$$\arg \frac{\Delta \dot{U}_1'}{\Delta \dot{I}_1'} = \varphi \tag{5-7-15}$$

可见,反向故障时,工频变化量电压超前电流的角度约为 80°。

2. 工频变化量方向元件

由上述分析可得正序方向元件动作方程

$$-190° \leqslant \arg \frac{\Delta \dot{U}_1}{\Delta \dot{I}_1} \leqslant -10° \tag{5-7-16}$$

由图 5-7-10(a)可知,发生正向故障时若 $Z_{SM.1}$ 较小,$\Delta \dot{U}_1$ 也较小,方向元件动作灵敏度低,应当加以补偿;另外系统、线路负序阻抗与正序阻抗近似相等,负序变化量也可利用。考虑以上因素,实际的工频变化量方向元件构成如下:

正向元件 ΔF_+ 的测量相角为

$$\Phi_+ = \arg \left(\frac{\Delta \dot{U}_{12} - \Delta \dot{I}_{12} \cdot Z_{comp}}{\Delta \dot{I}_{12} \cdot Z_D} \right)$$

反向元件 ΔF_- 的测量相角为

$$\Phi_- = \arg \left(\frac{-\Delta \dot{U}_{12}}{\Delta \dot{I}_{12} \cdot Z_D} \right) \tag{5-7-17}$$

式中,$\Delta \dot{U}_{12}$、$\Delta \dot{I}_{12}$——电压、电流变化量的正负序综合分量,无零序分量;

Z_D——模拟阻抗,幅值为 1,角度为系统阻抗角;

Z_{comp}——补偿阻抗,当最大运行方式下系统线路阻抗比 $Z_S/Z_L > 0.5$ 时, $Z_{comp} = 0$;否则 Z_{comp} 取为"工频变化量阻抗"整定值的一半。

当发生正向故障时,若系统阻抗角与 Z_D 的阻抗角一致,则正向元件的测量相角为

$$\Phi_+ = \arg \left(\frac{-\Delta \dot{I}_{12} \times Z_S - \Delta \dot{I}_{12} \times Z_{comp}}{\Delta \dot{I}_{12} \times Z_D} \right) = \arg \left(\frac{-Z_S - Z_{comp}}{Z_D} \right) = 180°$$

反向元件的测量相角为

$$\Phi_- = \arg\left(\frac{Z_S}{Z_D}\right) = 0° \qquad (5-7-18)$$

当发生反向故障时,若系统阻抗角与 Z_D 的阻抗角一致,则正向元件的测量相角

$$\Phi_+ = \arg\left(\frac{Z_S' - Z_{comp}}{Z_D}\right) = 0°$$

反向元件的测量相角为

$$\Phi_- = \arg\left(\frac{-Z_S'}{Z_D}\right) = 180° \qquad (5-7-19)$$

当发生正向故障时, Φ_+ 接近 $180°$,正向元件可靠动作,而 Φ_- 接近 $0°$,反向元件不可能动作;当发生反向故障时, Φ_+ 接近 $0°$,正向元件不可能动作,而 Φ_- 接近 $180°$,反向元件可靠动作。

以上分析中未规定故障类型,因此对各种故障,该方向元件都有同样优越的方向性,且过渡电阻不会影响其测量相角。因动作特性不受负荷电流的影响,该方向元件有很高的灵敏度。另外,方向元件不受线路安装的串联补偿电容的影响。

3. 工频变化量阻抗继电器

工频变化量阻抗继电器首先将 $\Delta \dot{U}$ 与 $\Delta \dot{I}$ 中的工频分量滤出,然后根据方程判断故障是否在保护区内。

（1）动作方程

相间阻抗继电器工作电压和极化电压为

$$\dot{U}_{op} = \Delta \dot{U}_{\varphi\varphi} - \Delta \dot{I}_{\varphi\varphi} Z_{op}$$
$$\dot{U}_p = \dot{U}_{\varphi\varphi|0|} \qquad (5-7-20)$$

式中, $\Delta \dot{U}_{\varphi\varphi}$ ——母线相间电压突变量; $\varphi\varphi$ 为 ab、bc 或 ca;

$\quad \dot{U}_{\varphi\varphi|0|}$ ——故障前母线相间电压。

接地阻抗继电器工作电压和极化电压为

$$\dot{U}_{op} = \Delta \dot{U}_{\varphi} - (\Delta \dot{I}_{\varphi} + K3\dot{I}_0) Z_{op}$$
$$\dot{U}_p = \dot{U}_{\varphi|0|} \qquad (5-7-21)$$

式中, $\Delta \dot{U}_{\varphi}$ ——母线相(A、B 或 C)电压突变量;

$\quad K$ ——零序补偿系数;

$\quad \dot{U}_{\varphi|0|}$ ——故障前母线相电压。

阻抗继电器的动作方程为

$$\dot{U}_{op} > \dot{U}_p \qquad (5-7-22)$$

（2）正向动作特性

由于相间阻抗继电器与接地阻抗继电器的分析方法相同,因此以下的分析以相间阻抗继电器为例,在公式中不再出现 φ 。

在正向发生故障时,将 $\Delta\dot{U}_1 = -\Delta\dot{I}_1 Z_{\mathrm{S.1}}$ 代入式(5-7-20),有

$$\dot{U}_{\mathrm{op}} = -\Delta\dot{I} Z_{\mathrm{S.1}} - \Delta\dot{I} Z_{\mathrm{op}} = -\Delta\dot{I}(Z_{\mathrm{S.1}} + Z_{\mathrm{op}}) \qquad (5-7-23)$$

故障前母线电压 $\dot{U}_{|0|}$ 与故障点变化量电压 $\Delta\dot{U}_{\mathrm{k}}$ 在数值上相等(空载情况下不考虑负荷电流),由图5-7-10(a)可知

$$\dot{U}_{|0|} = -\Delta\dot{U}_{\mathrm{k}} = \Delta\dot{I}(Z_{\mathrm{S.1}} + Z_{\mathrm{k}}) \qquad (5-7-24)$$

因此发生正向故障时,动作条件为

$$|Z_{\mathrm{k}} + Z_{\mathrm{S.1}}| < |Z_{\mathrm{S.1}} + Z_{\mathrm{op}}| \qquad (5-7-25)$$

上式表明,短路阻抗 Z_{k} 的动作区是以 $-Z_{\mathrm{S.1}}$ 为圆心,以 $|Z_{\mathrm{S.1}} + Z_{\mathrm{op}}|$ 为半径的圆,做出继电器的特性如图5-7-11(a)所示。从图中可见,当短路阻抗 Z_{k} 小于整定阻抗 Z_{op} 时,继电器动作,满足了测量的要求,并且动作区包括原点,因此无正向出口死区。

（3）反向动作特性

在发生反向故障时,将 $\Delta\dot{U}_1' = \Delta\dot{I}_1' Z_{\mathrm{S.1}}'$ 代入式(5-7-20),有

$$\dot{U}_{\mathrm{op}}' = \Delta\dot{I}' Z_{\mathrm{S.1}}' - \Delta\dot{I}' Z_{\mathrm{op}} = \Delta\dot{I}'(Z_{\mathrm{S.1}}' - Z_{\mathrm{op}}) \qquad (5-7-26)$$

故障前母线电压 $\dot{U}_{|0|}$ 与故障点变化量电压 $\Delta\dot{U}_{\mathrm{k}}$ 在数值上基本相等,由图5-7-10(b)可知

$$\dot{U}_{|0|} = -\Delta\dot{U}_{\mathrm{k}} = \Delta\dot{I}(Z_{\mathrm{k}} + Z_{\mathrm{S.1}}') \qquad (5-7-27)$$

因此发生反向故障时,动作条件为

$$|Z_{\mathrm{k}} + Z_{\mathrm{S.1}}'| < |Z_{\mathrm{S.1}}' - Z_{\mathrm{op}}| \qquad (5-7-28)$$

上式表明,短路阻抗 $-Z_{\mathrm{k}}$ 的动作区是以 $Z_{\mathrm{S.1}}'$ 为圆心,以 $|Z_{\mathrm{S.1}}' - Z_{\mathrm{op}}|$ 为半径的圆,做出继电器的特性如图5-7-11(b)所示。从图中可见,测量阻抗 $-Z_{\mathrm{k}}$ 在第Ⅲ象限,而动作区在第Ⅰ象限,因此阻抗继电器不可能误动。

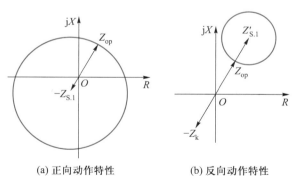

(a) 正向动作特性   (b) 反向动作特性
图5-7-11 工频变化量阻抗继电器的动作特性

（4）特点

工频变化量阻抗继电器的特点是正向故障无死区,反向故障不会误动,具体特点如下:

① 理论分析和构成原理简单;

② 动作速度快;

③ 不需要振荡闭锁,振荡时即使发生区内故障也能正确动作;

④ 可以用作纵联方向保护的方向元件;

⑤ 发生故障时,非故障相的继电器保护不会动作,有较好的选择故障相别的

能力。

4. 变化量相差动继电器

变化量相差动继电器的动作方程为

$$\begin{cases} \Delta I_{d} \geqslant \Delta I_{op} = 0.8\Delta I_{res} \\ \Delta I_{d} \geqslant I_{H} \end{cases} \quad (5-7-29)$$

式中，ΔI_{op}——变化量相差动电流，取值为两侧相电流变化量矢量和的幅值

$|\Delta \dot{I}_{M} + \Delta \dot{I}_{N}|$；

ΔI_{res}——变化量相制动电流，取值为两侧相电流变化量矢量差的幅值

$|\Delta \dot{I}_{M} - \Delta \dot{I}_{N}|$；

I_{H}——变化量相差动继电器的动作门槛。此处的动作门槛与稳态相差动继
电器中的动作门槛一样是浮动的，具体计算公式为

$$\begin{cases} \text{电流补偿功能投入}: I_{H} = 2.5 \times \max(I_{C}, \dfrac{U_{N\varphi}}{X_{C}}, I_{op.min}) \\ \text{电流补偿功能退出}: I_{H} = 2.5 \times \max(I_{C}, I_{op.min}) \end{cases} \quad (5-7-30)$$

变化量相差动继电器的动作特性曲线与图 5-7-7 类似，两个动作条件之间
为**与门**关系，A、B、C 三相分别计算，条件相同。仍然以 A 相为例，若变化量相差
动电流 $\Delta I_{d.a}$ 满足 $\Delta I_{d.a} \geqslant I_{H}$ 的同时也满足 $\Delta I_{d.a} \geqslant 0.8\Delta I_{res}$，则保护动作。

5.7.5　影响纵联保护正确动作的因素及对策

1. 光纤通道传输延时

基尔霍夫电流定律指出，电路中任意一个节点在任意时刻，流入节点的电流
之和等于流出节点的电流之和。这个理论的前提是各端口均采用同一时刻的数
据。因此，两侧同步采样是电流差动保护可靠工作的基础。实际工程中两侧线
路保护装置独立工作，无法在同一时钟下同步采样，因此需要对两侧保护的采样
值进行同步化处理。

假设线路正常运行时本侧采样电流函数为

$$i_{M}(n) = A_{1}\cos(\dfrac{n}{N} \cdot 2\pi) \quad (5-7-31)$$

对侧采样电流为

$$i_{N}(n) = A_{1}\cos(\dfrac{n}{N} \cdot 2\pi + \pi) \quad (5-7-32)$$

从而有

$$i_{M}(n) + i_{N}(n) = 0 \quad (5-7-33)$$

即差动电流为 0，如图 5-7-12(a)所示。

如果两侧线路保护装置采样数据及通道传输未经过同步化处理，假设本侧
为 M 侧，对侧为 N 侧，同时假设对侧保护装置采样点滞后于本侧保护装置的时间
为 t_{1}，通道传输延时为 t_{2}，那么本侧接收到对侧采样电流的函数将变为

$$i_{N}'(n) = A_{1}\cos(\dfrac{n}{N} \cdot 2\pi + \pi + \dfrac{t_{1}+t_{2}}{T} \cdot 2\pi) \quad (5-7-34)$$

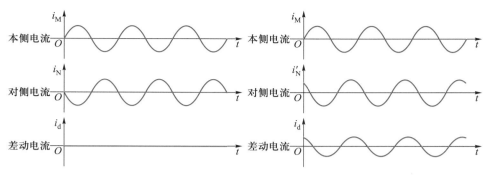

(a) 同步后的本侧和对侧电流及差动电流　　(b) 未经同步的本侧和对侧电流及差动电流

图 5-7-12　正常运行及故障电流示意图

此时不平衡电流(即差动电流)为

$$i_M(n) + i_N(n) = 2A_1 \cos(\frac{n}{N} \cdot 2\pi + \frac{\pi}{2} + \frac{t_1+t_2}{T} \cdot \pi) \cos(\frac{\pi}{2} + \frac{t_1+t_2}{T} \cdot \pi)$$

$$(5-7-35)$$

如图 5-7-12(b)所示不平衡电流不为零,其大小与两侧实际采样时刻误差 t_1+t_2 的大小相关。当同步误差为 $T/2$(即采样周期的一半时间)时,不平衡电流达到最大,为线路负荷电流的 2 倍。

目前常用的电流采样同步化方法有:采样数据修正法、采样时刻调整法、时钟校正法、基于参考矢量的同步法和基于 GPS 的同步法。其中采样数据修正法、采样时刻调整法、时钟校正法的基本原理均是利用乒乓同步算法,基于通道收发延时一致求出通道延时以及同步误差时间,进行不同方式的补偿及调整。基于参考矢量的同步法是电力系统的电气参考矢量通过输电线路等效模型,从两端计算出代表同一电量的两个矢量,再通过与这两个矢量的相位差对比来实现采样同步。基于 GPS 的同步法是通过接入外部 GPS 同步时钟信号来进行保护装置采样时刻调整及数据同步。出于安全性考虑,基于 GPS 的同步方法应用较少。

采样数据修正法是不改变两侧线路保护装置独立采样方式,通过计算同步误差时间对某一侧的电流相量进行相位补偿,使得两侧电流相量数据同步。采样时刻调整法是以一侧线路保护装置的采样时刻为基准,另一侧线路保护装置的采样时刻根据同步误差时间进行实时调整,使采样时刻与对侧一致。时钟校正法是根据同步误差时间对一侧的线路保护时钟进行校正,使得两侧时钟同步,在发送数据时携带时钟标签,从而进行数据同步。

下面以采样时刻调整法为例,详细介绍乒乓同步算法的实现过程。

乒乓同步算法的基础是通道收发延时一致。如图 5-7-13 所示,首先随机确定两侧线路保护装置的一侧为参考端,另一侧为同步端。初始两端的采样速率相同,采样间隔均为 T_s,由各自保护装置中的控制时钟的晶体振荡器来实现。两端分别对本侧的采样点进行顺序编号,参考端为 P_{N1}、P_{N2}、…,同步端为 P_{M1}、P_{M2}、…。参考端采样时刻保持不变,同步端在 P_{M1} 点向参考端发送一帧数据,携带采样点编号信息及时间信息,参考端接收到这一帧数据时记录下接收时刻的时间,在下一个采样点 P_{N3},计算出参考端滞留时间 T_n,同时携带采样点编号信息向同步端发送一帧数据。当同步端再一次接收到这一帧数据时,记录下接收时刻,计算出 P_{M1} 点从发送时刻到接收时刻的时间差 T_m。由于通道收发延时一致,因此计算出通道延时 $T_\mathrm{d}=\dfrac{T_\mathrm{m}-T_\mathrm{n}}{2}$。计算出通道延时后,同步端接收时刻减去通道延时时间,在同步端可得到参考端 P_N3 点的采样时刻时间。此时,找到最近的同步端采样点 P_M3,计算出两点的时间差,即同步误差时间 ΔT。每个采样点都通过同样的方法计算出同步误差时间 ΔT。通过微调同步端的采样间隔,逐步使同步误差时间 ΔT 趋近于 0,这样就完成了两侧采样时刻的同步调整。此外,将此采样编号 P_M3 与参考端的 P_N3 对应起来,作为同步采样点,随后同步进行顺序编号,完成两侧采样时刻的同步。

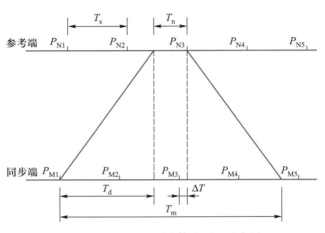

图 5-7-13　乒乓同步算法原理示意图

2. 电流互感器铁心磁通饱和（CT 饱和）

本书 3.3.4 节介绍了电流互感器铁心磁通饱和的成因及特点。按现场工作习惯,将电流互感器铁心磁通饱和简称为 CT 饱和。

下面介绍 CT 饱和对纵联保护的影响。以分相电流差动保护为例,正常运行时,流入被保护线路的电流等于流出的电流,理想的差动电流为零。当发生区外故障时,线路一侧 CT 发生饱和,该 CT 不能正常传变一次电流,使得差动电流不再为 0,引起该保护发生误动。

图 5-7-14 是某一条 220 kV 线路发生区外故障时,线路某一侧 A 相 CT 饱和的波形图。I_m、I_n 和 I_d 分别为线路两侧电流及差动电流,由于某侧 CT 发生饱和,I_m 电流不能正常传变,差动电流 I_d 增大。此时差动保护计算的差动电流与制动电流的比值曲线如图 5-7-15 所示,CT 饱和后差动电流进入比例制动的动作区域并满足动作条件。若无针对性措施,差动保护将会误动。

由于 CT 饱和可能导致差动保护误动,因此纵联差动保护必须准确识别由区外故障引起的 CT 饱和,并采取相应措施以防止其误动;而区内故障出现 CT 饱和时,要保证差动保护能正常开放以快速切除故障。

国内外学者做了大量的 CT 饱和研究工作,提出了如下几种常用的 CT 饱和识别方法。

（1）时差法

故障发生后,CT 要经过一段时间后才达到饱和。在未饱和时,CT 还能够正常传变故障电流。利用制动电流和差动电流出现的时间差别,可以判别是区外故障还是区内故障伴随 CT 饱和。而在故障过程中,CT 在电流过零点附近会不再饱和,CT 在这个时间存在线性传变区,因此会存在差动电流间断的特征,利用这些特征都可以识别 CT 饱和。

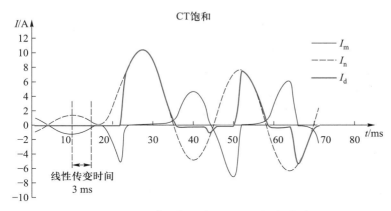

图 5-7-14　某一侧 A 相 CT 饱和的波形图

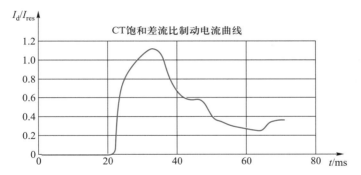

图 5-7-15　差动电流与制动电流的比值曲线

（2）谐波检测法

CT 饱和后传变的二次电流会发生畸变。在畸变的二次电流中,二次谐波和三次谐波的分量所占比例较大,可通过检测故障电流中二次谐波和三次谐波的占比识别 CT 饱和。但是该方法无法可靠识别 CT 饱和是由区外故障还是区内故障所导致。

（3）电流极性比较法

二次电流与励磁电流在 CT 饱和开始时的极性相同。CT 饱和后,会存在二次电流与励磁电流极性相反的现象,CT 饱和越严重,极性相反现象存在的时间就越长,利用这一特征可以识别出区外故障 CT 饱和。

在实际应用中,一般采取多种算法相结合的技术,综合判别可以准确识别 CT 饱和。在识别出 CT 饱和后,一般采取短时抬高差动保护动作电流门槛和比例制动系数,或短时闭锁差动保护的方法以提高差动保护的可靠性。

3. 电流互感器二次回路断线

本书 3.3.4 节已介绍了电流互感器二次回路断线。按现场工作习惯,将电流互感器二次回路断线现象简称为"CT 断线"。

对于纵联保护而言,CT 断线表现为线路保护某一相采样电流采样值突降为 0。纵联保护某一侧发生 CT 断线时,另一侧保护相关 CT 可正常传变电流,此时两侧将出现差动电流(简称差流,下同),差动电流幅值等于线路所送负荷电流。若负荷电流大于差动保护动作门槛,则线路差动保护可能误动作。

线路保护装置均有独立的保护启动判别元件,主要为反应电流量变化的启动元件。为防止 CT 断线等因素引起误动,线路纵联差动保护动作要求两侧保护同时启动。CT 断线瞬间,虽然断线侧的保护启动元件和比率差动保护继电器都可能动作,但对侧的保护启动元件不会动作,因此发生 CT 断线的瞬间差动保护能可靠闭锁,但若 CT 断线后再发生区外故障,则保护仍然有误动风险。

为防止 CT 断线后由于发生区外故障或者系统扰动造成纵联差动保护误动作,保护必须有措施能快速识别 CT 断线并做相应处理。

现场还未出现过两相及以上或者本侧和对侧同时发生 CT 断线的情况,通常仅考虑单侧单相 CT 断线。当发生 CT 断线时,保护装置将感受到电气量存在以下特征:

（1）无对侧保护启动信号;

（2）产生零序电流及零序差流;

（3）某一相产生差流;

（4）相电流幅值接近 0 或者明显减小;

（5）对应相电压正常。

根据以上特点,可采用如下判据来判别 CT 断线:

（1）本侧的零序电流、零序差流,都大于 0.05 倍额定电流值;

（2）对侧不启动,且本侧相电流差流值大于 0.1 倍额定电流值;

（3）本侧相电流幅值减小的程度大于 0.1 倍额定电流值,或相电流幅值小于 0.05 倍额定电流值。

若上述三个条件同时满足,则可判定发生了 CT 断线,此时可以根据实际需要选择直接闭锁断线相差动保护,或者提高该相差动定值以保证安全性和可靠性。判定 CT 断线后保护应告警提示运行人员尽快检查处理,并将本侧的断线信息通过光纤通道传至对侧,以利于对侧差动保护采取相应措施。

4. 电容电流的影响

输电线路的导线带电时在其周围介质中建立的电场效应可以用电容来反映。输电线路每公里的单位正序电容与架空线路的结构有关,一般可以表示为

$$C = \frac{0.024}{\lg \dfrac{D_{eq}}{r_{eq}}} \times 10^{-6} \qquad (5-7-36)$$

式中,D_{eq}——三相导线的几何均距;

　　　r_{eq}——相导线的几何均距。

可以看到,输电线路的电容与其结构和长度有关。高压线路多采用分裂导线,其单位长度电容大,容抗小,电压等级越高电容电流就越大。表 5-7-1 列出

了不同电压等级下输电线路每百千米的典型参数。

表 5-7-1　不同电压等级下输电线路每百千米的典型参数

线路电压/kV	220	330	500	750	1 000
正序电容/μF	0.86	1.113	1.23	1.367	1.397
零序电容/μF	0.61	0.763	0.84	0.93	0.929 6
电容电流/A	34	66	111	185	253

在考虑电容电流对保护的影响时,可以近似地将分布参数的输电线路用 π 型的集中参数模型进行等效,π 型等效电路如图 5-7-16 所示。

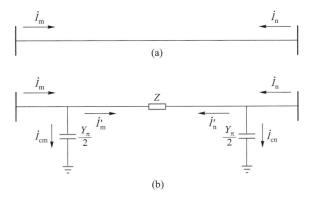

图 5-7-16　π 型等效电路

线路正常运行时差动电流为

$$I_d = |\dot{I}_m + \dot{I}_n| = |\dot{I}'_m + \dot{I}'_n + \dot{I}_{cm} + \dot{I}_{cn}| = I_C \tag{5-7-37}$$

根据上式可得,正常运行时,输电线路差动保护的差流不为零,其值即为沿线电容电流 I_C。线路越长,电压等级越高,差流就越大,若不考虑电容电流,则特高压、超高压及高压线路纵联差动保护的可靠性很难满足要求。

以下介绍一种稳态电容电流补偿方法。该方法适用于采用集中参数等效的输电线路。保护装置通过工频电压电流计算 M、N 两侧的稳态电容电流。

在 M 侧,每一相的电容电流 $\dot{I}_{MC\varphi}$ 应为这一相的正序电容电流 $\dot{I}_{MC\varphi.1}$、负序电容电流 $\dot{I}_{MC\varphi.2}$ 和零序电容电流 $\dot{I}_{MC\varphi.0}$ 相量的相加。

$$\dot{I}_{MC\varphi} = \dot{I}_{MC\varphi.1} + \dot{I}_{MC\varphi.2} + \dot{I}_{MC\varphi.0} = \frac{\dot{U}_{M\varphi.1}}{-j2X_{C.1}} + \frac{\dot{U}_{M\varphi.2}}{-j2X_{C.2}} + \frac{\dot{U}_{M\varphi.0}}{-j2X_{C.0}} \tag{5-7-38}$$

式中,$\dot{U}_{M\varphi.1}$、$\dot{U}_{M\varphi.2}$、$\dot{U}_{M\varphi.0}$——线路 M 侧母线处某一相 φ 的正序、负序、零序电压。

考虑正序电容与负序电容相等,因此有

$$\dot{I}_{MC\varphi} = \frac{\dot{U}_{M\varphi.1} - \dot{U}_{M\varphi.0}}{-j2X_{C.1}} + \frac{\dot{U}_{M\varphi.0}}{-j2X_{C.0}} \tag{5-7-39}$$

对于 N 侧,同样可得每一相的电容电流 $\dot{I}_{NC\varphi}$ 为

$$\dot{I}_{NC\varphi} = \frac{\dot{U}_{N\varphi.1} - \dot{U}_{N\varphi.0}}{-j2X_{C.1}} + \frac{\dot{U}_{N\varphi.0}}{-j2X_{C.0}} \tag{5-7-40}$$

式中,$\dot{U}_{N\varphi.1}$、$\dot{U}_{N\varphi.0}$——线路 N 侧母线处某一相 φ 的正序、零序电压。

在计算差动电流时,将 M、N 两侧计算的电容电流加入算式进行补偿,即

$$\dot{I}_{d\varphi}=\dot{I}_{M\varphi}+\dot{I}_{N\varphi}-\dot{I}_{MC\varphi}-\dot{I}_{NC\varphi} \tag{5-7-41}$$

注意:该补偿方法只能适用于稳态相量计算,无法对暂态电容电流进行补偿。

以下通过扫描二维码阅读资料形式,介绍另外两种电容电流补偿方法供读者拓展阅读。

除此之外,当线路区外发生故障时,由于故障线路两侧断路器断合时间上的差异,可能会发生故障功率的方向突然变化,本节通过扫描二维码阅读资料形式加以简要介绍。

阅读资料:
5.7.6 另两种电容电流的补偿方法

阅读资料:
5.7.7 功率倒向对纵联保护的影响与对策

本 章 小 结

相间电流保护可以称为继电保护的鼻祖,原理简单却内涵丰富。各段保护都是在满足过电流条件时,经一定的延时或无延时发出跳闸命令,但是各段在动作电流、动作时间上均有所区别,需要相互配合才能完成对线路的保护任务。阶段式电流保护一般由电流速断保护(Ⅰ)、限时电流速断保护(Ⅱ段)及定时限过电流保护(Ⅲ段)构成。实际应用中,电流保护并非一定以三段式形式存在。可采用Ⅰ、Ⅲ段或者Ⅱ、Ⅲ段构成的两段式保护。学习时应注意各段保护在"四性"之间的取舍,理解主保护与后备保护的概念和灵敏度的含义。

方向电流保护中的"电流"部分仍为相间过电流保护,在普通电流保护的基础上加装短路功率方向的判别元件,目的是适应被保护线路存在双侧电源的情况。虽然在中低压配电网中,某条线路的两侧都存在电源现象并不常见,但本节所述"方向"的原理是继电保护原理的基础。测量的短路功率方向采用90°接线方式,是对传统继电保护原理的一种传承,目前数字式保护仍采用这种方法,其本质是测量故障时保护安装处正序功率的方向。有关相位关系,特别是相量图的画法,对于初学者而言是一个难点,而死区问题、按相启动问题也需要加以注意。

目前城市配电网中一般采用中性点非直接接地的运行方式,应掌握发生接地故障时各支路零序电压与零序电流的相位关系,了解该系统发生接地时,继电保护应有的应对策略。110 kV 及以上的电压等级电网采用中性点直接接地运行方式。发生单相接地时,继电保护可反应零序电流的突然增大而动作,对于双侧电源线路,还可采用零序方向电流保护。零序电流保护的灵敏性一般比相间电流保护好,因此在 110 kV 及以上电压等级的电网中广泛应用,同时应注意该保护所采集的零序电流为单一电气量,受到系统运行方式及故障形式的影响,在应用过程中存在一定局限性。

距离保护分为相间距离保护与接地距离保护,分别反应相间短路故障与接地短路故障。因保护原理为测量保护安装处至故障点的距离(阻抗),因此不受运行方式的影响,从保护的灵敏性角度来看比过电流保护具有优势。距离保护在 110 kV 及以上电压等级的电网中得到广泛应用。

距离保护的核心器件为阻抗元件,用于测量保护安装处到故障点的阻抗。在阻抗平面上构成圆特性的阻抗元件使用得最多,其结构简单、容易进行分析。阻抗元件在使用过程中不断改进,衍生出偏移圆特性、正向电压极化量特性、直线及四边形特性等类型的阻抗元件,不同类型的阻抗元件具有不同的动作特性和优点,可根据需要进行选择。

影响距离保护正确动作的因素有很多,如系统振荡、过渡电阻、互感器断线、平行双回线故障、零序互感等,需要结合阻抗定值和系统情况综合协调处理。

线路纵联保护属于全线速动保护,广泛用于 220 kV 及以上电压等级线路主保护系统。突出速动性的主要目的是快速切除较大短路容量,以保障电力系统的安全稳定运行。纵联保护采用双端测量方式,载波通道、光纤通道进行交互。保护按照原理分为分相电流差动保护和方向比较式纵联保护两种形式。影响纵联保护正确动作的因素有光纤通道传输延时、电流互感器饱和(或断线)、电容电流的存在以及功率倒向问题,需要采取一定的措施避免或减小影响。

工频变化量原理广泛运用于高压线路的微机保护,采用基于变化量原理的方向与阻抗元件,以电压、电流的突变量来构成方向元件判据。由于工频变化量中不包括故障前运行状态的信息,有效消除了因正常运行状态相关电气分量的变化给保护判断造成的不利影响。

本章主要复习内容如下:
(1) 三段式电流保护原理;
(2) 阶段式电流"四性"评价;
(3) "方向"的概念;
(4) 相间功率方向元件原理;
(5) 小电流接地选线原理;
(6) 阶段式零序电流保护原理;
(7) 零序功率方向元件原理;
(8) 距离保护的工作原理;
(9) 方向阻抗元件特性;
(10) 距离保护接线方式;
(11) 正序电压极化量阻抗元件;
(12) 振荡与距离保护振荡闭锁;
(13) 过渡电阻与相应对策;
(14) 全线速动的概念;
(15) 光纤分相电流差动保护原理;
(16) 方向比较式纵联保护原理。

习　　题

PDF 资源:
第 5 章习题
答案

5.1　在两相三继电器式电流保护中,某段电流保护的继电器的动作电流为 20 A,电流互感器变比为 500 A/5 A。一次侧发生 CA 相短路,A 相电流为 1 500 A。问流过各继电器的电流为多少? 各继电器动作吗? 如 A 相继电器的电流互感器极性接反,会带来什么问题?

5.2 无时限电流速断保护为什么有时需要带延时出口跳闸?

5.3 在中性点直接接地电网中为什么不用三相相间电流保护兼作接地保护,而要单独采用零序电流保护?

5.4 在大接地电流系统中,为什么有时要加装零序功率方向继电器组成零序电流方向保护?

5.5 距离保护与电流保护相比有哪些优点?

5.6 线路距离保护振荡闭锁的控制原则是什么?

5.7 为什么距离保护的I段保护范围通常选择为被保护线路全长的80%左右?

5.8 某微机线路保护阻抗动作特性采用了四边形特性,且阻抗动作特性向第Ⅱ、Ⅳ象限偏移,请问阻抗动作特性向第Ⅱ、Ⅳ象限偏移的作用是什么?

5.9 正序电压用作极化电压的好处是什么?

5.10 反应输电线路一侧电气量变化的保护(如距离保护、零序保护)为什么不能瞬时切除本线路全长范围内的故障?

5.11 在输电线路采用光纤分相电流差动保护中,当短路故障时,如果另一侧启动元件不启动,保护的动作行为如何?

5.12 突变量方向元件有什么特点?

5.13 在发生线路故障的情况下,正序功率方向元件是由母线指向线路,为什么零序功率方向元件是由线路指向母线?

5.14 非全相运行对哪些纵联保护有影响? 如何解决非全相期间,"健全相"再故障时快速切除故障的问题?

5.15 如题5.15图所示电网,某线路发生高阻接地故障时M侧的保护拒动,此时流过M侧的保护装置处的零序电流为300 A,M侧零序方向过电流保护Ⅳ段定值为240 A(一次值),M侧的保护装置及其二次回路正常,请分析保护拒动可能的原因。此时变压器什么保护可能动作?

5.16 某型号的纵联方向保护装有正向动作的方向元件和反向动作的方向元件。试分析:当题5.16图中k点发生故障时,故障线路两侧和非故障线路两侧这两个方向元件的动作行为。

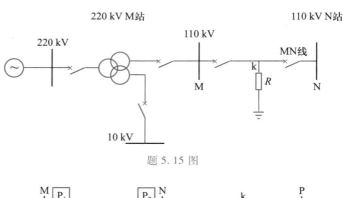

题5.15图

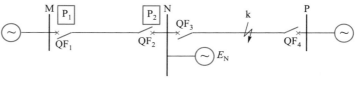

题5.16图

5.17　为什么在距离保护的振荡闭锁中采用对称开放或不对称开放?

5.18　电力系统振荡和短路的区别是什么?

5.19　什么叫大接地电流系统? 当该系统发生接地短路时,零序电流分布取决于什么?

5.20　小接地电流系统当发生单相接地故障时,其电流、电压有何特点?

5.21　纵联保护在电网中的重要作用是什么?

5.22　如题 5.22 图所示,已知 k_1 点最大三相短路电流为 1 300 A(折合到 110 kV 侧),k_2 点的最大接地短路电流为 2 600 A,最小接地短路电流为 2 000 A,1 号断路器零序保护的一次整定值为Ⅰ段 1 200 A,0 s;Ⅱ段 330 A,0.5 s。计算 3 号断路器零序电流保护Ⅰ、Ⅱ、Ⅲ段的一次动作电流值及动作时间(取可靠系数 $K_{rel}=1.3$,配合系数 $K_{co}=1.1$)。

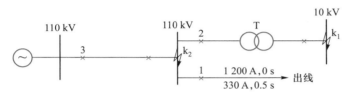

题 5.22 图

5.23　如题 5.23 图所示,在 100 MV·A 基准容量条件下,系统 S 的等值正序阻抗(标幺值,下同)为 0.007,等值零序阻抗为 0.008。(注:最大运行方式与最小运行方式皆用此值);MN 线路采用平行双回线,单回线正序阻抗 Z_1 为 0.005,零序阻抗 $Z_0=3Z_1$,双回线零序互感抗为 $Z_{0m}=2Z_1$。N 母线上接有一台 220 kV 三绕组降压变压器,容量为 240 MV·A,其低压侧无电源。变压器的高压侧、中压侧、低压侧绕组等值阻抗标幺值,分别为 0.05、0、0.1。110 kV 系统的等值正序阻抗(标幺值,下同)为 0.2,等值零序阻抗为 0.27(注:最大运行方式与最小运行方式皆用此值)。计算保护 1 接地距离保护Ⅰ段定值,要求对整定原则加以简要说明。

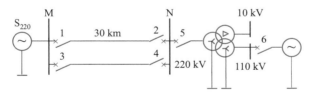

题 5.23 图

第6章 主设备保护

在电力系统中,较大容量的变压器、发电机、较高电压等级母线设备等,通常被称为主设备。一旦主设备发生故障,就有可能对自身造成严重的损坏,并对电力系统的供电可靠性、稳定性带来严重的影响。因此,需要为这些主设备配置较为完善的继电保护功能。本章重点围绕大型发电厂及地区变电所的电力主设备,介绍相应的保护原理、技术及相关应用。同时,介绍一些常用的中低压设备继电保护。

6.1 概述

6.1.1 思维导图

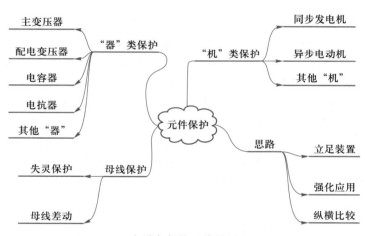

主设备保护思维导图

第 5 章电网保护主要介绍的是输电与配电线路等电力网络的保护,严格地说,线路属于电力设备。本章中所介绍的设备,主要指变压器、发电机、母线、电动机、电抗器、电容器等。电力设备与电力网络在概念上应有所区别。

"机"类设备由于存在转子,其运行特性相对于"器"类设备更为复杂。但"机"类设备也存在静止部分(如定子),因此两类保护在原理上存在许多共通之处。另一方面,容量大、重要的"机""器"保护与容量小、次要的"机""器"保护相比,更为复杂,本章将在说明原理之前,先进行保护配置的介绍。

由于保护原理比较抽象,本章将结合具体的装置,进行原理说明,并对各装置的具体应用难点进行分析研究,对各种保护原理之间的异同加以比较。

学习中应先掌握继电保护所面临的"外势"。除考虑短路类故障之外,尽可能多地适应电力系统异常运行状态,如断线及非全相运行、电动机自起动、变压器励磁涌流、电力系统振荡等因素对保护的影响。

主设备继电保护的首要任务是保障电力系统整体的安全稳定运行,及时灵敏地反应各元件内部故障,将故障元件从电力系统中切除,同时尽可能降低故障对元件造成的损害。

6.1.2　主变压器保护

此处,在变压器之前冠以"主"字,意思是将保护对象限定为高压侧电压为110 kV 及以上较高电压等级的降压变压器,或者是大型发电厂中的升压变压器、启动备用变压器等"大家伙",其主要特点是电压等级高、容量大。

变压器的故障可以分为油箱内故障和油箱外故障两种。油箱内故障包括绕组的相间短路、接地短路、匝间短路等;对变压器来说,这些故障都是十分危险的,因为发生油箱内故障时将产生巨大的热量,引起绝缘物质的剧烈汽化,可能引起爆炸。油箱外故障主要是套管和引出线上发生相间短路和接地短路。针对上述故障,变压器的主保护需要快速地做出反应。

电力系统中的各种异常运行状态也将对于变压器的正常运行造成间接的影响,有可能威胁到变压器"健康"。不正常运行状态主要包括:变压器外部故障、变压器过负荷、油箱内油面降低、过励磁故障。针对上述故障,需要配置各种不同变压器的后备保护及反应变压器异常状态的保护。

以下对变压器的主保护、后备保护、反应变压器异常状态的保护三类不同保护的配置及主要功能进行简要说明。

1. 主保护

(1)瓦斯保护,变压器的主保护之一,用于反应主变压器油箱内的各种故障以及油面的降低。"瓦斯"意为"气体",瓦斯保护反应油箱内部故障所产生的气体或油流的变化而动作,其中"轻瓦斯"保护反应内部轻微故障,动作于信号,"重瓦斯"保护反应严重故障,动作于跳开变压器各个侧的断路器。瓦斯保护是变压器的主保护之一,属于变压器"骨灰"级的保护,历史最悠久。

(2)纵联差动保护,变压器的主保护之二,利用纵联差动原理反应变压器绕组、套管及引出线上的各类短路故障,保护动作后,跳开变压器各个侧的断路器。

瓦斯保护与纵联差动保护是变压器的主保护。

2. 后备保护

(1)相间短路后备保护。相间短路后备保护是反应变压器保护范围内部的相间短路故障的主保护的后备保护,其动作带有延时。一般配置普通过电流保护或复合电压闭锁的过电流保护。对于升压变压器和系统联络变压器,也可采用阻抗保护。主变压器两侧一般都配置相间短路后备保护,且都设有功率方向元件,在条件允许的情况下,相间短路后备保护还兼作变压器保护区外其他保护,如升压变压器高压侧的线路保护的后备保护。因此各段保护正方向可能设置为指向变压器侧,也有可能设置为指向系统侧。

(2)接地短路后备保护。接地短路后备保护是指反应变压器保护范围内部的接地短路故障的主保护的后备保护,其动作带有延时。主要反应变压器高压

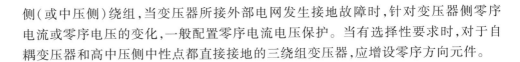

侧（或中压侧）绕组，当变压器所接外部电网发生接地故障时，针对变压器侧零序电流或零序电压的变化，一般配置零序电流电压保护。当有选择性要求时，对于自耦变压器和高中压侧中性点都直接接地的三绕组变压器，应增设零序方向元件。

3. 反应变压器异常状态的保护

（1）过负荷保护。主变压器需要配置过负荷保护以反应变压器的过负荷状态。过负荷保护采用过电流原理，一般经过较长延时动作于告警信号以提醒运行人员加以适当处置。

（2）过励磁保护。对于某些超高压变压器，应装设专门的过励磁保护用于反应系统频率降低和电压升高时引起变压器工作磁通密度过高这种不正常的工作状态。

（3）其他保护。对于变压器温度及油箱内压力升高和冷却系统故障，应装设作用于信号或动作于跳闸的装置。

6.1.3　大型发电机保护

大型发电机的安全运行对保证电力系统的正常工作和电能质量起着决定性作用，同时发电机本身也是一个十分贵重的元件。与变压器、母线等设备不同的是，发电机属于旋转设备，由定子和转子两大部分组成，因而发电机故障又分为定子故障和转子故障。故障类型主要有：定子绕组相间短路、定子绕组匝间短路、定子绕组单相接地、励磁绕组一点接地或两点接地、转子励磁回路励磁电流急剧下降或消失等。异常工作情况主要有：潮流变化引起的对称性过负荷；由于外部不对称短路或负荷不对称而引起的发电机负序过电流和不对称过负荷；由于突然甩负荷引起的发电机过电压；励磁回路故障；转子绕组过负荷；发电机逆功率运行等。

大型发电机所配置的保护种类繁杂，名目众多。反应故障与不正常工作状态的保护主要有纵联差动保护、定子绕组匝间短路保护、定子绕组单相接地保护、转子绕组接地保护、过电流与过负荷保护、失磁保护、失步保护、发电机异常运行保护等。建议学习发电机保护时，参考一些大型发电机变压器组保护装置的技术说明书，这些说明书的内容包括保护的整体配置、保护原理及整定值建议。

1. 大型发电机保护的动作行为

大型发电机的各种保护的动作行为应根据故障和异常运行方式的性质进行区分。

（1）停机，或称全停，下简称跳闸。有三项内容：其一是断开发电机断路器（或变压器高压侧断路器），使发电机与电力系统脱离，即解列；其二是将发电机转子绕组中的磁场能量尽快地减小到最低程度，即灭磁；其三是关闭发电机的能源供给，如对汽轮发电机关闭主气门，对水轮发电机关闭导水翼。对汽轮发电机，全停等同于解列灭磁、快速关闭主气门。这种行为显得简单粗暴，对发电机的损害也最大。

（2）解列灭磁。对发电机的损害次之，只有两项内容，即解列和灭磁，此时主气门不关闭,汽轮机切除所带负荷(工程上称为甩负荷)。

(3)解列。对发电机的损害再次之,只有"解列"一项内容,不"灭磁",汽轮机只"甩负荷"。

(4)程序跳闸。对发电机的损害再次之,是相对于停机的一种慢操作,如对于汽轮发电机,首先慢速关闭主气门,待逆功率继电器动作后,再实施解列、灭磁;对于水轮发电机,首先将导水翼关到空载位置,再实施解列、灭磁。

(5)缩小故障影响范围。例如双母线系统断开母线联络断路器,适用于两台机组并联运行的情况,以保全非故障机组的正常运行。

(6)减出力。将原动机出力调减到给定值,如调小汽轮发电机气门开度。

(7)告警,又称信号,只发出声光信号,不跳闸。

2. 定子故障主保护

(1)纵联差动保护。发电机纵联差动保护用于反应发电机定子绕组的相间短路和发电机出口至断路器连接导线的相间短路。主要分为发电机(或发电机-变压器组)完全纵联差动保护、不完全纵联差动保护。按比率制动特性区分,可分为固定斜率与变斜率两种。

(2)匝间短路保护。在发生匝间短路后,若不能及时处理,则可能发展成为相间故障,造成发电机重大损坏。该保护用于反应发电机定子绕组匝间短路或断线类型的故障。动作原理主要有零序电流型横联差动(简称横差,下同)保护、裂相横联差动以及纵向零序过电压保护等。

3. 反应故障的后备保护

(1)定子相间短路后备保护。反应发电机定子绕组相间短路和发电机出口至断路器连接导线相间短路,作为差动保护的后备。其原理主要有普通过电流保护(多与过负荷保护合并)、负序过电流保护、复合电压闭锁过电流保护等。

(2)定子绕组单相接地保护。发电机定子中性点采用非直接接地运行方式,因此,发电机的定子绕组发生单相接地时,接地电流是非常微小的。该保护用于反应发电机定子绕组单相接地故障。主要采用零序电压和三次谐波电压构成100%定子接地保护,动作于告警或跳闸。

(3)励磁绕组接地保护。发电机励磁回路装设于发电机转子上。该保护用于反应发电机转子绕组(或称转子绕组,励磁回路)在运行中发生的一点或两点接地现象。其中一点接地保护,动作于告警;两点接地保护,经延时动作于跳闸。

4. 反应过负荷(过电流)保护

现场习惯将反应电流有较少增量而动作于告警的电流类保护称为过负荷保护,而将反应电流有较大增量而动作于跳闸的电流类保护称为过电流保护,以示区别。

(1)定子绕组对称过负荷保护。反应由对称负荷引起的发电机定子绕组过电流,是发电机的定子过热保护。该保护分为两个部分,其一为定子定时限过负荷保护,动作于告警;其二为反时限过负荷保护(即过电流保护),动作于跳闸。

(2)励磁绕组过负荷保护。在励磁回路中设置的过电流保护可分为两个部分,其一为励磁绕组定时限过负荷保护,动作于告警;其二为反时限部分(即过电流保护),动作于跳闸。

(3)转子表层过负荷保护。反应由不对称过负荷或外部不对称短路而引起的转子表层过负荷。由两部分组成,一是定时限过负荷保护,动作于告警;二是反时限过电流保护,动作于解列或程序跳闸。

5. 失磁保护与失步保护

失磁保护是指反应励磁回路故障而引起励磁消失,发电机过渡到异步运行状态的保护。多采用阻抗判据为主要判据,辅助以转子低电压判据、发电机端低电压判据、系统低电压判据及过功率判据等。动作于励磁切换、发电机减出力或程序跳闸。反应发电机处于失步保护运行状态的保护称为失步保护。多采用阻抗判据为主要判据,当失步运行时间超过整定值或振荡次数超过规定值时,保护动作于解列。

6. 异常运行保护

(1)励磁绕组过电压保护。与变压器过励磁保护类似,有定时限与反时限两种。动作于信号、降低励磁电流、解列、灭磁或程序跳闸。

(2)频率异常保护。发电机如工作频率过高或过低,都有可能造成发电机的损坏,该保护用于反应发电机频率异常状态,动作于告警或跳闸。

(3)逆功率保护。发电机失磁、汽轮机的主汽门关闭或其他某种原因,发电机有可能变为电动机运行,即从系统中吸取有功功率,即逆功率。长期逆功率运行对汽轮机的叶片不利。发电机逆功率保护主要保护汽轮机不受损害。保护动作于告警或跳闸。

(4)定子绕组过电压保护。当运行的发电机突然甩负荷或者带时限切除发电机较近的外部故障时,发电机端电压会异常升高。发电机过电压保护是防止输出端电压升高而使发电机绝缘受到损害的保护。保护动作于告警或跳闸。

(5)起停机保护。有些情况下,由于操作上的失误或其他原因使发电机在起动或停机过程中有励磁电流,而此时发电机正好存在短路或其他故障,发电机的频率较低。该保护作为发电机在低工频工况下的辅助保护,防止继电保护因频率降低而无法正确动作。保护动作于跳闸。

(6)误上电保护。若不具备并列条件,将发电机与系统相连,称为误上电。误上电时,逆功率保护、失磁保护、某些后备保护可能会动作,但动作时间长,不能起到保护作用,需专用的误上电保护反应该异常行为,并动作于跳闸。

(7)断路器闪络保护。该保护反应断路器主触头并未全部断开,或断开不到位的情况,动作于灭磁。同时,启动断路器失灵保护。

(8)发电机端断路器失灵保护。该保护反应保护已发出跳闸命令而发电机端的断路器主触头并未全部断开,或断开不到位的情况,动作于主变高压侧的断路器,并同时启动厂用电切换功能。

6.1.4 中低压设备保护

本小节将介绍常用的配电变压器保护、电动机保护、并联电容器保护等。

在用电过程中,通常会遇到两种类型的配电变压器故障。一种是由于负载量过大或线路短路等造成的外部故障;另一种是由几个绕组之间的短路以及铁心的绕组损耗所引起的内部故障。一旦配电变压器发生故障,不管是内部故障还是外部故障,都应该及时采取措施将其消除。如果无动于衷,让配电变压器继续运行,不仅会缩短配电变压器的使用期限,还会导致故障恶化,变得更加严重,达到一定程度时就可能会导致安全事故的发生。

1. 配电变压器保护

配电变压器的能量来自单侧电源网络。高压侧电压等级较低,最常见的电压等级为 10 kV,低压侧多为 0.4 kV。容量不超过 6 300 kV·A,目前多采用干式变压器。因此配电变压器与主变压器不同,一般"享受"不到装设纵联差动保护的待遇。干式配电变压器箱内没有油,瓦斯保护无用武之地。

装设于高压侧的保护主要以反应相间故障的阶段式电流保护、过负荷保护为主体。配电变压器低压侧智能开关一般都具备相间过流及零序过流(漏电保护)脱扣功能,不再另装设专门保护。虽然 10 kV 配电变压器高压侧发生接地故障时的接地电流微弱,但配电变压器一般也会配置反应接地故障的零序电流保护。

总之,配电变压器高压侧装设的保护与配电线路保护基本类似,本章不再单独介绍相应保护原理。

2. 电动机保护

发电机与电动机都属于旋转设备,但电动机保护配置相对简单,主要反应定子绕组电气量的变化。电动机内部故障大体上可以分为绕组短路和轴承损坏两个方面。绕组短路包括定子绕组的相间短路、单相匝间短路、接地短路以及笼型转子断条等故障,这些故障将损坏电动机,造成供电网络电压降低,连累其他用电设备。另一方面堵转即转子卡塞,转差率增加,是电动机的特色故障,最严重堵转即停转,将会带来严重后果。一般认为最恶劣情况是电动机投入时的起动电流为 6～8 倍额定电流,并持续一段时间(一般为 10～20 s)。故在保护原理设计及整定时,应考虑这一因素。

对于 2 MW 及以下容量的异步电动机,主要配置的保护有:

(1)阶段式电流保护。反应电动机定子绕组及其供电电缆相间短路故障,动作于跳闸。

(2)零序电流保护。反应电动机定子接地故障,延时动作于告警和跳闸。零序电流可通过外接或自产获得,在大多数情况下,为了检测较低的接地电流,需要通过专门零序电流互感器来获取零序电流。

(3)负序电流保护。非全相运行或不对称短路时的负序电流量增加而动作的保护,动作于跳闸。

(4)起动时间过长保护。作为电动机起动时间过长的保护,延时动作于跳闸。

(5)堵转保护。作为电动机发生堵转的保护,多采用正序电流保护判据,延时动作于跳闸。

(6)过热保护。反应电动机的发热情况,综合反应正、负序电流热效应的过热保护,多采用反时限,延时动作于告警和跳闸。

(7) 低电压保护。电源电压过低或切除外部故障后电压迅速恢复时,为防止多台电动机同时自起动造成电源电压进一步降低,进而导致重要电动机自起动困难,可在次要电动机或不需要自起动的电动机上装设低电压保护。当电压过低时,延时动作于跳闸。

电动机常见异常工况的发生不能只归咎于电动机的自身原因或电动机的内部故障,但它们是造成电动机故障的直接起源或初始故障源,因此要求对这些异常工况进行监测,并在必要时使电动机保护动作。

对于 2 MW 及以上异步电动机,为了保证电动机保护的灵敏性和选择性,也可根据需要装设差动类保护,其他保护类似。而对于更大容量的同步电动机,由于结构复杂,造价高,且工作频率需要与电网频率保持一致,因此与异步电动机相比需要加装低频率保护、非同步冲击保护和失步保护。

3. 并联电容器保护

并联补偿电容器组主要用于变电站的无功补偿,并联补偿电容器组多接成单星形、双星形及三角形。在容量较大的电容器组中,为了限制高次谐波对电容器组的损坏,在电容器组中串联小电抗器。

电容器组可能发生的故障有:

(1) 电容器组和断路器之间连接线短路及电容器组内部连接线上的相间短路故障;

(2) 电容器组的单相接地;

(3) 电容器内部极间故障;

(4) 电容器组中多台故障电容器切除后引起的过电压。

电容器组可能出现的不正常运行状态有:

(1) 电容器组过负荷;

(2) 电容器组的供电电压升高;

(3) 电容器组失压。

针对以上故障,并联补偿电容器组一般配置限时电流速断保护、过电流保护、不平衡电流保护、过电压保护、低电压保护等。

6.2　变压器的保护原理

PPT 资源:
6.2 变压器
保护原理

6.2.1　电气量的获取

图 6-2-1 为一个典型的 220 kV 三绕组主变压器保护的 CT/PT 配置接线图,以此为例,说明变压器保护装置为了实现保护功能,需要接入哪些电气量。图中 CT 代表电流互感器,PT 代表电压互感器,为现场常用的称呼。图中高压侧 (220 kV)、中压侧(110 kV)均采用双母线接线、低压侧(10 kV)采用单母分段接线形式的三相三绕组变压器。

与保护采集的模拟量相关的 CT、PT 主要包括:

(1) 高压侧。高压侧外附电流 CT(区别于变压器自带 CT)、高压侧母线电压

PT、高压侧中性点零序电流 CT、高压侧间隙电流 CT。

（2）中压侧。中压侧外附电流 CT（区别于变压器自带 CT）、中压侧母线电压 PT、中压侧中性点零序电流 CT、中压侧间隙电流 CT。

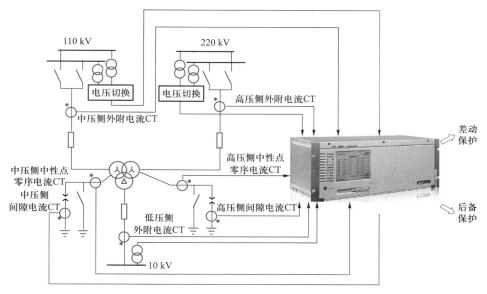

注：母线附近的变压器符号是 PT，图中未标出。

图 6-2-1　典型的 220kV 三绕组主变压器保护的 CT/PT 配置接线图

（3）低压侧。低压侧外附电流 CT（区别于变压器自带 CT）、低压侧母线电压 PT。

通过合理的设计与施工，上述 CT、PT 的次级（二次侧）通过电流、电压回路二次接线，与保护装置连接在一起。这一工作是保护正确动作的重要保障。

高、中、低三侧 CT 电流正确接入保护装置以完成纵差动保护功能。同时，各个侧的电压也接入保护装置量值相互组合，以实现复合电压闭锁过流保护、零序电压电流保护、间隙零序电流保护等功能。

顺便指出，当母线为双母线接线时，还需要配套一台电压切换装置，由工作母线电压提供给保护装置。

数字式变压器装置硬件外观示例请见本节二维码阅读资料。

330 kV 及以上电压等级的自耦变压器多采用分相差动保护、分侧差动保护和小区差动保护请见本节二维码阅读资料。

6.2.2　纵联差动保护的基本原理

变压器纵联差动保护又称为变压器纵差保护，其基本原理与线路纵联差动保护的原理类似，当变压器内部发生短路故障使得差动电流有明显变化时，保护动作；在系统正常运行或发生外部故障时，保护不会动作。

1. 差动电流

以双绕组理想变压器为例，如图 6-2-2 所示。图中，$\dot{I}_{1.p}$ 为流入变压器的电流相量一次值。

阅读资料：6.2.1.1 数字式变压器装置硬件外观示例

阅读资料：6.2.1.2 分相差动保护、分侧差动保护和小区差动保护简介

视频资源：6.2.2 纵联差动保护的基本原理

变压器各个侧通过电磁感应相互联系，除自耦变压器外，各个侧并没有直接的电气连接，变压器只能从广义上被认为是一个电气节点，总体符合能量守恒定律。一次电流 $\dot{I}_{h.p}$、$\dot{I}_{l.p}$ 表示的差动电流一次值的表达式为

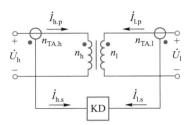

图 6-2-2 双绕组理想变压器差动保护配置示意图

$$I_{d.p} = |\dot{I}_{h.p} + \dot{I}_{l.p}/k_T| \qquad (6-2-1)$$

式中，k_T——变压器的变比。

注意两侧一次电流参考方向均指向变压器，差动电流取为两侧电流相量"和"的幅值，并非简单的数值相加。当变压器正常运行或在变压器差动保护区外（即图 6-2-2 两个电流互感器之外侧）发生故障造成任意相电流升高时，$\dot{I}_{h.p}$ 与 $\dot{I}_{l.p}/k_T$ 若幅值相等，相位相反，则差动电流 I_d 为零。而在图 6-2-2 所示虚线以内故障的情况下，$\dot{I}_{h.p}$ 与 $\dot{I}_{l.p}/k_T$ 之相量"和"应为故障总电流的一次值。

为叙述方便，在工程中"差动电流"常简称为"差流"。

2. 数值补偿

由图 6-2-2 可见，变压器高、低压侧一次电流的大小与变压器原高、低压侧绕组匝数 n_h、n_l 有关。保护装置位于二次侧，计算得到的是二次差动电流。如在正常运行时，$\dot{I}_{h.p}$ 与 $\dot{I}_{l.p}/k_T$ 幅值相等，相位相反，$I_{d.p}=0$，反应一次电流差异（difference）的"天平"是端正的，此时二次侧的"天平"需要"校准"，力图使得二次差动电流也为 0。如图 6-2-2 所示，流入差动保护的二次电流为 $\dot{I}_{h.s}$、$\dot{I}_{l.s}$，对应的电流互感器的变比为 $n_{TA.h}$、$n_{TA.l}$。由式（6-2-1）对应 $I_{d.p}=0$，推导可得

$$I_{d.p} = |\dot{I}_{h.p} + \dot{I}_{l.p}/k_T| = |n_{TA.h}\dot{I}_{h.s} + n_{TA.l}\dot{I}_{l.s}/k_T| = 0 \qquad (6-2-2)$$

等式两边除以 $n_{TA.h}$，二次差动电流 $I_{d.s}$ 的值为

$$I_{d.s} = \left| \dot{I}_{h.s} + \frac{n_{TA.l}}{n_{TA.h}k_T}\dot{I}_{l.s} \right| = 0 \qquad (6-2-3)$$

可见，如以高压侧二次电流 $\dot{I}_{h.s}$ 为基准，必须对 $\dot{I}_{l.s}$ 乘以一个系数，才能使二次差动电流 $I_{d.s}$ 为 0，该系数被称为平衡（balance）系数 K_{bal}，下标以 bal 表示，有

$$K_{bal} = \frac{n_{TA.l}}{n_{TA.h}k_T} \qquad (6-2-4)$$

可见，变压器高、低压侧二次电流大小与变压器绕组匝数和电流互感器变比有关，所以平衡系数由变压器绕组匝数和电流互感器变比确定。为防止折算时混淆，工程中一般将变压器高压侧二次电流定为参考量，只对低压侧二次电流乘以平衡系数。

对于三绕组变压器，其计算平衡系数的思路与双绕组类似。假设中压侧或低压侧绕组空载，分别计算高压侧对低压侧、高压侧对中压侧的平衡系数。有的装置在计算平衡系数时，还要考虑电流互感器的接线系数。总之，当一次差动电流为零时，对二次差动电流进行平衡调整的最终目标是差动电流也为零。

在先进的数字式变压器差动保护中，平衡系数是自动计算得出的，不需要整

定计算。用户只要如实准确地输入各个侧变压器的变比和接线组别、电流互感器的变比和接入方式等信息,装置会自动进行二次电流的平衡调整,保证正常运行时差动电流接近于零。

3. 相位补偿

视频资源:
6.2.2.3 相
位补偿

以上分析的是一个单相的双绕组理想变压器,实际上,纵差动保护是分相别进行设置的,共有 A、B、C 三相分相差动。电力系统中变压器存在接线组别的变化。例如,对于双绕组降压型主变压器,常采用 Y,d11 等接线组别,该变压器两侧同相的一次电流存在相位角差,正常运行状态下,该相位角差将造成差动电流 I_d 不为零,因此必须采用"相位补偿"措施,将差动保护的"天平"重新调平。

在工程应用中,相位补偿有外转角与内转角两种补偿方式。下面以 Y,d11 等接线组别变压器为例说明,所谓外转角,即将高压侧 A 相电流互感器的极性端与 B 相电流互感器的非极性端相连,B 相电流互感器的极性端与 C 相电流互感器的非极性端相连,C 相电流互感器的极性端与 A 相电流互感器的非极性端相连,从而构成一个三角形连接。分别从各个相的极性端引出电流,低压侧电流互感器仍以星形方式接入保护。这种外转角方法广泛应用于传统变压器的差动保护中,这种方法的优点是流入差动继电器的电流是经过相位处理的,差动保护元件不再需要对输入的电流进行相位上的处理。这种方法的缺点是二次接线相对复杂,连接点多,且需要在室外的电流互感器端子箱中进行二次接线施工,对接线的正确性要求很高,电流互感器的极性正确性要求也很高。在长期运行过程中,经常会发生采用外转角时出现二次接线错误,造成保护误动作。因此,外转角目前已很少采用。本节主要介绍内转角。

仍以 Y,d11 等接线组别降压变压器为例说明。内转角是指变压器各个侧电流互感器二次接线均采用星形,由保护装置软件进行相位的调整,目的是正常运行时,使两侧差动电流相量处于一条直线上,且相位角差为 180°。

如图 6-2-3 所示,高压侧以流入变压器为电流正方向;低压侧以流出变压器

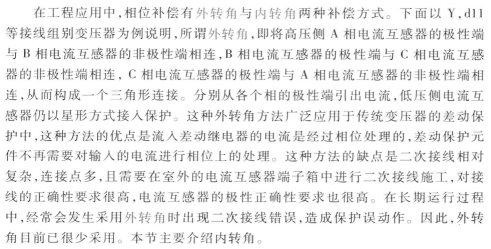

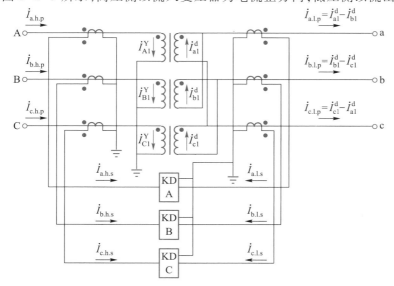

图 6-2-3　Y,d11 型变压器内转角相位补偿接线图

为电流正方向。图中，$\dot I_{a.h.p}$、$\dot I_{b.h.p}$、$\dot I_{c.h.p}$ 为高压侧一次电流，各个相电流分别与流入高压侧绕组的电流 $\dot I_{A1}^{Y}$、$\dot I_{B1}^{Y}$、$\dot I_{C1}^{Y}$ 相等。$\dot I_{a.l.p}$、$\dot I_{b.l.p}$、$\dot I_{c.l.p}$ 为低压侧流出一次电流，根据三角形接法的定义，$\dot I_{a.l.p}$、$\dot I_{b.l.p}$、$\dot I_{c.l.p}$ 在相位上分别超前绕组中的电流 $\dot I_{a1}^{d}$、$\dot I_{b1}^{d}$、$\dot I_{c1}^{d}$ 各 30° 相角。因此在正常运行时，低压侧电流 $\dot I_{a.l.p}$、$\dot I_{b.l.p}$、$\dot I_{c.l.p}$ 分别超前 $\dot I_{a.h.p}$、$\dot I_{b.h.p}$、$\dot I_{c.h.p}$ 各 30° 相角。

由图 6-2-3 结合互感器同极性原理可知，$\dot I_{a.h.s}$、$\dot I_{b.h.s}$、$\dot I_{c.h.s}$ 为高压侧流入差动保护的各个相电流，与一次电流同相位；$\dot I_{a.h.s}$、$\dot I_{b.h.s}$、$\dot I_{c.h.s}$ 为低压侧电流互感器流出电流。与该侧一次电流 $\dot I_{a.l.p}$、$\dot I_{b.l.p}$、$\dot I_{c.l.p}$ 反相位，即相差 180° 相角。由此，高压侧的各个相二次电流 $\dot I_{a.h.s}$、$\dot I_{b.h.s}$、$\dot I_{c.h.s}$ 分别超前低压侧 $\dot I_{a.h.s}$、$\dot I_{b.h.s}$、$\dot I_{c.h.s}$ 150° 相角，如图 6-2-4 所示。以 A 相为例，采用这种接法后，高压侧 A 相二次电流 $\dot I_{a.h.s}$ 相量在垂直方向上，以钟表刻度表示该方向，则该电流指向 12 点；低压侧 A 相二次电流 $\dot I_{a.l.s}$ 滞后于 $\dot I_{a.h.s}$ 150° 相角，则指向钟表刻度的 5 点。

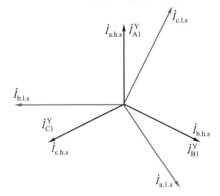

图 6-2-4　Y，d11 型变压器内转角时流入差动臂的电流相位关系示意图

针对该相角差异，在数字式保护中，可由继电保护软件通过算法进行调整，称为"内转角"。第一种方式是由星形侧向三角形侧（称 Y→Δ 转角）调整，即星形侧的各个相电流向逆时针方向转角 30°；第二种方式是三角形侧向星形侧（称 Δ→Y 转角）调整，即三角形侧的各个相电流向顺时针方向转角 30°。

当发生 Y→Δ 转角时，低压侧二次电流维持原状，高压转角公式为

$$\begin{bmatrix} \dot I'_{a.h.s} \\ \dot I'_{b.h.s} \\ \dot I'_{c.h.s} \end{bmatrix} = \frac{1}{\sqrt 3}\begin{bmatrix} 1 & -1 & 0 \\ 0 & 1 & -1 \\ -1 & 0 & 1 \end{bmatrix}\begin{bmatrix} \dot I_{a.h.s} \\ \dot I_{b.h.s} \\ \dot I_{c.h.s} \end{bmatrix} \qquad (6-2-5)$$

式中，$\dot I'_{a.h.s}$、$\dot I'_{b.h.s}$、$\dot I'_{c.h.s}$——折算后星形侧的各个相二次电流。

注意：转角并不是直接转动某相，而是采用两相电流差的方式。通过两相电流相减，在实现逆时针转动 30° 相角的同时，可以消除零序电流分量。这样做的目的是防止变压器区外发生接地故障时，变压器差动保护计算出差动电流而误动作。由于正常运行时两相电流相减后，幅值为相电流的 $\sqrt 3$ 倍，因此折算时要除以 $\sqrt 3$，即达到幅值不增加，而实现转角的效果。

仍以 A 相为例，高压侧 A 相电流减去其滞后相——B 相电流，除以 $\sqrt 3$ 得 $\dot I'_{a.h.s}$，将指向钟表刻度的 11 点，即与低压侧 A 相电流相差 180° 相角，也称反相。

注意：公式中的减法规律为超前相电流减去滞后相电流。

160

三相电流的转角效果如图 6-2-5 所示。折算后星形侧的各个相电流,分别与三角形侧对应相电流反相。

当发生 Δ→Y 转角时,高压侧转角公式为

$$\begin{bmatrix} \dot{I}'_{\text{a.h.s}} \\ \dot{I}'_{\text{b.h.s}} \\ \dot{I}'_{\text{c.h.s}} \end{bmatrix} = \begin{bmatrix} \dot{I}_{\text{a.h.s}} \\ \dot{I}_{\text{b.h.s}} \\ \dot{I}_{\text{c.h.s}} \end{bmatrix} - \begin{bmatrix} \dot{I}_0 \\ \dot{I}_0 \\ \dot{I}_0 \end{bmatrix} \tag{6-2-6}$$

式中,$\dot{I}_0$——折算后星形侧零序二次电流。低压侧为

$$\begin{bmatrix} \dot{I}'_{\text{a.l.s}} \\ \dot{I}'_{\text{b.l.s}} \\ \dot{I}'_{\text{c.l.s}} \end{bmatrix} = \frac{1}{\sqrt{3}} \begin{bmatrix} 1 & 0 & -1 \\ -1 & 1 & 0 \\ 0 & -1 & 1 \end{bmatrix} \begin{bmatrix} \dot{I}_{\text{a.l.s}} \\ \dot{I}_{\text{b.l.s}} \\ \dot{I}_{\text{c.l.s}} \end{bmatrix} \tag{6-2-7}$$

式中,$\dot{I}'_{\text{a.l.s}}$、$\dot{I}'_{\text{b.l.s}}$、$\dot{I}'_{\text{c.l.s}}$——折算后三角形侧的各个相二次电流。注意折算时,减法规律为滞后相电流减去超前相电流,幅值也要除以$\sqrt{3}$。仍以 A 相为例,低压侧 A 相的超前相为 C 相。折算后低压侧的 $\dot{I}'_{\text{a.l.s}}$ 方向将指向钟表刻度的 6 点,与高压侧二次电流相差 6 个钟点,实现了两侧电流反相的效果。三角形侧向星形侧相位转角后电流示意图如图 6-2-6 所示。折算后三角形侧的每相电流都与星形侧对应相的电流反相。

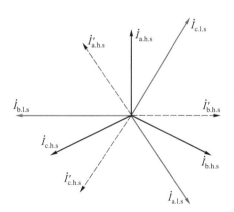

图 6-2-5　星形侧向三角形侧
相位转角后电流示意图

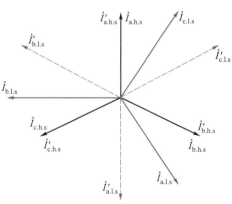

图 6-2-6　三角形侧向星形侧
相位转角后电流示意图

以下说明星形侧折算时减去零序电流量的原因。如图 6-2-7 所示,当星形→三角形接线变压器低压侧有电源,高压侧中性点接地,保护区外发生接地故障时,星形侧故障相电流将出现零序分量,高压侧接地故障相电流(标幺值)为 $\dot{I}_F$、$\dot{I}_1$、$\dot{I}_2$、$\dot{I}_0$ 为正序、负序和零序分量。基于三角形接线形式的特点,零序

图 6-2-7　三角形接线对电流影响示意图

电流会在三角形绕组中形成环流,变压器三角形接线侧电流互感器无法测得该

零序电流,所以应对装置采取措施,消除高压侧的零序电流。

对于星形→三角形转角,由于从星形侧通入各个相差动元件的电流分别为两相电流之差,已将零序电流滤去,故没必要再采取其他滤去零序电流的措施。对于三角形→星形转角的变压器纵差保护,星形侧需采取滤零措施。需要注意的是:对于接线为 YN,y 的变压器,YN 侧也需要滤去零序电流。同理,对于三绕组变压器,同样适合上述原则。

注意:① 上述转角方式只能选择一种;② 通过相量相减或单独减去零序分量的方式,适应零序电流无法穿越变压器的情况;③ 转角的同时,还要配合数据补偿,才能使正常时差动电流接近于零;④ 在正常运行及发生区外不对称故障时,该转角法都有效。

上述差动电流、数值补偿与相位补偿说明,围绕着“正常运行时,变压器差动电流为零”这一主题,目的是提高保护的灵敏性,即保护装置只要测得很小的差动电流,就能动作。但实际上,数值补偿与相位补偿并不能解决所有的问题。

6.2.3　励磁电流变化对差动保护的影响与对策

视频资源:
6.2.3 励磁电流变化对差动保护的影响与对策

影响差动保护正确动作的因素有很多,主要包括:

（1）Yd 型联结的变压器组存在相位偏移;

（2）励磁涌流、过励磁与电流互感器饱和;

（3）不同电压等级的 CT 型号、变比与特性不同;

（4）变压器自身变比的变化;

（5）电流互感器未完全匹配造成的误差。

差动保护性能的优劣主要体现在对于以上这些因素的处理技术方面。第（1）点问题前文已述,现介绍非周期分量部分,即励磁涌流、过励磁与电流互感器饱和对差动部分的影响。

1. 励磁涌流

对于变压器而言,为其提供工作磁场时所产生的电流叫做励磁电流（exciting current）。励磁涌流是一种励磁电流,但是被称为涌流（inrush current）的原因是在变压器投入运行之初或在外部故障切除后电压回升过程中,由于绕组感受电压的突然变化而引起的励磁电流突然增加的现象。励磁涌流影响的原理如图 6-2-8 所示。

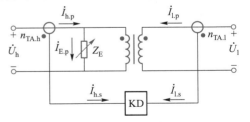

图 6-2-8　励磁涌流影响的原理

变压器正常运行时,铁心未饱和,励磁电流 $\dot{I}_E$ 很小,可以近似认为差动电流 I_d 为零。

以单相双绕组降压变压器为例,设低压侧空载条件下,高压侧绕组突然与电源相连（也称空载合闸、空投）。变压器线圈电压与磁通满足

$$u = \frac{\mathrm{d}\Phi}{\mathrm{d}t} \tag{6-2-8}$$

当空载变压器投入电源,忽略电阻和变压器漏抗,则有

$$\frac{\mathrm{d}\mathbf{\Phi}}{\mathrm{d}t} = U_{\mathrm{m}} \sin(\omega t + \alpha) \qquad (6-2-9)$$

$$\mathbf{\Phi} = -\mathbf{\Phi}_{\mathrm{m}} \cos(\omega t + \alpha) + \mathbf{\Phi}_0 \qquad (6-2-10)$$

其中暂态分量 $\mathbf{\Phi}_0$ 由合闸初始条件($t=0$)的铁心剩磁决定,则 $\mathbf{\Phi}_0$ 为

$$\mathbf{\Phi}_0 = (\mathbf{\Phi}_{\mathrm{m}} \cos \alpha + \mathbf{\Phi}_{\mathrm{r}}) \mathrm{e}^{\frac{-t}{\tau}} \qquad (6-2-11)$$

故铁心磁通 $\mathbf{\Phi}$ 表达式为

$$\mathbf{\Phi} = -\mathbf{\Phi}_{\mathrm{m}} \cos(\omega t + \alpha) + (\mathbf{\Phi}_{\mathrm{m}} \cos \alpha + \mathbf{\Phi}_{\mathrm{r}}) \mathrm{e}^{\frac{-t}{\tau}} \qquad (6-2-12)$$

式中,α——空载合闸时电源电压相角;

τ——时间常数,$\tau = L_{\mathrm{h}} / R_{\mathrm{h}}$,高压侧绕组的等效电感与电阻之比;

$\mathbf{\Phi}_{\mathrm{m}}$——稳态磁通量幅值;

$\mathbf{\Phi}_{\mathrm{r}}$——铁心剩余磁通。

由式 6-2-12 可知,如在空载合闸时电源电压初相角 $\alpha = 0$(即电压过零时合闸),则在 $t=0$ 时,变压器铁心磁通为剩余磁通 $\mathbf{\Phi}_{\mathrm{r}}$,而在半个工频周期 0.01 s 后,磁通将达到最大值 $\mathbf{\Phi}_{\mathrm{max}} \approx 2\mathbf{\Phi}_{\mathrm{m}} + \mathbf{\Phi}_{\mathrm{r}}$,远大于饱和磁通。若剩余磁通 $\mathbf{\Phi}_{\mathrm{r}} = 0.8\mathbf{\Phi}_{\mathrm{m}}$,铁心磁通 $\mathbf{\Phi}$ 将接近 $2.8\mathbf{\Phi}_{\mathrm{m}}$。

根据变压器铁心磁化曲线,当变压器进入磁通饱和状态后,变压器的励磁电流需要急剧增加,产生相应的磁通。励磁涌流可达额定电流的 6~8 倍,甚至更高,其涌流的大小与变压器内部故障时的短路电流相当。

如图 6-2-8 所示,在侧空载条件下,低压侧 $I_{\mathrm{l.p}} = 0$、高压侧母线突然带电造成励磁涌流 $I_{\mathrm{h.p}} = I_{\mathrm{E.p}}$,该电流只流过高压侧电流互感器,由式(6-2-1)可知,此时差动电流就是该励磁涌流,其值很大。

空载合闸本是正常操作,但如此大的电流只存在于变压器的一侧,另一侧电流为零,则纵差保护有可能出现误动!因此,在励磁涌流出现时,应闭锁纵联差动保护。

某变压器 A 相电压过零时空载合闸产生的励磁涌流仿真波形如图 6-2-9 所示。横轴为时间,单位为 s,在 0.2 s 时投入变压器,纵轴为电流,单位为 kA。由图 6-2-9 可知,励磁涌流存在以下特征:

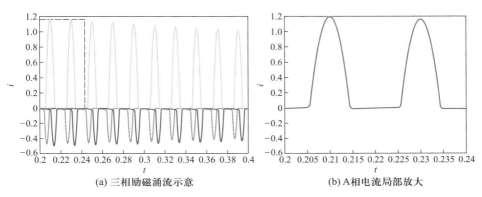

(a) 三相励磁涌流示意　　　　　(b) A相电流局部放大

图 6-2-9　空投变压器励磁涌流仿真波形图

(1)偏于时间轴一侧,见图 6-2-9(a),即涌流中含有很大的直流分量;

(2)波形是间断的,存在间断角,见图 6-2-9(b);

（3）由于波形间断，使其在一个周期内正半波与负半波不对称；

（4）励磁涌流是衰减的，见图 6-2-9（a），但在前几个周期内衰减并不明显。

除上述波形直观特征之外，经过信号分析可知，励磁涌流中含有很大的二次谐波分量，多数情况二次谐波分量占基波分量的 20% ～80%，甚至更大。抓住励磁涌流的部分特征，有利于通过技术手段，将励磁涌流与内部故障电流加以区别，防止它造成保护误动作。

空载合闸时，若变压器某电源电压初相角不为零，则励磁涌流的最大值不会出现，铁心中的剩余磁通有可能是正值也有可能是负值。上述因素的存在使得在每一次空载合闸过程中各个相励磁涌流的表现存在变化。另一方面，由于三相的初相角相差 120°，所以三相不可能同时出现非常高的励磁电流。供电电路和变压器的电阻及变压器的漏抗使励磁涌流峰值逐渐减小，最终衰减到正常励磁电流值。衰减时间常数从 10 个周波到 1 min（高感抗回路）不等。因为差动保护是主保护，要求无延时动作，所以不能通过增加保护延时来躲过励磁涌流。

励磁涌流除空载合闸时会出现，还会出现在发生故障或电压瞬时跌落过程中，当电压恢复正常时也可能产生励磁涌流。最严重的情况是三相变压器附近发生三相金属性外部短路，故障清除后，电压突然恢复至正常值，这也将产生励磁涌流。另一方面，当变压器进行并联运行操作时，有可能出现投入第二台变压器，使得已经带电的第一台变压器中产生励磁涌流，称为和应涌流。其主要原因仍是励磁涌流中的直流分量使第一台变压器铁心发生饱和，从而导致和应涌流的产生。当这个暂态电流叠加到第一台运行的变压器的励磁涌流时，将产生一个谐波含量很小的偏置对称全电流，在两台变压器中形成环流。因此，不能采取差动保护在空载合闸时退出的办法来躲避励磁涌流，也不能只依靠励磁涌流的某一片面特征来对其进行识别，必须使保护装置具有时时刻刻"提防"与"识别"励磁涌流的能力。

工程中常用的励磁涌流判别方法主要分为两种，一种是二次谐波判据，另一种是波形对称判据。

（1）二次谐波判据

二次谐波判据利用变压器励磁涌流差流波形含有丰富的二次谐波这一特征来进行励磁涌流判别。当差流中二次谐波含量大于设定的值时，判为励磁涌流闭锁差动保护。同时二次谐波判别存在多种方案，工程中常见的有三相**或**门闭锁方案、分相闭锁方案、综合相制动（综合相制动方案是三相差流中最大的二次谐波幅值与最大的基波幅值之比制动）方案、三取二闭锁（闭锁三相差流中任意两相二次谐波含量同时大于定值判为励磁涌流）方案等。

可靠性与灵敏性的矛盾是继电保护永久的话题，在闭锁判据的选择上也是如此。上述方案中，三相**或**门闭锁方案的闭锁性能最好，可以有效防止纵差保护励磁涌流的误动，但当空投变压器区内发生单相故障时，非故障相励磁涌流会闭锁纵差保护，导致纵差保护拒动。分相闭锁方案的闭锁性能最差，工程中出现空投变压器时，其一相绕组磁通饱和较严重，造成二次谐波含量低，导致纵差保护误动。但是该方案在空投变压器区内发生单相故障时，不会受非故障相励磁涌流影响，纵差保护能够正确动作。

综合相制动方案和三取二闭锁方案均为交叉制动闭锁,闭锁纵差保护性能介于三相**或**门闭锁方案和分相闭锁方案之间。其本质均是引入了变压器饱和较浅相的二次谐波来制动饱和较深二次谐波含量低的相别。交叉闭锁方案能有效防止空投时只有一相二次谐波含量低的情况,但工程中空投主变压器较少出现两相同时二次谐波含量低的情况,虽不能完全防止励磁涌流差动保护误动,但对于大多数空投主变压器的效果是很好的。由于交叉制动闭锁同时能够有效防止三相**或**门闭锁方案空投故障时的拒动,所以交叉制动闭锁方案是目前工程上广泛使用的励磁涌流闭锁方案。

（2）波形对称判据

波形对称判据是利用故障时差流基本是工频正弦波,上半波与下半波对称,而励磁涌流因有大量的谐波分量存在,可利用波形畸变间断的不对称特征进行判别。不对称公式如下:

$$\left|\frac{i_d(i)+i_d(i-\pi)}{i_d(i)-i_d(i-\pi)}\right| \geq f_{op} \qquad (6-2-13)$$

如式（6-2-13）所示,将差流波形的前半周和后半周进行对称性比较,i_d 为采样点差流。区内故障的理想电流波形不对称公式计算值为0,而励磁涌流波形会有多个点不对称计算,其值较大,高于不对称门槛,不满足对称性,可以区分区内外故障和励磁涌流。波形对称判据同样有三相**或**门闭锁方案、分相闭锁方案和三取二闭锁方案三种。空投效果分析同上述二次谐波判据的分析,此处不再重复叙述。

2. 过励磁

空载合闸造成的励磁涌流在所有的变压器中都会出现。而过励磁现象只在220 kV 及以上电压等级的大容量变压器中才会出现。由于大型变压器工作磁通已接近饱和,一旦变压器电压升高或频率降低均容易使铁心饱和,变压器的铁心将会由于饱和而发热,最终造成变压器损坏。

发电机的变压器直接与发电机端子连接,容易发生过励磁。原因是变压器的电压和频率受制于所接发电机的电压和频率的变化,特别是在发电机的起动过程中。变压器励磁电流的谐波成分通常为奇次谐波。典型变压器励磁电流包括额定电流值52%的基波电流、26%的三次谐波电流、11%的五次谐波电流以及7%的七次谐波电流等。然而,继电器的动作特性在这样的电流下与变压器的过励磁限制特性不匹配。因此,利用变压器差动保护作为过励磁保护是不可行的。另一方面,当过励磁导致差动保护动作时,将混淆事后对事故的调查。对于大型变压器,过励磁的危害不可忽视,应配置专用的过励磁保护,同时其差动保护在过励磁时不应动作,理由如前所述。

与变压器励磁涌流类似,变压器发生过励磁时会产生大的差流,有可能引起纵差保护误动。但是,在变压器过励磁电流未达到损害变压器水平值前,差动保护应正常工作。因此,大型变压器应该配置过励磁保护,而不是用差动保护。变压器发生过励磁时,差流中通常含有大量的五次谐波,通过判别五次谐波含量的大小可判别出变压器是否发生过励磁,当五次谐波含量大于定值时,闭锁纵差保护。

3. 电流互感器饱和

与变压器差动保护相关的电流互感器如果出现磁通饱和(简称 CT 饱和)，将有可能引发以下问题：

- 当发生变压器区外故障时，CT 饱和使电流在传变过程中畸变，从而导致差动保护误动作。
- 当发生变压器区内故障时，CT 饱和产生二次电流中的谐波会导致变压器差动保护延时动作。

工程中常用的电流互感器饱和判别方法主要分为两种：一种是同步识别判据，另一种是小区无差流判据。

(1) 同步识别判据。当发生变压器区外故障时，大电流导致电流互感器的铁心饱和，饱和后电流互感器无法正确传变一次电流而产生差流。电流互感器不会在加入故障大电流时瞬时饱和，磁通饱和需要时间累积，在铁心饱和产生差流之前相电流已明显增大，所以区外故障导致电流互感器饱和时，相电流突增时刻早于差动电流突增时刻，两者不是同时突变，而发生区内故障时相电流和差动电流突变同时发生。通过分析相电流的增大与差动电流的增大是否同步(即同步识别法)可以判别是否是由区外故障引起的电流互感器饱和，若二者不同步则判为区外故障引起的电流互感器饱和，应采用闭锁纵差保护，以防止纵差保护误动。

(2) 小区无差流判据。小区无差流判据是根据电流互感器饱和时差流的特征来进行电流互感器饱和的判别。当发生区外故障时，大电流导致电流互感器的铁心饱和，饱和电流互感器在一次电流过零点附近会退出饱和，即在过零点附近时间段内仍然能够正确传变一次电流。在电流互感器能够正确传变的时间窗内，发生区外故障时不会产生差流，而在饱和时由于无法正确传变一次电流，区外故障会产生差流，因此差流波形是不连续的，差流波形会出现差流为零的间断区域即小区无差流区域。变压器保护技术要求无差流时间区域一般为不小于 5 ms，变压器差动保护能够有效防止电流互感器线性传变时间大于 5 ms 的区外故障电流互感器饱和误动。根据电流互感器饱和时差流的特征，通过检测差流波形中为零的点数来识别出区外故障电流互感器饱和。当检测到的无差流点数大于设定门槛时，认为是区外故障引起的电流互感器饱和，采用闭锁纵差保护防止误动。

对于变压器的转角或变比所产生的不平衡电流，可以通过相应的技术手段加以躲避或者消除。除此之外，在变压器正常运行或发生外部故障时，差动回路中仍将有因励磁电流变化造成的不平衡电流。

综上所述，励磁涌流、过励磁、电流互感器饱和等因素有一个共性特征——变压器或互感器铁心饱和造成传变出现困难。在图 6-2-8 中励磁电流 $I_{E,p}$ 变得很大，可以理解为变压器(互感器)的内耗突然增加，使得差动电流 I_d 变大，且电流中非周期分量及谐波成分较大，而数字式保护采用谐波制动、波形比较等方法加以闭锁。这些问题得以有效处理后，差动保护动作特性设计只需要考虑工频量值的不平衡电流即可区分区内故障和区外故障。

6.2.4 工频不平衡电流与比率制动特性

相位补偿、数值补偿、励磁涌流等非周期分量影响等问题,在前文已解决,余下的三个影响因素需要通过比率制动特性加以解决。这三个因素可描述为:变压器各个侧电流互感器特性不一、带负荷调节分接头和变比标准化。

视频资源:
6.2.4 工频
不平衡电流
与比率制动
特性

1. 工频不平衡电流

在变压器正常运行或发生外部故障时,有能量"穿越"变压器,对应于工频(50 Hz)形式的穿越电流 I_{cro},或称稳态穿越性电流,差动回路中将有的不平衡电流 I_{unb} 出现。主要有以下三种因素。

(1)变压器各侧电流互感器励磁特性不一致。由电流互感器的等值电路可知,形成电流互感器误差的根本原因是其内部的励磁电流。当一次差动电流平衡时,二次电流在传变过程中将会使差动的"天平"失衡,导致变压器差动回路出现不平衡电流,发生外部故障时,穿越电流 I_{cro} 较大,对应于此因素的不平衡电流 I_{unb} 也随之增加。如果故障的非周期分量已使得互感器的传变特性变差,这种差异将更加明显。

(2)变压器带负荷调节分接头。变压器带负荷调整分接头是电力系统中调整电压的一种方法,改变分接头就是改变变压器的变比。目前的差动保护在预先的差动"天平"校准时,只能按照某一变比整定,分接头改变时就会出现新的不平衡电流,该不平衡电流的大小与调压范围有关。同样,穿越电流 I_{cro} 较大,对应于此因素的不平衡电流 I_{unb} 也随之增加。

(3)电流互感器计算变比与实际变比不同。这是因为在电磁型差动继电器中,必须考虑电流互感器的变比与变压器各个侧额定电流未完全匹配所造成的误差。现代微机保护采用了电流平衡系数来解决这个问题,从原理上已经不存在此项误差,但也有制造厂家沿用习惯保留。该项误差也可以理解为"其他原因"所造成的综合误差。

综合上述分析,对应于穿越性电流 I_{cro},变压器的差动保护的不平衡电流 I_{unb} 可由下式计算

$$I_{\text{unb}} = K_{\text{unb}} \frac{I_{\text{cro}}}{n_{\text{TA}}} = (K_{\text{aper}} \cdot K_{\text{ss}} \cdot K_{\text{er}} + \Delta U + \Delta f) \cdot \frac{I_{\text{cro}}}{n_{\text{TA}}} \qquad (6-2-14)$$

式中,K_{unb}——不平衡系数;

$\quad K_{\text{aper}}$——非周期分量系数,取 $1.5 \sim 3$;

$\quad K_{\text{ss}}$——电流互感器的同型系数,取 1;

$\quad K_{\text{er}}$——电流互感器容许的最大相对误差,通常取 10%;

$\quad \Delta U$——由变压器带负荷调压所引起的相对误差,取电压调整范围的 50%,一般为 0.1;

$\quad \Delta f$——电流互感器未完全匹配造成的误差等,可取 0.05;

$\quad I_{\text{cro}}$——穿越电流;

$\quad n_{\text{TA}}$——电流互感器的变比。

在数字式保护分析过程中,I_{cro} 常以变压器额定电流的倍数来代替,即以标幺值表示。如计算得 I_{cro} 最大值为额定电流的 8 倍,K_{unb} 取 0.45,此时不平衡电流最

大值 $I_{\text{unb. max}} = 0.45 \times 8I_{\text{N}}$，即为额定电流的 3.6 倍，已相当可观。对于差动保护而言，不平衡电流实际上是一种需要面对而不能动作的差动电流，必须通过相应技术手段加以躲过。

2. 比率制动特性

式（6-2-14）所示的穿越电流 I_{cro}，对应于该电流，差动保护不应动作，称为"制动"。差动保护首先表征出该电流，结合图 6-2-2，以双绕组变压器为例，最常见的制动电流一次值取为

$$I_{\text{res. p}} = (|\dot{I}_{\text{h. p}}| + |\dot{I}_{\text{l. p}}/k_{\text{T}}|)/2 \tag{6-2-15}$$

即两侧电流的标量和的平均值，也有采用两侧电流互感器二次电流幅值之和，或者采用两侧电流互感器二次电流相量差一半的计算方法。无论何种取法都力图获得与穿越电流 I_{cro} 完全相等或成一定比例（如 2 倍）的电流量。对于三绕组变压器，制动电流取法类似，多为三侧电流标量的平均值。为便于说明，以下分析中制动电流用 I_{res} 表示。

比率制动技术总体思路：根据不平衡电流的变化规律，利用差动电流与制动电流的比值区分外部故障和内部故障，而非单纯地根据差动电流的大小区分区内故障和区外故障。即将能使差动保护动作阈值（即动作电流 I_{op}）设计为一个变量，随 I_{res} 的增加而增加。对应于某一制动电流 I_{res}，各有一个 I_{op}，只有当 $I_{\text{d}} \geqslant I_{\text{op}}$ 时，差动保护才能动作，否则就制动。

下面以双折线比率制动特性为例，制动特性如图 6-2-10 所示，其横坐标为制动电流 I_{res}，图中虚线 OST 表示不平衡电流随 I_{res} 的变化规律。其中 ST 段表示某一侧电流互感器发生饱和导致差动电流猛增，从 S 点向 T 点的运动。比率制动动作方程如下

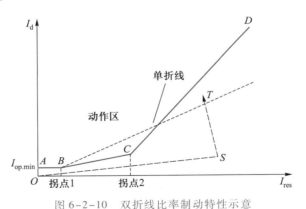

图 6-2-10　双折线比率制动特性示意

$$\begin{cases} I_{\text{d}} \geqslant I_{\text{op. min}}, & I_{\text{res}} < 0.8 I_{\text{N. T}}; \\ I_{\text{d}} \geqslant I_{\text{op. min}} + (I_{\text{res}} - 0.8 I_{\text{N. T}}) \cdot K_1, & 0.8 I_{\text{N. T}} \leqslant I_{\text{res}} < 3 I_{\text{N. T}}; \\ I_{\text{d}} \geqslant I_{\text{op. min}} + (3 I_{\text{n}} - 0.8 I_{\text{N. T}}) \cdot K_1 + (I_{\text{res}} - 3 I_{\text{N. T}}) \cdot K_2, & I_{\text{res}} \geqslant 3 I_{\text{N. T}} \end{cases}$$

$$\tag{6-2-16}$$

式中，I_{d}——差动电流；

I_{res}——制动电流；

$I_{op.min}$——最小动作电流；

K_1——斜率1（取值为0.5）；

K_2——斜率2（取值为0.7）；

$I_{N.T}$——变压器额定电流。

不难看出，$ABCD$线段均设置在不平衡曲线（近似为折线）上方，AB段为无制动段，BC、CD段分别为折线1和折线2。对于折线1，B点称为拐点1，只要制动特性上翘部分斜率比K_{unb}大，即能达到"水（制动电流）涨船（动作电流）高"的效果，这种技术就是比率制动，所谓比率是指外部故障时，差动保护动作电流折线的斜率大于不平衡电流折线的斜率，以保证发生外部故障时差动保护不会误动。第一代数字式保护多采用折线1，即单折线方式，如图中虚线所示。目前保护多加入折线2，C点称为拐点2，CD段的斜率取更高值，以应对互感器饱和产生的较大不平衡电流。

采用比率制动技术后，外部发生故障时差动保护自动提高了动作电流，不会误动，但变压器内部发生故障时会不会因为有了制动电流、动作电流的提高而降低了保护的灵敏度？下面讨论变压器内部故障的情况。内部故障时差动电流$I_d = I_F$，I_F为故障点的总电流。制动电流$I_{res} = I_F/2$为故障点总电流的一半。如图6-2-11所示，差动电流不再是发生区外故障时的不平衡电流，且大部分位于动作折线的上方。位于AB直线下方的部分，代表变压器内部发生轻微的故障，差动电流非常小的情况，此时差动保护无法动作。差动保护并非全能，存在动作死区，此时必须借助瓦斯保护加以补救。

采用带有比率制动特性的优点：外部故障时可以保证不会误动，而内部故障时动作电流较小，从而提高了保护的灵敏度。

顺便指出，采用双折线的比率制动特

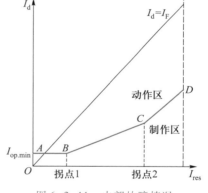

图6-2-11　内部故障情况

性后，在拐点1之后，差动保护的动作值将不断地提高。相应动作电流折线与水平轴之间存在一定的空间，说明为了保证区外故障不会误动，差动保护势必损失一些灵敏度。换句话说，如果在双折线的起始阶段，让其更加靠近不平衡曲线，将使差动保护的灵敏度得以提高，反应内部轻微故障的能力进一步增强。

在实际运用中，除双折线式比率制动特性的差动元件外，还会使用单折线式和变斜率式比率制动特性的差动元件。因为单折线式比率制动特性的上翘部分斜率大于不平衡系数，所以只要差动电流I_d位于折线及其上方，差动保护就能动作。但是，单折线式比率制动特性的差动元件在外部故障电流引起电流互感器饱和时可能会发生误动。双折线式和变斜率式的比率制动特性通过提高动作电流折线后半部分的斜率来躲过电流互感器饱和而引起的较大差动电流，同时动作电流折线前半部分采用较低的斜率来保证内部故障时能够有较高的灵敏度。在一些数字式保护中已推广采用变斜率比率制动特性，与双折线式相比，变斜率式的比率制动特性具有更高的动作灵敏度和更强的躲过暂态不平衡差流的能力。

6.2.5 折线式比率制动特性的差动保护整定

变压器纵联差动保护一般采用比率制动原理,目前特性有单折线、双折线及变斜率等制动特性。变压器比率制动特性相关参数的整定所涉及的计算量并不大,一般以变压器额定电流的倍数表示,但取值时需要考虑变压器的实际运行情况,某些参数需要根据运行经验取值。本节简要介绍折线式比率制动特性差动保护主要参数的整定方法。

1. 比率制动参数整定

（1）最小动作电流

$I_{op.min}$ 为能使差动保护动作的最小差动电流值,应保证在正常运行情况下差动保护不会动作。整定公式为

$$I_{op.min} = K_{rel} K_{unb} I_N = K_{rel}(K_{aper} \cdot K_{ss} \cdot 10\% + \Delta U + \Delta f) \cdot I_{N.T} \qquad (6-2-17)$$

式中,K_{rel}——可靠系数,取值为 1.3 ~ 1.5,典型值取 1.5;

K_{unb}——不平衡系数;

K_{aper}——非周期分量系数,取值为 1.5 ~ 3,典型值取 3;

K_{ss}——电流互感器的同型系数,取值为 1;

10%——电流互感器容许的最大相对误差;

ΔU——由变压器带负荷调压所引起的相对误差,取电压调整范围的一半,一般为 0.1;

Δf——补偿电流互感器变比标准化时的误差,取值为 0.05;

$I_{N.T}$——变压器的额定电流。

K_{aper} 的取值除考虑变压器最大负荷时的不平衡电流外,还要考虑区外远处发生故障时、变压器区外故障切除后电压恢复过程中,以及变压器两侧电流互感器暂态特性不一致造成的暂态不平衡电流问题。因此 K_{aper} 取值宜大不宜小。

$I_{op.min}$ 一般取值不小于 0.5 倍变压器的额定电流。对于降压变压器,$I_{op.min}$ 一般取值为 0.6 ~ 0.7 倍变压器的额定电流,对于发电机变压器组的 $I_{op.min}$ 一般取值为 0.5 ~ 0.6 倍变压器的额定电流。

（2）最小制动电流

对于单折线式比率制动特性,最小制动电流值 $I_{res.min}$ 一般为 0.8 ~ 1 倍变压器的额定电流。如图 6-2-10 所示,对于双折线比率差动特性,第一拐点的横坐标可取 0.3 倍变压器的额定电流,第二拐点的横坐标可取 3 倍变压器的额定电流。一般数字式保护装置会给出相应的建议值。对于变斜率比率制动特性,实际上其最小制动电流为 0,起始比率差动斜率为 0.1。

（3）比率制动特性斜率

差动保护的比率制动斜率 K_S 为

$$K_S = K_{rel} K_{unb} \qquad (6-2-18)$$

式中,K_{rel}——可靠系数,取值取 1.5;

K_{unb}——不平衡系数;

不平衡系数与比率制动系数 K_{res} 虽概念不同,但其值较为接近。工程计算中,一般取 $K_S = 0.5 ~ 0.7$。

（4）比率制动特性差动保护灵敏度校验

灵敏度 K_{sen} 取最小运行方式下变压器区内发生两相短路时，最小短路电流的电流互感器二次值与此时差电流保护动作电流二次值之比，要求大于 1.5。

2. 其他参数整定

（1）差动速断动作电流：对于大型发电机变压器组，差动速断值可取 3～4 倍变压器的额定电流；对于降压变压器，差动速断值可取 6～8 倍变压器的额定电流。

（2）二次谐波制动比：一般取 15%～20%。

（3）起动元件动作电流：根据保护装置建议整定，取最小动作电流的 50%～80%。

（4）电流互感器二次回路异常判别元件：根据保护装置整定。

6.2.6 非电量保护

非电量保护是指由非电气量反应的故障动作或发信的保护。对于变压器，主要是指瓦斯保护（反应气体、油速）、压力保护（压力）、温度保护（通过温度高低）、防火保护（通过火灾探头等），保护的判据不是电量（电流、电压、频率、阻抗等），而是其他形式的物理量。

1. 瓦斯保护

反应变压器内部气体或油气流而动作的保护装置，称为瓦斯保护（又称气体保护）。如图 6-2-12 所示为瓦斯保护安装示意图，图中 1 为瓦斯继电器，2 为油枕，瓦斯继电器是构成瓦斯保护的主要元件，它安装在油枕之间的连接管道上。变压器内部发生故障时，油箱内的气体（或油气流）通过瓦斯继电器流向油枕。为了不妨碍气体的流通，变压器安装时应使顶盖沿气体继电器的水平面具有 1%～1.5% 的升高坡度，通往继电器的一侧具有 2%～4% 的升高坡度。

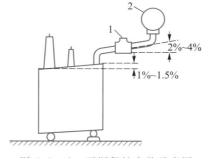

图 6-2-12 瓦斯保护安装示意图
1—瓦斯继电器；2—油枕

变压器内部发生轻微故障或是处于故障初期，油箱内的油将被分解、汽化，产生少量气体积聚在瓦斯继电器的顶部。当气体量超过整定值时，轻瓦斯继电器动作，发轻瓦斯告警信号，提示运行维护人员进行检查，并确认变压器的运行状态是否正常。

当变压器油箱内部发生严重故障时，油箱内压力将急剧升高，气体及油流迅速向油枕流动。若流速超过重瓦斯的整定值，则重瓦斯继电器动作，发出重瓦斯动作信号。该信号接入到非电量保护装置，通过非电量保护装置动作跳开变压器各侧断路器。

瓦斯保护的优点不仅能反应变压器油箱内部的各种故障，同时也能反应差动保护所不能反应的轻微匝间故障和铁心故障。

瓦斯保护动作过程如图 6-2-13 所示，图中 KQ-1 为轻瓦斯继电器触点，KQ-2 为重瓦斯继电器触点，KM 为中间继电器，QF₁、QF₂ 为变压器两侧断路器，YR₁、YR₂ 为对应跳闸线圈。轻瓦斯触点闭合后，发出"轻瓦斯动作"告警信号，重瓦斯触点闭合后，保护装置向两侧断路器发送跳闸命令。

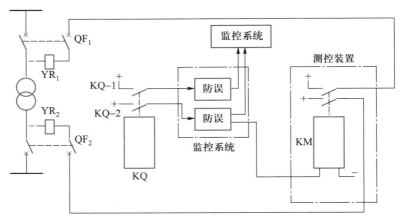

图 6-2-13　瓦斯保护动作过程示意图

由图 6-2-13 可知，KQ 瓦斯继电器的触点是否闭合，取决于 KQ 所反应的变压器内部气体油流的变化，KQ-1、KQ-2 本身并不带电，直流电源（220 V）通过触点接入保护装置，称为开关量输入，简称开入量，对于继电保护而言，它代表一种瓦斯保护动作有、无的信息。数字逻辑上为 **1**、**0** 信息，因此称为"开关"量。本节所述其他非电量保护都属于因开入量动作的保护。

2. 其他非电量保护简介

（1）释压阀保护

压力释放阀（释压阀）是用来保护油浸电气设备的装置。在变压器油箱内部发生故障时，油箱内的油将被分解、汽化，产生大量气体，油箱内压力急剧升高，此压力如不及时释放，将造成变压器油箱变形，甚至爆裂。安装压力释放阀可使变压器在油箱内部发生故障、压力升高至压力释放阀的开启压力时，压力释放阀迅速开启，使变压器油箱内的压力很快降低。当压力降到关闭压力值时，压力释放阀便可靠关闭，使变压器油箱内永远保持正压，有效防止外部空气、水分及其他杂质进入油箱。

（2）压力保护

压力保护用于反应特定故障下油箱内部压力的瞬时升高。变压器内部发生故障，油室内压力突然上升，当上升速度超过一定数值，压力达到动作值时，压力继电器动作，其动作触点接入非电量保护装置，通过非电量保护装置动作跳开变压器各侧断路器或者发出告警信号，其过程与瓦斯保护类似。

（3）温控器保护

为保证变压器的安全运行，其冷却介质及绕组的温度要控制在规定的范围内，这就需要温度控制器（温控器）来提供温度的测量、冷却控制等功能。当温度超过允许范围时，保护装置发出"油温高"报警，并配合冷却器全停保护（见后文）

延时发出跳闸信号,确保设备的寿命。

油面温控器主要由弹性元件、毛细管和温包组成。当被测温度变化时,由于液体的热胀冷缩效应,温包内的感温液体的体积呈线性变化,体积变化量通过毛细管远传至表内的弹性元件,使之发生相应位移,该位移可指示被测温度,同时触发微动开关,输出电信号驱动冷却系统,达到控制变压器温度的目的。

(4)冷却器全停保护

变压器冷却器全停并不会立刻导致变压器故障。对于强油循环风冷和强油循环水冷变压器,在运行中,当冷却系统发生故障切除全部冷却器时,变压器在额定负载下允许运行时间不小于 20 min。当油面温度尚未达到 75 ℃时,允许上升到 75 ℃,但冷却器全停的最长运行时间不得超过 1 h。冷却器全停保护跳闸逻辑如图 6-2-14 所示。冷却器全停后,经较长延时 T_1 启动非电量 1 跳闸动作。当冷却器全停且油温达到设定温度时,经较短延时 T_2 启动非电量 2 跳闸动作。

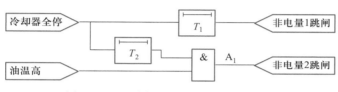

图 6-2-14   冷却器全停保护跳闸逻辑图

3. 开入跳闸回路原理

变压器本体非电量保护动作跳开断路器必须通过非电量保护装置完成,为了适应不同的跳闸需求,非电量保护装置需配置不同原理的开入跳闸回路,以满足本体保护跳闸需求及适应变电站复杂的电磁环境。

(1)非电量开入回路的技术要求。为了适应不同的跳闸需求及变电站复杂的电磁环境,非电量保护装置需满足以下要求:

① 非电量保护装置应有一路经非电量保护装置的延时出口,其余跳闸型非电量保护均采用直跳;

② 作用于跳闸的非电量保护采用大功率继电器,启动功率应大于 5 W,动作电压在额定直流电源电压的 55% ~70% 范围内,额定直流电源电压下动作时间为 10 ~35 ms,应具有抗 220 V 工频干扰电压的能力;

③ 对于分相变压器,每相变压器各自有独立的本体非电量保护,所以非电量开入回路应按相输入,每相开入量不少于 18 路,其中用于跳闸的开入量不少于10 路。作用于跳闸的非电量保护的三相共用一个功能压板;对于三相一体变压器,其三相共用一组本体非电量保护,用于三相变压器的非电量保护装置的开入量不少于 15 路,其中用于跳闸的开入量不少于8 路。

(2)直接跳闸回路原理。变压器本体非电量保护(如重瓦斯保护)需要直接跳开变压器各侧断路器,因此非电量保护装置需具备直跳回路,如图 6-2-15 所示,继电器 1 用于跳闸的同时,发出"重瓦斯"动作信号,继电器 2 用于将瓦斯保护动作的信号通过光电耦合器及开关量输入信号采集模块"告诉"变压器保护。继电器 3 用于开放非电量跳闸模块,类似打开重瓦斯的"保险"。这样,用于跳闸的开入量（如图 6-2-13 中重瓦斯的 KQ-2）输入时，直接使继电器 3 励磁，开放非电量跳闸模块，接通断路器跳闸回路。这类开入量直接通过一系列的中间继电器完成跳闸操作，并不需要经过 CPU 处理，相关开入量的信息通过开关量采集模块传送至保护装置、后台显示器及事件记录仪。

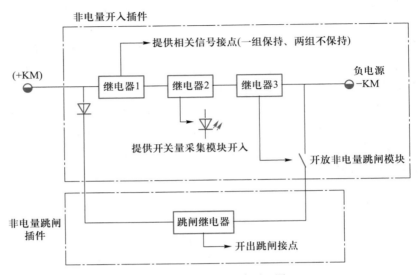

图 6-2-15 直跳回路原理图

（3）延时跳闸回路原理。变压器本体非电量保护（如冷却器全停保护）必须经过延时才能跳开变压器各侧断路器，因此非电量保护装置需具备延时跳闸回路，如图 6-2-16 所示，对于需要延时的非电量开入，经 CPU 采集开关量并延时后，将一开关量输出接点（简称开出接点）串接入跳闸回路中。

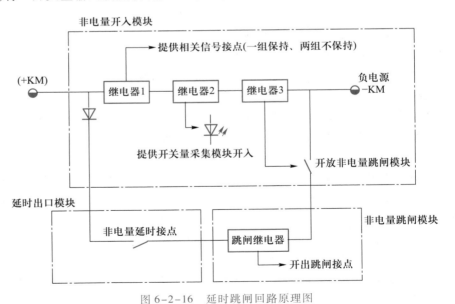

图 6-2-16 延时跳闸回路原理图

（4）抗干扰原理。非电量保护装置在运行中遇到干扰导致的误动一般有两种，一种是交流与直流混接（交流窜入直流）。交流与直流混接后，交流电压（半波）可能会叠加在直流继电器线圈的两端,当该电压瞬时值大于继电器动作电压的时间超过继电器动作时间时,继电器会动作。第二种是外部电磁干扰,电磁干扰的特点是干扰电压高、每个峰值持续时间短,并且电磁干扰信号的能量不具有持续性。为了提高抗交流干扰的能力,不要求非电量保护零秒动作,非电量保护的动作延时规定为 10 ~ 35 ms。主要原因是 50 Hz 交流电压半个周波的时间是 10 ms,而直流继电器一般仅单向动作(即交流正半周波动作,负半周波不会动作),在 1 个周波内承受正向有效启动电压的时间将小于 10 ms。继电器的启动时间大于 10 ms,即可防止交流电压造成的误启动。

其次,非电量保护装置采用启动功率大于 5 W 的大功率继电器可以防外部电磁干扰。在对地绝缘满足标准的理想条件下,直流系统的正极、负极对地均为 50% 额定电压,当直流正极接地时,继电器两端瞬间感受到的最高电压不会超过额定电压的 50%,并按时间常数很快衰减,因此将装置的动作电压下限设为额定电压的 55%,可以躲过直流系统接地时继电器承受的暂态电压;动作电压上限为额定电压的 70%,这是为了保证直流母线电压下降至额定电压的 80% 时该装置也能可靠动作。

6.2.7 变压器相间短路的后备保护

为反应外部相间短路引起的变压器过电流及作为变压器主保护的后备,变压器应配置相间短路的后备保护。保护动作后,应带时限动作于跳闸。变压器相间短路的后备保护既是变压器主保护的近后备,又是相邻母线或线路的相间短路故障的远后备。根据变压器的容量、性质、在系统中的地位,以及系统短路容量的大小,变压器相间短路的后备保护分为普通过电流保护、复合电压闭锁过电流保护、阻抗保护等原理。

由于变压器后备保护是按变压器各个侧布置的,因此相间短路后备也分高压侧与低压侧,如对于 110 kV 双绕组降压变压器,其高压侧的相间短路后备的主要任务是反应变压器内部的故障,作为主保护的后备,而低压侧的主要任务是作为低压母线的主保护及馈线保护的后备保护。

除主电源侧外,220 kV 及以下三相多绕组变压器的其他各侧保护可仅作本侧相邻电力设备和线路的后备保护。在电厂中,对低压侧有分支,并接至分开运行母线段的降压变压器。除在电源侧装设保护外,还应在每个支路装设相间短路保护,各支路所装的保护可作为相应母线各出线保护的后备。

对发电机变压器组,在升压变压器的低压侧不用装设此类保护,取而代之的是反应外部发电机短路的后备保护。在这种情况下,在相应厂用分支线上,应装设单独的保护,并使发电机的后备保护带两段时限,以便在外部短路时,仍能保证厂用负荷的供电。

500 kV 系统联络变压器高、中压侧均应装设阻抗保护。保护可带两段时限,用较短的时限缩小故障影响范围;用较长的时限断开变压器各侧断路器。

1. 普通过电流与过负荷保护

过电流保护与电网保护的相间过电流保护的工作原理相同,保护可设多段,其特点是无电压闭锁,一般不带方向闭锁,只检测各个相电流的变化。其主要缺点是过电流保护的整定值较高,灵敏度较差,只能作为本变压器的后备保护;且动作时限也是最长的,速动性最差。但在主保护拒动,以及带有电压闭锁功能、灵敏快速的相间短路的后备保护因电压量无法获取也拒动的时刻,平时"隐身"的过电流保护将崭露头角。过电流保护可靠性高,在变压器保护中不可或缺,承担着总后备保护的角色。

220 kV 降压变压器的高压侧不设普通过电流保护。中压侧(110 kV)设置有普通的过电流保护,整定值可按中压侧母线相间故障时,有 1.5 倍灵敏度整定,与出线 Ⅱ 段延时相配合,跳开本侧断路器。220 kV 降压变压器的低压侧的三相过流保护可作为变压器低压侧后备保护及低压母线的主保护。为简化起见,整定值可按变压器低压侧引出线与电抗器之间(非低压侧母线)相间故障时 1.5 倍灵敏度整定,时限一般遵从上级限额。以第一时限(约 0.9 s)跳本侧断路器,第二时限(约 1.2 s)跳各侧断路器。规程要求动作时间小于 2 s。

对于 110 kV 降压变的高压侧设置有普通的过电流保护,整定值可按低压侧母线相间故障时 1.5 倍灵敏度整定,与出线 Ⅱ 段延时相配合,跳开本侧断路器。可与低压侧的普通过电流保护相配合,配合系数为 1.05 ~ 1.1。低压侧可设置两段:Ⅰ 段可按低压侧母线相间故障时 1.5 倍灵敏度整定,动作时间与出线保护、母线联络断路器保护 Ⅰ 段的动作时间相配合。Ⅱ 段的电流动作值按躲过变压器的额定电流整定,动作时间与出线保护、母线联络断路器保护的最末段的动作时间相配合。

过负荷保护的电流动作值按躲过变压器的额定电流整定

$$I_{op} = \frac{K_{rel}}{K_{re}} I_{N.T}　　　　　　　　　　(6-2-19)$$

式中,K_{rel}——过负荷保护可靠系数,取值为 1.05 ~ 1.1;

　　K_{re}——返回系数,取值为 0.85 ~ 0.95,典型值取 0.9。

为了防止过负荷保护在外部短路时误动作,其时限应比变压器的后备保护最长动作时限大一个 Δt,一般取 5 ~ 10 s。

2. 复合电压闭锁过电流保护

复合电压闭锁过电流保护是一种带有电压闭锁功能的过电流保护。其原理框如图 6-2-17 所示。"$U<$"为低电压元件,当变压器某一侧的母线电压小于整定值时,输出为 **1**;"$U_2>$"为负序过电压元件,当负序电压大于整定值时,输出为 **1**。低电压元件与负序过电压元件构成**或**门关系,称为复合电压,简称复压。另一方面,三相的过电流元件也构成**或**门关系。再与复合电压构成的一个**与**门逻辑,只有在电流元件和电压元件都满足条件启动后,才能启动时间逻辑出口跳闸,这种逻辑关系称为复合电压闭锁过电流。设置复合电压的原因是负序电压元件主要用于反应不对称故障时出现的负序电压,而低电压元件主要用于反应对称故障(即三相短路)时母线电压降低。

变压器的高压侧、中压侧和低压侧都有可能装设复合电压闭锁过电流保护。每一侧复合电压闭锁过电流保护的电流量都取自本侧的电流互感器,只是复合电压的取值会有所不同。

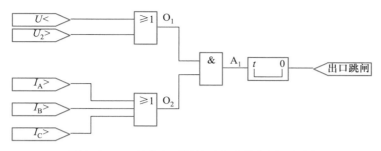

图 6-2-17　复合电压闭锁过电流保护原理框图

对于降压变压器,高(中)压侧为电源侧,低压侧为负荷侧。当低压侧发生故障时,由于变压器短路阻抗较大,电源侧电压可能变化不明显,将会造成高(中)压侧的复压元件灵敏度不足,低压侧复压元件灵敏度高于其他侧,所以高压侧和中压侧的复压元件应取各个侧电压并联方式(即**或**门逻辑),低压侧的复压元件只取本侧电压。

电流元件的动作值整定公式为

$$I_{op} = \frac{K_{rel}}{K_r} I_{N.T} \qquad (6-2-20)$$

式中,K_{rel}——可靠系数,取值为 1.2~1.3;

K_r——返回系数,取值为 0.85~0.95。

为简化计算,电流元件取值为 1.5 倍变压器的额定电流 $I_{N.T}$。若保护方向指向变压器高压侧,则应对非主要电源侧母线故障有足够的灵敏度,灵敏系数大于1.5。例如,220 kV 降压变高压侧复压闭锁过流保护的电流元件,其灵敏度校验应以 110 kV 侧母线相间短路时流过 220 kV 侧的最小短路电流为灵敏分子。

负序电压元件的动作电压按躲过正常运行时的最大不平衡电压整定,通常取值为

$$U_{op.U.2} = (0.06 \sim 0.12) U_{N.T} \qquad (6-2-21)$$

式中,$U_{N.T}$——变压器的额定线电压二次值,为 100 V。$U_{op.U.2}$ 二次值通常取 6 V。

灵敏系数为

$$K_{sen} = \frac{U_{2.min}}{U_{op.U.2}} \qquad (6-2-22)$$

式中,$U_{2.min}$——在相邻元件末端发生两相金属性短路时保护安装处最小负序电压的二次值。要求 $K_{sen} \geqslant 1.5$。

低电压元件的动作电压应小于正常运行时的最低工作电压,外部故障切除后,电动机起动的过程中,低压元件必须处于返回状态,因此根据运行经验,通常取

$$U_{op.U<} = 0.6 \sim 0.7 U_{N.T} \qquad (6-2-23)$$

灵敏度计算与过电流保护相同,低电压继电器灵敏系数

$$K_{sen} = \frac{U_{op.U<}}{U_{sur.max}} \qquad (6-2-24)$$

式中,$U_{sur.max}$——计算最小运行方式下,保护范围末端三相短路时,保护安装处的最大残余电压二次值,通常要求 $K_{sen} \geqslant 1.2$。

复压闭锁过流保护需考虑 PT 断线对复压元件产生的影响。在变压器的高

压侧和中压侧,当判断出本侧 PT 断线时,退出本侧复压元件,本侧复压过流保护经过其他侧复合电压开放。当低压侧 PT 断线时,考虑高压侧和中压侧保护装置的复压元件灵敏度不足,低压侧保护装置只采集本侧电压量,PT 断线后,复压元件自动满足灵敏度要求,变为普通的过电流保护。

对于高压侧和中压侧(或三侧)均有电源的变压器,为满足选择性要求,可在高压侧或中压侧设置方向元件,其动作原理与线路保护中反应相间短路方向元件的原理相同。图 6-2-17 未画出方向元件,复压方向过流保护可通过控制字来选择短路功率的方向是指向母线还是指向变压器,以满足对联络变压器不同的整定要求。当指向变压器时,过流保护可作为变压器绕组和对侧母线的相间后备保护;当指向母线时,过流保护可作为本侧母线和相邻线路的后备保护。

3. 阻抗保护

330 kV 及以上电压等级变压器在高压侧和中压侧配置阻抗保护,主要用于变压器部分绕组故障以及母线故障的后备保护,部分地区 220 kV 变压器也配置阻抗保护,阻抗保护采用具有偏移圆特性的相间阻抗和接地阻抗元件。相间阻抗元件动作特性如图 6-2-18 所示,$Z_{op.p}$ 为指向变压器相间阻抗定值,$Z_{op.n}$ 为指向母线相间阻抗定值,Φ 为阻抗角,固定为 80°。阻抗圆内为阻抗元件的动作区域,圆外为非动作区域,即

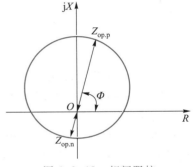

图 6-2-18　相间阻抗元件动作特性

$$Z_{op.p} = K_{rel} Z_T \qquad (6-2-25)$$

式中,正向指向变压器,$Z_{op.p} = 0.7 Z_T$;反向指向系统,其动作阻抗取为 $0.1 Z_{op.p}$,Z_T 为变压器阻抗。可靠系数 K_{rel} 应取 0.7,指向母线侧的定值按保证母线故障有足够灵敏度整定。

阻抗保护动作时间应躲过系统振荡周期并满足主变压器热过负荷的要求,不低于 1.5 s。如上整定的低阻抗保护应有两段时限,第一段时限动作于断开变压器本侧断路器;第二段时限动作于断开变压器各侧断路器。

变压器距离保护利用反向偏移阻抗作为母线的后备保护。当一侧母线差动保护停用时,主变压器同侧距离保护的动作时间可按运行要求调整变短,相当于升级为母线故障的主保护。

阻抗保护可按照时限分别判断是否经振荡闭锁,考虑最大振荡周期 3 s 情况下,进入阻抗圆的时间一般不超过 1.5 s,因此设定 1.5 s 为经振荡闭锁的时间门槛。若该时限大于 1.5 s,则说明不经振荡闭锁,否则说明经振荡闭锁。变压器阻抗保护元件的振荡闭锁元件基本与线路保护相同,考虑变压器阻抗保护为后备保护,整定延时较长,振荡闭锁元件有所简化,取消突变量启动短时开放阻抗保护 150 ms 的判据,保留不对称故障时的零负序电流判据和对称故障时检测振荡中心电压的判据。考虑相间阻抗保护使用电压量计算,发生电压互感器断线时,应闭锁相间阻抗保护。接地阻抗保护反应接地故障和绕组匝间故障,使用原则与相间阻抗保护相同。接地阻抗元件的动作特性和闭锁条件与相间阻抗元件相同。

6.2.8 变压器接地故障的后备保护

在大接地电流系统中,接地故障的概率较高,如果运行中变压器中性点接地,当发生接地故障时零序电流经过变压器高压绕组从中性点入地;如果变压器中性点不接地运行,那么变压器中性点对地电压为高压侧母线上的零序电压,可能损坏变压器高压绕组绝缘。因此大接地电流电网中的变压器应装设接地故障(零序)保护,用作变压器主保护的后备保护及相邻元件接地故障的后备保护。注意,该保护的主要保护对象仍然是变压器本身。

视频资源:6.2.8 变压器接地短路的后备保护

1. 零序电流保护

如图 6-2-19 所示,如果变压器中性点直接接地,可采用零序电流保护,零序电流取自变压器中性点电流互感器。一般配置两段式零序电流保护,为了缩小接地故障的影响范围,每段还各带两级延时,其中较短的延时 t_1 和 t_3 用于跳开母线联络断路器 QF,以较长延时 t_2 和 t_4 跳开变压器高压侧主断路器 QF_1。

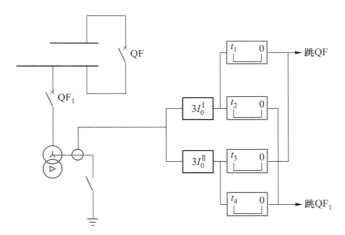

图 6-2-19 变压器零序电流保护原理示意图

2. 间隙放电电流保护

中性点不接地的半绝缘变压器的中性点线圈对地绝缘比其他部位弱,中性点绝缘容易被击穿,配置放电间隙保护可使变压器的绝缘安全。电力系统运行时,为保持系统零序阻抗不变,同一变电站部分变压器接地运行,部分变压器不接地运行。系统发生接地故障接地变压器跳闸以后,会失去接地点,不接地变压器中性点电压将升高至相电压,半绝缘变压器中性点绝缘被击穿,这会损害变压器设备。因此,在变压器中性点安装放电间隙,用于保护变压器,放电间隙的另一端接地。当中性点电压升高至一定值时放电间隙将被击穿接地,保护变压器的绝缘安全。

利用中性点零序电压和间隙电流可以构成间隙放电电流保护,其动作逻辑如图 6-2-20 所示。零序电压通过变压器高压侧电压互感器获得,间隙电流通过装设于放电间隙旁边的电流互感器获得,当放电间隙被击穿接地时,保护装置将能测得流过放电间隙的三倍零序电流,即间隙电流。当保护启动,控制字投入、压板投入等条件均满足,间隙电流或零序电压大于定值时,经过**或**门 O_1、**与**门 A_1、A_3,再经延时 T 门即可使间隙电流保护动作。

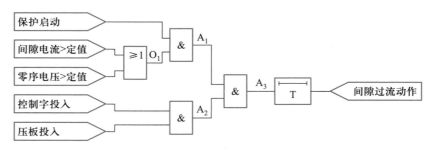

图 6-2-20　间隙放电电流保护的动作逻辑图

当间隙击穿为间歇性击穿时,间隙电流和零序电压交替出现,间隙电流保护采用间隙电流和零序电压**或**门出口。对于全绝缘变压器保护,变压器中性点一般不会装设放电间隙,所以不再配置间隙过流保护,可以保留零序过压保护,以作为电力网失去中性点时发生接地故障的后备保护。

3. 零序方向元件

当普通三绕组高压侧和中压侧绕组中性点同时接地运行时,任一侧发生接地短路,高压侧和中压侧均会产生零序电流,为满足选择性要求,可增加零序方向元件。对于三绕组自耦变压器,由于高压侧和中压侧共用一个接地点,同样可增加零序方向元件以满足选择性要求。方向元件的正方向在指向变压器时,灵敏角一般可取 $-90°\sim-105°$;方向元件的正方向在指向母线时,灵敏角一般可取 $75°\sim90°$。零序方向元件的动作特性如图 6-2-21 所示。

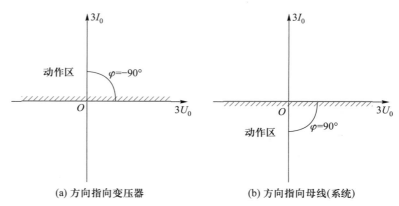

图 6-2-21　零序方向元件的动作特性

微机保护装置中的零序方向元件只有采用变压器星形侧引出线上的电流互感器电流,计算得出自产零序电流,才能正确地区分变压器的内部与外部接地故障。同时系统正常运行时,外接 $3U_0$ 的极性也很难进行校验,$3U_0$ 极性错误将导致故障时方向元件判断错误。因此,零序方向元件应采用自产零序电压和自产零序电流。

4. 接地后备保护的整定

变压器的接地后备保护主要是指变压器高压侧、中压侧零序电流保护,以及中性点的零序过电流保护。中性点接地变压器的星形侧绕组发生接地故障时,会产生零序电流;而在变压器所接系统发生接地故障时,也会产生零序电流,这时,必须先确定保护是否带有方向性,并确定指向。

对于 330 kV 及以上电压等级变压器,变压器的高压侧和中压侧可配置两段式零序电流保护,其中设 Ⅰ 段为有方向段,方向指向本侧母线,Ⅱ 段为无方向段,这种选择是为了顾全大局,及时切除所连接电网的接地故障,并将切除本变压器接地故障的任务交给变压器主保护。动作值都应保证本母线故障时有足够灵敏度,Ⅰ 段时间定值与本侧出线零序电流保护 Ⅱ 段配合,如果零序电流保护时间过长,可与接地距离保护最末段时间配合。Ⅱ 段时间定值与本侧出线零序电流保护最末段配合。有方向段取自产零序电压和本侧自产零序电流,高压侧延时跳开变压器本侧断路器,中压侧延时跳开分段断路器、母联断路器、本侧断路器;不带方向段取中性点侧零序电流,延时跳开变压器三侧断路器。

对于 220 kV 降压变压器,高压侧零序电流保护 Ⅰ 段设为有方向段,方向指向变压器。其动作定值遵从上级限额,并与中压 110 kV 侧零序 Ⅱ 段进行配合整定,时间定值与中压侧和低压侧保护装置的零序电流保护配合;变压器中压侧(110 kV)零序电流保护 Ⅰ 段设为有方向段,方向指向 110 kV 侧母线,其动作值根据本母线故障由灵敏度整定,时间定值与本侧出线零序电流保护配合,如果零序电流保护时间过长,可与接地距离保护最后一段时间配合。变压器高压侧、中压侧零序电流保护的 Ⅱ 段设为无方向段,一般可遵从上极限额或与该侧零序电流保护最末段在定值相配合。时间定值与高压侧、中压侧的所有出线接地故障保护最后一段时间配合,应大于有方向段的时间定值。

对于中性点直接接地 110 kV 降压变压器,高压侧零序电流保护 Ⅰ 段可设为无方向段。其动作值根据本母线故障由灵敏度整定,时间定值与本侧出线零序电流保护 Ⅰ 段或 Ⅱ 段进行配合整定。时限可设为两段,以较短的延时,跳开分段断路器或母线联络断路器;以较长的延时,跳开本侧断路器。如果零序电流保护的时间过长,那么可与接地距离保护配合。零序电流保护的 Ⅱ 段也设为无方向段,与高压侧出线零序电流保护的最末段在定值相配合,时限也可设为两段。

根据母线故障由灵敏度计算的动作电流整定公式为

$$I_{\text{op.0}} = \frac{3I_{0.\text{min}}}{K_{\text{sen}}} \qquad (6-2-26)$$

式中,$3I_{0.\text{min}}$——当本母线发生接地故障时,流过保护的最小三倍零序电流。

K_{sen}——灵敏系数,取值为 1.5。

与线路零序电流保护配合的整定公式为

$$I_{\text{op.0}} = K_{\text{rel}}K_{\text{b.max}}I_{\text{op.0.n}} \qquad (6-2-27)$$

式中,K_{rel}——可靠系数,取值为 1.1 ~ 1.2,典型值取 1.2;

$K_{\text{b.max}}$——零序电流分支系数,其值等于出线零序电流保护后备段保护区末端发生接地短路时,流过变压器保护的零序电流与流过故障线路零序电流之比;通常有多条出线时取最大值。

$I_{\text{op.0.n}}$——线路零序过电流保护的动作电流。

对于变压器的间隙零序电流保护,在系统正常运行时,放电间隙无电流流过,所以间隙动作电流可整定得较为灵敏,间隙电流与变压器的零序阻抗、间隙放电的电弧电阻等诸多因素有关,难以准确计算,根据经验,间隙电流一次动作值可取 100 A。

由于间隙击穿电压受天气环境和湿度等多方面因素影响,击穿电压并不稳定。在接地系统发生接地故障时,经常发生间隙误击穿现象,导致变压器间隙过流动作。为防止间隙误击穿导致间隙过流动作,间隙过流动作时间需要与相关保护配合。在变压器 220 kV 侧进线单相接地故障造成间隙误击穿,单相跳闸后的线路非全相运行期间,变压器中性点零序电压可能将间隙电流维持,若间隙过流整定时间短,则在线路重合闸前会跳开主变压器各侧的断路器,使线路重合闸失去意义,所以 220 kV 侧中性点间隙零序过流动作跳开变压器时间应与 220 kV 线路单相重合闸周期(故障开始至线路开关单相合闸恢复全相运行)配合。同理,110 kV 侧中性点间隙零序过流动作整定延时,应在 110 kV 线路保护中与全线有灵敏度保护的动作时间配合,避免 110 kV 线路故障切除前,间隙过流保护动作,跳开主变压器各侧的断路器。当 110 kV 变压器中压侧和低压侧有小电源时,间隙零序电流动作后应在第一时限先跳开小电源进线开关,防止中压侧和低压侧的小电源维持间隙电流,在第二时限跳开变压器。第二时限应满足变压器中性点绝缘承受能力要求且与 110 kV 线路保护全线有灵敏度段配合。

对于 110 kV 及以上系统,出现中性不接地运行条件下的单相接地故障时,电压互感器开口三角零序电压最高为 300 V。零序电压保护的动作值应躲过接地系统接地故障时的最大零序电压。按系统零序阻抗与正序阻抗的比值不大于 3,接地故障时三倍零序电压理论计算的最大值为 1.8 倍 PT 二次额定电压,即 180 V,同时考虑一定的可靠系数,整定值取 220 V 左右较为合理。

有关数字式变压器保护装置测试方法的简要说明,以及变压器后备保护的典型配置与应用,请读者扫描二维码拓展阅读。

6.2.9 过励磁保护

变压器在运行过程中由于电压升高或频率降低,将会使变压器铁心饱和处于过励磁状态,励磁电流急剧增加,使内部损耗增大,铁心温度升高。另外,铁心饱和之后漏磁通增大,使得变压器绕组、油箱壁,以及其他构件产生涡流,引起局部过热,严重时将造成铁心变形,损伤介质绝缘。国内一般 330 kV 及以上电压等级变压器需配置过励磁保护。

变压器在运行时其输入端电压与频率的关系式为

$$U = 4.44 f W S B \tag{6-2-28}$$

式中,W——一次绕组匝数;

S——变压器铁心有效截面面积;

B——铁心磁通密度。

W,S 均为常数,由该式可知变压器铁心的磁通密度与电源电压成正比,与电源频率成反比。因此,过励磁程度可以用过励磁倍数 N 来表示

$$N = \frac{B}{B_{\text{N.T}}} = \frac{U/f}{U_{\text{N.T}}/f_{\text{N.T}}} \qquad (6-2-29)$$

式中,N——过励磁倍数;

B、$B_{\text{N.T}}$——变压器铁心磁通密度的实际值和额定值;

U、$U_{\text{N.T}}$——加在变压器绕组的实际电压和额定电压;

f、$f_{\text{N.T}}$——实际频率和额定频率。

过励磁保护一般设有定时限告警段和反时限跳闸段,其反时限曲线应与变压器过励磁特性相匹配,反时限跳闸段对应的动作门槛值与所设定的过励磁倍数一般不小于 1.08。为防止 PT 二次回路异常导致过励磁保护误动作,过励磁采用三相过励磁与门逻辑出口。变压器反时限段可通过控制字选择告警还是跳闸,根据电网实际情况选择过励磁保护是否动作于跳闸。

工程应用中出现多次过励磁基准电压以 PT 额定二次电压 57.7 V 为基准进行整定,使反时限曲线与实际变压器过励磁特性曲线偏低,导致过激磁误动,所以需要特别注意过励磁基准电压应采用高压侧额定相电压(铭牌电压),不能使用 PT 额定相电压。过励磁保护应按热积累方式计算累计效应,并在过激磁保护返回前一直保持,所以过激磁返回系数不能过低,应不小于 0.97。

本节提供了一个二维码阅读资料《变压器保护关键技术及新技术发展方向探讨》,文中主要介绍变压器励磁涌流判别新技术、交直流混合电网对变压器保护的影响、特高压变压器保护、主动式变压器保护等内容,供读者进行拓展阅读。

阅读资料:
6.2.10 变压器保护关键技术及新技术发展方向探讨

6.3 发电机保护

6.3.1 电气量的获取

发电机典型的主接线示意图如图 6-3-1 所示,为了实现发电机的保护功能,必须获取与发电机相关的各个侧电流电压量和各开关位置的状态信息,并输入保护装置,经保护计算后按预设的跳闸矩阵定值动作切除故障。

图 6-3-1 中,发电机保护的模拟量输入有:发电机端三相电流、中性点三相电流、机端公用电压互感器(公用 PT)三相电压、发电机端专用电压互感器(专用 PT)三相电压、机端公用电压互感器(公用 PT)开口三角电压、发电机端专用电压互感器(专用 PT)开口三角电压、中性点分支电流、中性点连接线上零序电流、转子正负极、中性点接地变压器二次电压、励磁变压器高压侧三相电流、励磁变压器低压侧三相电流等。

发电机保护的开关量输入有:并网断路器位置、磁路开关位置、主气门位置、电制动接点位置等。

PPT 资源:
6.3 发电机保护

视频资源:
6.3.1 电气量的获取

6.3.2 纵联差动保护

发电机定子绕组相间短路和发电机出口至断路器连接导线相间短路是发电机的严重故障,要求装设快速动作的保护装置,装设分相纵联差动保护作为发电机定子绕组及其引出线相间短路的主保护。根据接入发电机中性点电流的份额(即接入全部中性点电流或只取一部分电流接入),可分为完全纵差保护和不完全纵差保护。

视频资源:
6.3.2 纵联差动保护

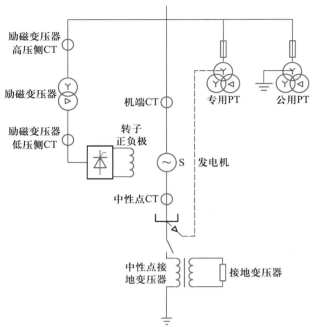

图 6-3-1 发电机典型的主接线示意图

1. 完全纵差保护

完全纵差保护是发电机相间短路的主保护,能反应发电机定子绕组及引出线发生的故障。注意:发电机纵差保护接入发电机中性点三相 CT 的二次电流,以及发电机机端三相 CT 的二次电流。

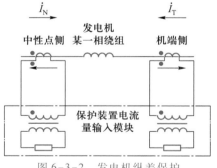

图 6-3-2 发电机纵差保护
交流输入回路示意图

多采用比率制动特性。如图 6-3-2 所示,机端 CT 二次侧多采用非极性端接入保护装置,这属于正常现象,并不影响差动电流的计算。当正常运行或发生区外故障时,一次侧 I_T 和 I_N 相位相反,此时变压器保护通过内部算法的调整,很容易保证二次差动电流仍接近于零。完全纵差保护与线路电流差动保护、变压器纵联差动保护的原理类似。

发电机纵差保护一般采用循环闭锁出口方式,只有当两相或三相差流满足定值时保护才动作,这是因为发电机中性点不直接接地,当发电机发生内部相间短路时,会产生二相或三相的差流。为了提高发电机内部及外部发生不同接地故障(即区内某一相接地,区外另一相接地)时保护动作的可靠性,当有一相差流满足定值且发电机机端有负序电压时也判定为发电机内部短路故障。虽然只有某一相差流满足定值,但是此时发电机机端会产生负序电压。

此外,当仅有某一相差流满足定值,且发电机端无负序电压时,可以判为 CT 断线。这种出口方式的特点是单相 CT 断线保护不会误动,因此可省去专用的 CT 断线闭锁环节,保护安全可靠。

以下介绍比率制动特性中最小动作电流的整定原则。与变压器纵差保护相比,发电机中性点与机端电流互感器励磁特性相近;变比取值一般相同,不存在变比标准化形成的不平衡电流;不需要考虑变压器电压分接头调整形成的不平衡电流。因此,最小动作电流值不仅需要躲过(即大于,下同)正常运行时的不平衡电流,还应躲过区外远处短路(短路电流接近发电机的额定电流)时发电机纵差保护的不平衡电流,最小动作电流 $I_{\text{op.min}}$ 具体整定公式为

$$I_{\text{op.min}} = K_{\text{rel}}(K_{\text{er}} + \Delta m) \cdot I_{\text{N.G}} \qquad (6-3-1)$$

式中,K_{rel}——可靠系数,取值为 1.5 ~ 2.0;

Δm——装置通道误差引起的不平衡系数,取值为 0.2;

K_{er}——电流互感器综合误差,取值为 10% 。

工程上,最小动作电流一般取 0.2 ~ 0.3 倍发电机的额定电流 $I_{\text{N.G}}$。对于正常工作时不平衡电流较大的情况应查明原因,若暂时无法消除,则应将本定值适当提高以免产生误动作。

除此之外,对于单折线比率制动特性而言,最小制动电流一般取 0.7 ~ 1 倍发电机的额定电流。比率制动的斜率一般取 0.3 ~ 0.5,建议取 0.4。灵敏系数一定能满足,故不必校验。差动速断电流值,一般取 3 ~ 5 倍发电机的额定电流。对该值要进行灵敏度校验,按并网后机端最小两相短路电流校验,要求灵敏系数不小于 1.2。只有灵敏度满足要求,才能保证在有非周期分量、CT 饱和、CT 暂态特性等因素影响下,发生内部故障时保护能可靠动作。

2. 不完全纵差保护

发电机不完全纵差保护,适用于定子绕组为多分支的大型发电机,能够反应发电机相间短路故障、定子绕组的线棒接头开焊及分支匝间短路故障。

发电机纵差保护通常引入发电机定子机端和中性点的全部相电流,此时在定子绕组发生同相匝间短路故障时两电流仍然相等,保护将不能动作。通常大型汽轮(或水轮)发电机每相定子绕组均为两个或者多个分支并联,若能够引入发电机的中性点侧部分分支电流和机端全电流来构成不完全纵差保护,辅以适当的分支系数,就可以保证发生区外故障时即使没有差流也能正常运行,但发电机发生相间短路或者匝间短路时会形成差流,若差流超过定值则应切除故障。

发电机不完全纵差保护接入发电机中性点侧的部分分支绕组三相 CT 的二次电流,同时接入发电机机端三相 CT 的二次电流,以定子绕组每相二分支的不完全纵差保护为例,不完全差动保护交流输入回路示意图如图 6-3-3 所示。此时,有

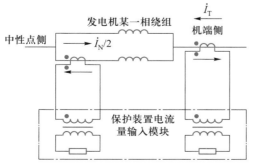

图 6-3-3　不完全差动保护交流输入回路示意图

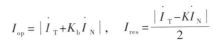
$$I_{op} = |\dot{I}_T + K_b \dot{I}_N|, \quad I_{res} = \frac{|\dot{I}_T - K\dot{I}_N|}{2}$$

式中，K_b 为分支系数，发电机中性点全电流与流经不完全纵差 CT 一次电流之比，如果两组 CT 变比相同，则 $K_b = 2$。

为了能可靠反应分支匝间短路故障，发电机不完全纵差保护一般使用单相出口方式。为了防止 CT 断线时保护误动，必须设置专门的 CT 断线判别，判别方法与变压器纵差保护 CT 断线判别方法相同。

综上所述，发电机与变压器差动保护主要不同点在于：

（1）绕组不存在转角，不需考虑相位补偿；

（2）不需要考虑励磁涌流；

（3）有完全纵差和不完全纵差之分；

（4）差动 CT 接法与变压器差动保护接法有所区别。

视频资源：6.3.3 定子绕组匝间短路保护

6.3.3　定子绕组匝间短路保护

当发电机定子一个线槽内的两个线棒属于同一相绕组时，如果绝缘被破坏，会导致匝间短路；容量较大的发电机每相都有两个或两个以上的并联支路，如果同槽的两个线棒属于同一相、不同分支的绕组，也会导致匝间短路。当定子绕组发生匝间短路时，短路电流在绕组内部形成环流，纵联差动保护将不能反应，因此应针对定子绕组匝间短路装设专门的保护。

1. 发电机单元件横差保护

发电机横差保护是反应发电机定子绕组的匝间短路（包括同分支的匝间短路、同相不同分支之间的匝间短路）、线棒开焊的主保护。

发电机单元件横差保护适用于每相定子绕组为多分支，且有两个或两个以上中性点引出的发电机。输入电流为发电机两个中性点连线上的 CT 二次电流。以定子绕组为每相两分支的发电机为例，其交流输入回路示意图如图 6-3-4 所示。当正常运行以及发生区外故障时，发电机不同中性点的电势相同，中性点连线上不会有电流产生。当发电机发生匝间故障时，中性点连线上的电流将会出现较大的数值，若超过整定值，则保护判定发生发电机匝间故障或者相间短路故障而动作于跳闸。

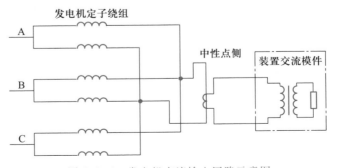

图 6-3-4　发电机交流输入回路示意图

衡量单元件横差保护的重要指标是灵敏性，即反应发电机部分较轻微匝间短路的能力,传统的单元件横差保护的"单元件"就是指一只电流继电器,其动作电流一般取发电机额定电流二次值的 0.2 ~ 0.3 倍。数字式保护采用相电流比率制动的高灵敏横差保护原理,其动作方程为

$$\begin{cases} I_d > I_{op}, & I_{max} \leq I_{N.G} \\ I_d > \left(1 + K_{res}\dfrac{I_{max} - I_{N.G}}{I_{N.G}}\right)I_{op}, & I_{max} > I_{N.G} \end{cases} \quad (6-3-2)$$

式中,I_d——横差电流;

$\quad\quad I_{op}$——横差电流定值;

$\quad\quad I_{max}$——机端或中性点三相电流中的最大相电流;

$\quad\quad I_{N.G}$——发电机的额定电流;

$\quad\quad K_{res}$——制动系数。

单元件横差保护是发电机内部故障的主保护,动作无延时。但考虑到在发电机转子绕组两点接地短路时发电机气隙磁场畸变可能导致保护误动,应在转子一点接地后,横差保护增加延时以提高其可靠性。

2. 发电机裂相横差保护

裂相横差保护又称三元件横差保护,实际上是分相横差保护。将每相定子绕组的分支回路分成两组,并通过两组 CT 获得各组分支电流之和,使得保护的输入电流为这两组分支回路 CT 的二次电流。以定子绕组每相两分支的发电机为例,其交流输入回路示意图如图 6-3-5 所示。发电机正常运行的时候,各绕组中的电动势相等,流过相等的负荷电流 I_{A1} 和 I_{A2}。当同相非等电位点发生匝间短路时,各绕组中的电动势不再相等,各绕组出现电动势差并产生环流,流过的负荷电流 I_{A1} 和 I_{A2} 不再相等,此时将出现差动电流;当差动电流超过整定值时,保护判断发生了发电机匝间故障或者相间短路故障而动作于跳闸。

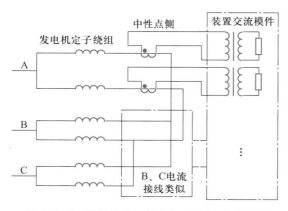

图 6-3-5 裂相横差保护交流输入回路示意图

为了提高保护灵敏度,裂相横差保护要求各 CT 的暂态特性要好,可采用同型号、同变比的 CT,若每相定子绕组分支数为奇数,由于两组 CT 所匝链的分支数不同,所以需要引入平衡系数,平衡系数可由每组分支数推导得出。

如果同分支匝间短路匝数较少,或不同分支匝间短路位置接近,短路电流较小,横差保护将存在动作死区。

3. 纵向零序电压式匝间短路保护

发电机纵向零序电压式匝间短路保护是发电机同相、同分支匝间短路,以及同相、不同分支之间匝间短路的主保护。

发电机定子绕组在发生匝间短路故障时,均会出现纵向不对称(即机端相对于中性点出现不对称),从而产生纵向零序电压,因此该保护可测量发电机纵向零序电压的基波分量,从而反应发电机匝间短路。如图 6-3-6 所示,纵向零序电压取自机端专用 PT 的开口三角绕组输出端 $3\dot{U}_0$,该 PT 全绝缘,其一次中性点不允许接地,而是通过高压电缆与发电机中性点连接起来。

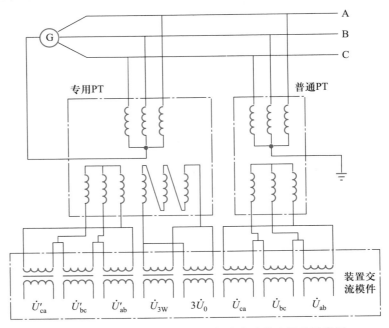

图 6-3-6　纵向零序电压式匝间保护交流接入回路示意图

为防止专用 PT 一次断线时保护误动,需引入 PT 断线闭锁,一般采用电压平衡式原理,引入普通 PT 的三相相间电压 $\dot{U}_{ab}$、$\dot{U}_{bc}$、$\dot{U}_{ca}$ 和专用 PT 的三相相间电压 $\dot{U}'_{ab}$、$\dot{U}'_{bc}$、$\dot{U}'_{ca}$,通过上述电压计算专用 PT 与普通 PT 的正序电压值。再计算二次同名相间电压之差,如图 6-3-7 所示,$\Delta\dot{U}_{ab} = \dot{U}'_{ab} - \dot{U}_{ab}$、$\Delta\dot{U}_{bc} = \dot{U}'_{bc} - \dot{U}_{bc}$、$\Delta\dot{U}_{ca} = \dot{U}'_{ca} - \dot{U}_{ca}$。当电压之差大于整定压差时,说明有 PT 断线,若专用 PT 正序值小于普通 PT 正序值,则可判断出专用 PT 断线,闭锁保护。

为防止发生区外故障时匝间短路保护误动作,可增设负序功率方向判据,采用开放式闭锁。当发电机内部发生定子绕组匝间或相间故障时,发电机内部将出现负序能量源,向外输出负序功率。若端部功率流向机外,则允许匝间保护动作。在机组起动试验过程中,应校验 CT、PT 的极性是否正确,在微机保护装置中,可设置负序功率方向控制字,当 CT、PT 的极性不正确的时候,通过改变该控制字,调整负序功率的计算方向,可提高机组投运效率。

不同容量、不同型号的发电机,其定子绕组的结构及线棒在各定子槽内的分布是不同的,因此其匝间短路的类型以及匝间短路时的最少短路匝数存在差异。当发生匝间短路时可能产生的纵向零序电压值的差异很大,或者发生小匝数匝间短路时有些机组产生的最小零序电压很低,因此纵向零序电压动作值应可靠躲过正常工况下由发电机纵向不对称及专用 PT 三相参数不一致产生的不平衡零序电压,而在定子绕组发生最小匝间短路时能可靠动作。

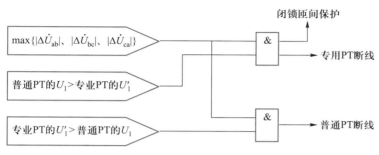

图 6-3-7　电压平衡式 PT 断线逻辑框图

4. 匝间保护的整定原则

零序电流型横差保护一般取 $0.2\sim0.3I_{N.G}$ 为高定值段动作电流;一般取 $0.05I_{N.G}$ 为低定值段动作电流,保护装置将根据不平衡电流实测值加以校正。动作时间均为 0 s,如果之前励磁回路已出现一点接地,为防止瞬时型两点接地造成该保护误动,则应将动作时间自动调为 $0.5\sim1$ s。

裂相横差保护采用比率制动原理。工程上一般取 $0.2\sim0.4I_{N.G}$ 为最小动作电流;最小制动电流一般取 $0.7\sim1I_{N.G}$;比率制动的斜率一般取 $0.3\sim0.6$。

纵向零序过电压保护取用发电机专用电压互感器开口三角电压,二次动作电压一般取 $1.5\sim3$ V。三次谐波过滤比不小于 80,动作时间为 0.2 s。

故障分量负序方向保护与纵向零序电压配套使用,方向指向发电机。灵敏角一般设为 75°。

6.3.4　定子绕组单相接地保护与励磁绕组接地保护

1. 发电机定子绕组单相接地保护

根据安全要求,发电机的外壳都是接地的,因此,定子绕组因绝缘破坏而引起的单相接地故障比较普遍。发电机中性点一般不接地或经过消弧线圈接地,发生单相接地故障时没有很大的短路电流;故障电流为电容电流;当接地电流比较大,能在故障点产生电弧时,将损伤定子铁心,并且也容易发展成相间短路,造成更大的危害。为了防止单相接地故障损坏发电机,可装设消弧线圈将接地电容电流限制在安全范围以内,发生单相接地故障时,由发电机定子绕组单相接地保护发出信号;如果接地电容电流超过允许值,单相接地保护将动作于跳闸。

(1) 发电机定子绕组单相接地的特点。发电机以及升压变低压侧中性点不直接接地运行,整个发电机电压系统为小电流接地系统,零序电压将随发电机内部接地点的位置而改变。故障点越靠近机端,零序电压就越高。

如图 6-3-8(a)所示,假设在 A 相定子绕组距中性点 α 处发生接地,α 表示

视频资源:
6.3.4.1 定子绕组单相接地保护

中性点到故障点的绕组占全部绕组匝数的百分数,发电机端的各个相对地电压为

$$\begin{cases} \dot{U}_{A} = (1-\alpha)\dot{E}_{A} \\ \dot{U}_{B} = \dot{E}_{B} - \alpha\dot{E}_{A} \\ \dot{U}_{C} = \dot{E}_{C} - \alpha\dot{E}_{A} \end{cases} \tag{6-3-3}$$

因此,零序电压为

$$3\dot{U}_{0} = \dot{U}_{A} + \dot{U}_{B} + \dot{U}_{C} = -3\alpha\dot{E}_{A} \tag{6-3-4}$$

如在定子绕组 50% 处发生单相接地故障,则发电机端公用 TV 开口三角的零序电压的二次值应为 50V,而根据 TV 二次主绕组输出的三相电压计算出的零序电压值应为 87.7 V。

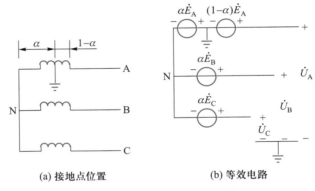

(a) 接地点位置　　　　　　　　(b) 等效电路

图 6-3-8　定子绕组单相接地零序电压

受发电机气隙磁通密度的非正弦分布和铁磁饱和的影响,在定子绕组中感应的电势,除基波分量外,还含有高次谐波分量,其中三次谐波含量最高,以 $E_{3\omega}$ 表示。如果把发电机对地电容等效地看作集中在发电机的中性点 N 和机端 T 处,每端为 $C_{G}/2$,并将发电机端引出线、升压变压器、厂用变压器以及电压互感器等设备的对地电容 C_{S} 也等效地放在机端,则正常运行情况下的等效网络如图 6-3-9(a) 所示,可以看出中性点处等效电容小、容抗大,$U_{3\omega.N} > U_{3\omega.T}$。

如图 6-3-9(b) 所示,定子绕组发生单相接地时,$U_{3\omega.N} = \alpha U_{3\omega}$,$U_{3\omega.T} = (1-\alpha)U_{3\omega}$,而且越靠近中性点,$\alpha$ 越小,$U_{3\omega.T}/U_{3\omega.N} = (1-\alpha)/\alpha$ 越大。

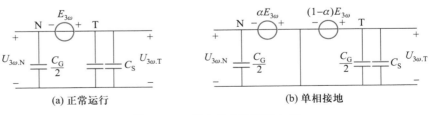

(a) 正常运行　　　　　　　　　　(b) 单相接地

图 6-3-9　发电机 3 次谐波电压

（2）发电机基波零序电压式定子接地保护

基波零序电压式定子接地保护的保护范围为由机端至机内 90% 左右的定子

绕组,可作小机组的定子接地保护,也可与三次谐波定子接地保护合用,组成大、中型发电机的100%定子接地保护。

保护接入$3U_0$电压,取自发电机机端公用PT开口三角绕组两端,或取自发电机中性点单相电压互感器(或配电变压器或消弧线圈)的二次侧,其交流输入回路如图6-3-10所示。

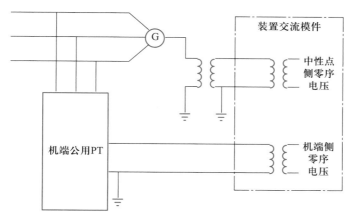

图6-3-10 零序电压式定子接地保护交流接入回路

零序电压式定子接地保护的输入电压的取值来自公用PT开口三角形绕组,为确保PT一次断线时保护不会误动,需引入PT断线闭锁,相应的保护逻辑框图如图6-3-11所示。当机端PT与中性点PT都感受到零序电压时,经延时发出信号或跳闸。当机端PT开口三角形有零序电压输出时,则经延时(如10 s)发出PT断线信号,并闭锁该保护。

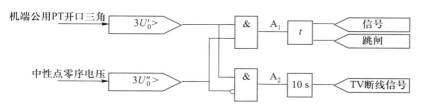

图6-3-11 零序电压式定子接地保护逻辑框图

由于在靠近中性点附近接地时,零序电压较低,因此单纯利用零序电压构成的接地保护,不能实现100%保护,即存在"死区"问题。

(3)双频式100%保护区定子绕组单相接地保护

双频式100%保护区定子绕组单相接地保护又称"利用基波零序电压和三次谐波电压构成的100%保护区定子绕组单相接地保护",它由两部分组成:① 基波零序电压保护,保护定子绕组的85%～95%区域,该保护前已述及;② 三次谐波电压保护,利用三次谐波电压构成保护判据,反应发电机中性点向机内20%左右定子绕组或机端附近发生的定子绕组单相接地故障。两部分的保护区相互重叠,构成**或**逻辑,获得100%保护区。

三次谐波电压式定子绕组单相接地保护是根据发电机中性点及机端三次谐波电压的幅值和相位来决定是否动作的,其中性点三次谐波电压取自发电机中性点单相电压互感器(或配电变压器或消弧线圈)的二次电压中的三次谐波分量,其机端三次谐波电压取自发电机机端 TV 开口三角绕组两端电压中的三次谐波分量。其交流接入回路与图 6-3-11 类似,只是所取得的分量不同。三次谐波电压比率的定子接地保护可只投入信号,或经延时实现保护跳闸。

双频式定子绕组接地保护元件一般由零序电压、三次谐波电压元件两部分组成。零序电压保护的动作值分为低定值与高定值两种,其低定值按躲过正常运行情况下的不平衡基波零序电压 $3U_{0.\max}$ 整定

$$U_{op} > K_{rel}3U_{0.\max} \tag{6-3-5}$$

式中,K_{rel}——可靠系数,取值为 1.2～1.3。

该定值一般可整定为发电机机端单相接地时,发电机端或中性点端测得的三倍零序电压二次值的 10%～15%,典型定值为 10～15 V。如果动作电压或动作原理已能躲过主变压器耦合到机端的三倍零序电压,延时可尽量取短,可设为 0.3～1.0 s;否则应与高压侧接地保护的后备段相配合,取较长延时。高定值按能躲过主变压器耦合到发电机端的三倍零序电压最大值整定,取发电机端单相接地时发电机端或中性点端测得的零序电压二次值的 15%～25%,动作时间为 0.3～1.0 s。利用三次谐波电压构成的保护整定原则请参照相应说明书。

2. 发电机励磁绕组的接地保护

发电机转子在生产、运输及起停机过程中,可能会造成转子绕组绝缘或匝间绝缘的破坏,从而引起转子绕组匝间短路和励磁回路接地故障。

发电机励磁绕组一点接地故障是常见的故障形式之一,两点接地故障也时有发生。励磁回路一点接地故障对发电机并不直接造成危害,但若相继发生第二点接地故障将严重威胁发电机的安全。当发生两点接地故障时,故障点流过相当大的故障电流,并将烧坏转子本体;由于部分绕组被短接,励磁绕组中的电流将增加,绕组可能因过热而烧坏,同时气隙磁通会失去平衡,从而引起振动,因此可能造成灾难性后果。此外,汽轮发电机励磁回路两点接地,还可能使轴系和汽机磁化。因此,励磁回路两点接地故障的后果是严重的。发电机励磁绕组接地保护也常被称为转子接地保护。

(1) 励磁回路一点接地保护

励磁回路一点接地保护原理有直流电桥式和外加电压式,它们能反应励磁回路故障和对地绝缘的降低。

图 6-3-12 所示为直流电桥式一点接地保护,R_y 为励磁绕组等效绝缘电阻。在正常情况下,调节电阻 R_1,使电桥尽量平衡,KA 动作值高于不平衡电流。一点接地后,电桥平衡打破,保护动作,显然,当接地点靠近励磁绕组中性点时,保护将存在动作死区。

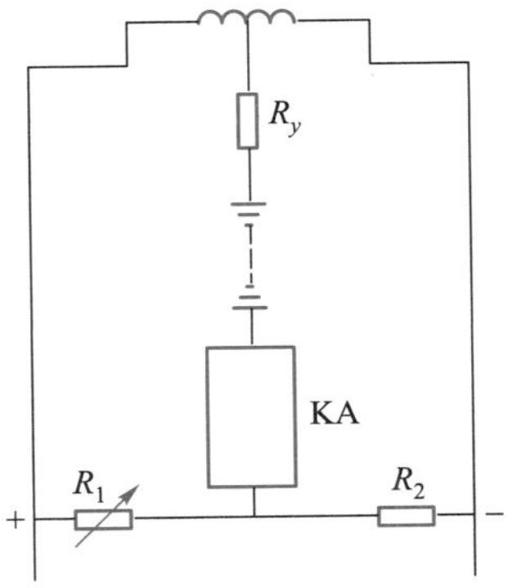

图 6-3-12　直流电桥式
一点接地保护

外加电压式励磁回路一点接地保护基本原理:在励磁绕组与地(转子大轴)之间施加电源,通过检测回路电流来发现励磁回路对地绝缘的下降,附加电源可以是直流电源,也可以是 50 Hz 交流电源。其整

定值一般分为高定值段与低定值段两种,以氢冷汽轮发电机为例,高定值段可整定为 10 ~ 30 kΩ,一般动作于信号;低定值段可整定为 0.5 ~ 10 kΩ,一般动作于跳闸或信号。动作时间一般整定为 5 ~ 10 s。具体参见相应保护装置说明书。

（2）励磁回路两点接地保护

直流电桥式一点接地保护也可以用来实现两点接地保护,当一点接地后,电桥平衡打破,发出一点接地信号;这时重新调整 R_1,使电桥再次平衡;当发生两点接地时,电桥平衡又被打破,保护经 0.5 ~ 1 s 延时动作于停机。如果两个接地点之间靠得很近,保护存在死区;若故障发展较快,在对电桥进行调整时发生了两点接地,由于保护尚未投入,所以保护将失去作用。

当发电机转子绕组两点接地时,其气隙磁场将发生畸变,在定子绕组电压中将产生 2 次谐波负序分量,利用发电机定子电压出现 2 次谐波分量也可以构成励磁回路两点接地保护判据,其整定原则请参考相应保护装置说明书。

6.3.5 过电流与过负荷保护

1. 定子绕组对称过负荷保护

对于发电机因定子绕组过负荷或区外短路引起的定子绕组过电流,应装设定子绕组过电流（过负荷）保护,由定时限和反时限两部分组成,该保护常被称为对称过电流保护或对称过负荷保护。

（1）定时限过负荷部分。定子过负荷保护反应发电机定子绕组的平均发热状况。保护动作量同时取发电机机端电流、中性点定子电流。该保护动作于信号。整定方法类似于变压器的过负荷保护（公式略）,整定值以发电机的额定电流的倍数表示,取发电机额定电流的 1.1 ~ 1.15 倍。整定延时要大于线路后备保护动作时间的最大整定值。

（2）反时限过负荷部分。反时限保护由三部分组成:下限启动部分、反时限部分和上限定时限部分,其动作特性示意如图 6-3-13 所示。当定子电流超过下限整定值时,反时限部分启动,并进行热累积。当反时限保护热积累值大于热积累定值时,保护发出跳闸信号。

① 反时限过电流保护的下限动作电流 $I_{op.min.*}$ 以额定电流的倍数表示。与发电机定时限过负荷保护的动作电流配合计算,一般取 1.15 ~ 1.2 倍发电机的额定电流。

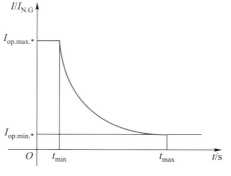

图 6-3-13　定子绕组过负荷反时限动作特性示意图

② 反时限过电流保护的上限动作电流 $I_{op.max.*}$ 以额定电流的倍数表示。按躲过高压母线上最大短路电流计算,得

$$I_{op.max.*} = K_{rel} \frac{I_{k.max}^{(3)}}{I_{N.G}} \qquad (6-3-6)$$

式中,K_{rel}——可靠系数,一般取 1.3;

　　$I_{k.max}^{(3)}$——对于发电机变压器组,取升压变压器高压母线三相短路的最大短

路电流;当发电机出口有断路器时,取发电机出口三相短路的最大短路电流。

当短路电流达到该值及以上时,按最小动作延时跳闸,动作延时与发电厂出线快速保护配合,一般不小于 0. 3 s。

③ 反时限段整定。考虑发电机的热积累,其定值应小于发电机所能承受的热积累限度,并考虑散热影响。反时限保护动作方程为

$$t = \frac{K_{tc}}{(I/I_{N.G})^2 - (K_{sr})^2} \tag{6-3-7}$$

式中,K_{tc}——定子绕组热容量,若机组容量小于 1 200 MV · A,该值取 37.5;

$\quad\quad K_{sr}$——发电机散热效应系数,取值为 1.02 ~ 1.05。

发电机定子电流越大,其动作时间越短。整定时,只需要给出定热容量系数与散热效应系数即可。保护将自动计算出动作时间,如 $I_{N.G}$ 为 3.39 A,K_{tc} 为 37.5,K_{sr} 为 1.05,当输入电流 I 为 10.17 A 时,可求得 t 为 4.748 s。

2. 励磁绕组过负荷与转子表层过负荷

励磁绕组过负荷保护分为两个部分,其一为励磁绕组定时限过负荷保护,动作电流在正常励磁电流条件下,保护能可靠返回整定。保护一般装于交流侧,整定值以发电机额定电流的倍数表示,取发电机额定电流的 1.1 ~ 1.15 倍,整定延时要大于线路后备保护的最大延时,动作于信号。其二为反时限部分,动作特性类似于图 6-3-13 所示曲线,其下限取值与定子对称过负荷类似,反时限特性有所改变,且不考虑散热。反时限动作时间限为

$$t = \frac{C}{I_{fd.*}^2 - 1} \tag{6-3-8}$$

式中,C——励磁绕组过热常数,由厂家提供;

$\quad\quad I_{fd.*}$——强行励磁倍数,为实际的励磁电流相对于额定励磁电流的倍数。

反时限动作特性的上限动作电流与强行励磁倍数相匹配。如果该倍数为 2,则当 2 倍额定励磁电流下的持续时间达到允许的持续时间时,动作于跳闸。

当电力系统中发生不对称短路或在正常运行情况下三相负荷不平衡时,在发电机定子绕组中将出现负序电流。负序电流在发电机空气隙中所建立的负序旋转磁场的运行速度相对于转子本身的运动速度,为 2 倍的同步转速,因此将在转子绕组、阻尼绕组以及转子铁心等部件上感应出 100 Hz 的倍频电流。由于集肤效应,倍频电流主要导致转子表层发热,称为转子表层过负荷(过热)。倍频电流使得转子上电流密度很大的某些部位(如转子端部、护环内表面等)出现局部灼伤,甚至可能使扩环受热松脱,从而导致发电机出现重大事故。此外,负序气隙旋转磁场与转子电流之间、正序气隙旋转磁场与定子负序电流之间所产生的100 Hz 交变电磁转矩,以及作用在转子大轴和定子机座上引起的 100 Hz 振动,也将威胁发电机安全。

发电机的负序电流保护以定子负序电流构成保护判据,由两部分组成,即定时限过负荷保护与反时限过流保护。因为设置定子负序电流保护的目的是防止转子表层过热,负序电流保护也称为转子表层过负荷保护。

转子表层过负荷保护第一部分为定时限过负荷保护。定时限过负荷保护以发电机的额定电流的倍数表示动作值,即

$$I_{2.\text{ op}.*} = \frac{K_{\text{rel}} I_{2.\infty.*}}{K_r} \qquad (6\text{-}3\text{-}9)$$

式中, K_{rel}——可靠系数,一般取值为 1.2;

  $I_{2.\infty.*}$——发电机长期运行负序电流值相对于额定电流的倍数;

  K_r——返回系数,取值为 0.9~0.95。

为了早报警、早发现、早处理,一般动作值取 0.05~0.06 倍发电机额定电流,保护动作后经 5~10 s 延时,发出告警信号。

转子表层过负荷保护第二部分为反时限过流保护,其动作特性类似于图 6-3-13 所示曲线。下限定值一般取 0.1 倍发电机额定电流,下限动作时间一般不超过 1 000 s,上限动作电流按躲过升压变压器高压母线发生两相短路时流过发电机的最大负序电流来整定,计算公式与定子反时限过负荷上限电流计算公式类似,注意取值为负序电流,为短路相电流值除以 $\sqrt{3}$;最短动作延时与发电机主保护配合计算,一般取 0.3~0.4 s。反时限动作时间限为

$$t = \frac{A}{I_{2.*}^2 - I_{2.\infty.*}^2} \qquad (6\text{-}3\text{-}10)$$

式中, A——转子表层承受负序电流能力的常数,采用厂家数据,若无,则可取为 4;

  $I_{2.*}$——实际负序电流值相对于额定电流的倍数。

该保护在灵敏度和动作时限方面不必与相邻元件或线路的相间短路保护配合,保护动作于解列或程序跳闸。

6.3.6　失磁保护和失步保护

在大机组中失磁保护和失步保护一般同时装设,而在中小机组中通常都不装设失步保护。失磁保护是指反应励磁回路故障而引起励磁消失,发电机过渡到异步运行状态的保护。多采用阻抗判据为主要判据,辅助以转子低电压判据、发电机端低电压判据、系统低电压判据及过功率判据等。动作于励磁切换、发电机减出力或程序跳闸。反应发电机处于失步保护运行状态的保护,为失步保护。该保护多采用阻抗判据为主要判据,当失步运行时间超过整定值或振荡次数超过规定值时,保护动作于解列。

1. 失磁保护

引起发电机失磁的原因主要有:励磁绕组直接短路、励磁绕组经励磁电机电枢绕组闭路、励磁绕组开路、励磁机故障、自动灭磁开关误跳闸造成励磁绕组经灭磁电阻短接、半导体励磁系统中某些元件损坏或回路发生故障以及误操作等。

发电机失磁后将会从电力系统中吸收无功功率,如果电力系统的容量较小或无功功率储备不足,则可能会进一步降低发电机机端电压或者升压变压器高压侧电压,严重时会破坏负荷与各电源间的稳定运行,甚至导致系统瓦解。同时发电机失磁将导致发电机异步运行,使机组发生振动,影响发电机的安全。

正常运行时,若用阻抗复平面表示发电机端测量阻抗,则阻抗的轨迹在第一象限(滞相运行)或第四象限(进相运行)内。发电机失磁后,发电机端测量阻抗

的轨迹将沿着有功阻抗圆进入异步边界圆内,因此可以通过发电机端阻抗判断发电机是否发生了失磁故障。

此外由各种原因引起的发电机失磁,其转子励磁绕组电压都会出现降低,降低的幅度随失磁方式不同而存在差异,因此可以通过转子电压降低来判断失磁故障。完整的阻抗原理失磁保护通常由发电机机端测量阻抗判据、转子低电压判据、变压器高压侧低电压判据、发电机端低电压判据构成,通常取发电机端测量阻抗判据作为失磁保护的主判据。

为防止电压互感器回路断线时造成失磁保护误动作,变压器高、低压侧均应判断 PT 断线并闭锁失磁保护。

各保护装置对于"失磁"的界定依据主要有:以进入静稳极限圆判定和以进入异步阻抗圆判定两类。图 6-3-14 所示的是失磁保护阻抗圆特性。发电机失磁后,失磁保护所对应的发电机端测量阻抗由第一象限向第四象限移动,进入图中所示的圆 1 时,代表着发电机与电力系统间的功角 $\delta \geqslant 90°$,已超过静态稳定极限,如情况未得到改善,发电机端测量阻抗的轨迹进入图中所示的圆 2 时,代表发电机由失磁至失步前状态进入失步运行状态,此时保护判断失磁引起的失步现象已存在。

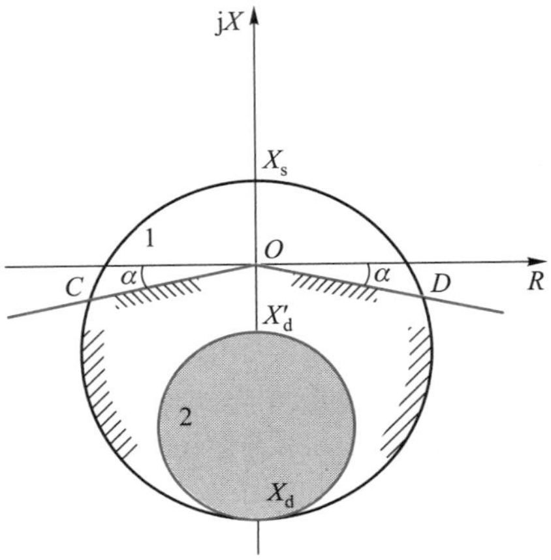

失磁保护的辅助判据主要有转子低电压判据、发电机端低电压判据、系统低电压判据及过功率判据等。

图 6-3-14　失磁保护阻抗圆特性

(1)阻抗判据。如采用静稳极限阻抗圆判据,X_s 为系统阻抗,如图 6-3-14 中圆 1 所示,α 为两根切线 $\overrightarrow{OC}$、$\overrightarrow{OD}$ 的切角,一般为 $10° \sim 15°$;两根切线与圆 1 围成保护动作区。根据以上各阻抗值,可设定阻抗动作圆的整定值。如采用异步边界阻抗圆判据,如图 6-3-14 中圆 2 所示,其下端为发电机直轴同步电抗 X_d、上端为 X'_d 为发电机暂态电抗。

(2)低电压判据。该判据分为两个系统低电压判据与发电机端低电压判据,前者主要用于防止由发电机低励或失磁故障(部分失磁,并非已无法挽救的失磁故障)时发电机失磁保护提前动作,造成系统无功储备不足,引起系统电压崩溃,大面积停电。采用三相同时低电压判据,整定值可取 $0.85 \sim 0.95$ 倍高压母线最低正常运行电压;后者按不破坏厂用电安全和躲过强励启动电流条件整定。采用三相同时低电压判据,整定值可取 $0.85 \sim 0.9$ 倍额定电压。

(3)转子低电压判据。该判据为辅助判据。由于转子励磁电压 U_{fd} 与发电机有功输出 P 有关,故可采用变励磁低电压判据。该判据整定要点是动作斜率,本书仅介绍与隐极汽轮发电机有关的斜率计算方法,该斜率 K_{op} 按发电机的额定功率 $P_{N.G}$ 所对应的发电机的空载励磁电压 $U_{fd.0}$ 进行整定

$$K_{op} = \frac{U_{fd.0}}{P_{N.G}} = \frac{(X_d + X_{con}) U_{fd.0}}{U_S E_{d0}} \tag{6-3-11}$$

式中，U_s——归算到发电机端的无穷大系统母线电压值；

$\quad\quad X_d$——归算到发电机端的发电机直轴同步电抗值；

$\quad\quad X_{con}$——归算到发电机端的系统联络电抗值，即主变压器电抗加系统等值电抗；

$\quad\quad E_{d0}$——发电机的空载励磁电势。

图 6-3-15 所示，当发生失磁时，励磁电压 U_{fd} 将低于对应于不同有功输出 P 所应有励磁电压值。

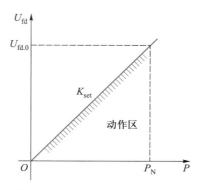

图 6-3-15　隐极汽轮发电机失磁保护变斜率低电压判据示意

（4）闭锁判据。该判据主要用于防止区外故障时失磁保护误动作，主要包括两种，其一为负序电压闭锁判据，取 5% ~ 6% 发电机额定电压；其二为负序电流闭锁判据，取 1.2 ~ 1.4 倍发电机长期运行负序电流值。如果以上任一种判据满足动作条件，那么瞬时动作于闭锁失磁保护。经 8 ~ 10 s 后自动返回，解除闭锁。

（5）延时元件。动作于跳开发电机的延时元件，动作时间应大于系统的振荡周期，对于不允许发电机失磁运行的系统，其延时一般取 0.5 ~ 1.0 s。动作于励磁切换及发电机减出力的时间元件，其延时按设备允许条件整定。

2. 失步保护

当发电机正常运行时，发电机与电力系统的电动势以同样的工频角频率旋转，之间的相位差维持不变，发电机处于同步稳定运行状态。如果受到某种干扰，发电机与系统之间的电动势以不同的角频率旋转，两侧电动势相位差不断变化，此时称为发电机失步。

发电机失步后，发电机端电压周期性地严重下降，发电机端电流周期性地大幅上升，厂用机械工作的稳定性遭到破坏，电流引起的热效应可能导致发电机定子绕组过热而损坏，失步过程可能引发汽轮发电机轴系扭振，甚至造成严重的系统事故。

通常，通过检测发电机端阻抗的变化轨迹来实现发电机失步保护，并要求失步保护只反应发电机的失步情况，能可靠躲过系统短路和同步摇摆，并能在失步开始的摇摆过程中区分加速失步和减速失步，这里介绍一种双遮挡器动作特性的失步保护原理，双遮挡器动作特性如图 6-3-16 所示。

可以看出，电阻线 $R_{op.1}$、$R_{op.2}$、$R_{op.3}$、$R_{op.4}$ 及电抗线 $X_{op.t}$ 将阻抗复平面分成 0 ~ Ⅳ 共 5 个区。发电机失步后，当发电机端测量阻抗较缓慢地从 $+R$ 向 $-R$ 方向变化，且依次由 0 区 → Ⅰ 区 → Ⅱ 区 → Ⅲ 区 → Ⅳ 区穿过时，判断为加速失步；而当测量阻抗由 $-R$ 向 $+R$ 方向变化，且依次穿过各区时，判断为减速失步。测量阻抗依次穿过五个区后，记录为一次滑极，当滑极的次数累计达到整定值时，便发出跳闸命令。

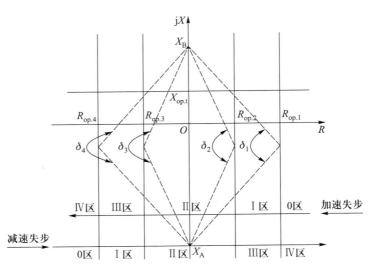

图 6-3-16　发电机失步保护动作特性及过程图

$X_{op.t}$——电抗整定值；

$R_{op.1}$、$R_{op.2}$、$R_{op.3}$、$R_{op.4}$——电阻整定值；

$X_B = X_S + X_T$（X_S——最大运行方式下系统阻抗，X_T——主变压器阻抗）；

$X_A = -(1.8 \sim 2.6)X'_d$（$X'_d$——发电机暂态电抗）。

若测量阻抗轨迹穿越几个区之后以相反的方向返回，则不计滑极，这样可将发电机失步与可恢复性的摇摆区分开。当振荡中心落在线路上时，由于发电机端测量阻抗轨迹在电抗 $X_{op.t}$ 之上变化，所以失步保护可靠闭锁。另外，当系统发生短路故障时，发电机端测量阻抗变化极快，失步保护可靠闭锁。

电抗整定值 $X_{op.t}$ 应使系统振荡（即振荡中心落在发电厂系统母线之外）时保护能可靠不动；为使失步保护在系统发生短路故障时不会误动，阻抗在各区停留时间应足够长；为使失步保护能可靠动作，阻抗在各区停留时间应小于最小振荡周期下测量阻抗在各区内的实际停留时间；为防止失步跳闸时开断电流过大，阻抗边界的整定要为断路器创造一个良好的断开条件，避免发电机功角为 180°时跳闸。

6.3.7　异常运行保护

（1）励磁绕组过电压保护。与变压器过励磁保护类似，过励磁倍数 N 按电压的标幺值除以频率的标幺值计算，可分为定时限与反时限两种。动作于信号、降低励磁电流、解列灭磁或程序跳闸。

（2）频率异常保护。工作频率过高或过低都有可能造成发电机的损坏，该保护用于反应发电机频率的异常状态，动作于告警或跳闸。

（3）逆功率保护。发电机失磁、汽轮机的主气门关闭或其他某种原因，发电机有可能变为电动机运行，即从系统中吸取有功功率，这就是逆功率。长期逆功率运行对汽轮机的叶片不利。发电机逆功率保护主要保护汽轮机不受损害。当发电机吸收的有功功率大于整定值时，经短延时发信号，经长延时动作于出口。保护动作于告警或跳闸。逆功率保护动作于出口的延时应按汽轮机叶片允许过热时间的条件来整定。

（4）定子绕组的过电压保护。当运行的发电机突然甩负荷或者带时限切除发电机较近的外部故障时,发电机端电压会异常升高。发电机过电压保护是防止输出端电压升高使发电机绝缘受到损害的保护。

（5）起停机保护。有些情况下,由于操作上的失误或其他原因使发电机在起动或停机过程中有励磁电流,而此时发电机正好存在短路或其他故障,造成电气量的频率较低。该保护作为发电机在低频率工况下的辅助保护,防止数字式保护装置因频率降低而无法正确动作。

（6）误上电保护。在不具备并列条件下,将发电机与系统相连,称为误上电。误上电会引起逆功率保护、失磁保护,以及某些后备保护动作,但这些保护的动作时间长,不能起到保护作用,需专用的误上电保护反应该异常行为。保护在发电机并网后自动退出运行,解列后自动投入运行。

（7）断路器闪络保护。该保护反应断路器主触头并未全部断开或断开不到位的情况,动作于灭磁,同时启动断路器失灵保护。

（8）发电机端断路器失灵保护。该保护反应保护已发出跳闸命令而发电机端的断路器主触头并未全部断开或断开不到位的情况,动作于主变压器高压侧断路器并启动厂用电切换。

6.4　母线保护

PPT 资源:
6.4　母线保护

　　变电站的各级电压配置装置中,母线设备是将变压器、互感器、进出线路等大型电气设备与各种电气装置连接的导线,其功能为汇集、分配和传送电能。在运行过程中,母线可能发生各种接地或相间短路故障,大部分故障是由绝缘子对地放电引起的,雷击、CT异常和误操作也可能引起故障。110 kV 及以上等级母线故障的频率与输电线路相比低得多,但一旦发生故障需跳开故障母线上的所有元件,可能造成大面积的停电甚至破坏电力系统的稳定性,后果要严重得多。因此,对高电压等级的母线保护要求有高度的安全性和可靠性,同时要求选择性强、动作速度快。母线保护不但要能区分区内故障和区外故障,还需要定位到具体某段母线上,在发生故障后应尽早切除故障母线。

　　对威胁电力系统稳定运行的母线故障,必须装设有选择性的快速母线保护。目前我国的母线保护采用纵联差动原理,简称“母差”保护。110 kV 及以上母线上多配置有母差保护,35~66 kV 电力网主要变电所的双母线或分段单母线也有配置母差保护,10 kV 及以下单母线一般不再配置母差保护。

6.4.1　接线形式与保护范围

　　单母线接线示意图（单线图,代表三相）如图6-4-1(a)所示,图中虚线范围以内为母线保护的保护范围。单母线分段接线示意图及母线保护范围如图6-4-1(b)所示。注意图中电流互感器TA_1和TA_2,离母线最远的二次绕组以内为母差保护的保护范围,虽然图中所示的四个二次绕组都处于同一电流互感器之内,但工程上习惯将离母线最远的二次绕组用于母差保护,离母线最近的二次绕组用于变压器、线路的保护,这样可使保护范围出现重叠,有利于反应互感器内部的故障,消除保护死区。

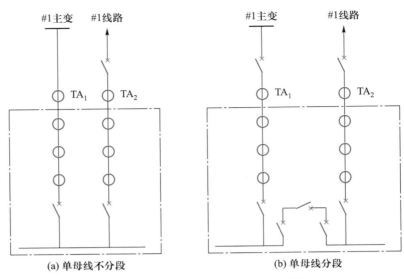

图 6-4-1　单母线及保护范围示意图

对于单母线,配置有母线差动保护及断路器失灵保护;对于单母分段接线,除配置有母线差动保护、断路器失灵保护,还配置有死区保护、母联(即母线联络断路器)或分段(即分段断路器)充电过流保护、母联(分段)非全相保护(适用于分相断路器情况)。

双母线接线及保护范围示意图如图 6-4-2 所示。

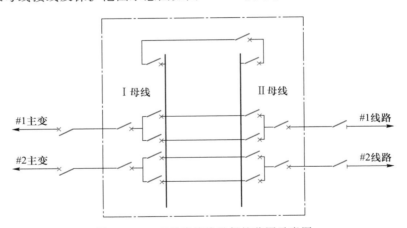

图 6-4-2　双母线接线及保护范围示意图

为进一步缩小母线故障的影响范围,对于可靠性要求更高的电力系统,可采用双母线单分段或者双母线双分段接线。双母线单分段接线示意图如图 6-4-3 (a)所示,双母线双分段接线示意图如图 6-4-3 (b)所示。图中"Ⅰ"代表 1 号母线,简称Ⅰ母,依此类推。

对于双母线双分段接线,目前通常的做法是由两套母线保护共同来完成的,一套母线保护负责Ⅰ母和Ⅱ母,另一套母线保护负责Ⅲ母和Ⅳ母,并且要求分段断路器失灵时两套母线保护之间能够互相启动分段断路器的失灵保护,达到隔离故障的目的。两套保护的动作区间如图 6-4-3 中的点画线所示。

3/2 接线示意图如图 6-4-4 所示。在 3/2 接线中,每套母线保护装置负责一段母线,相当于单母线,两套母线保护的保护区如图6-4-4中的点画线所示。

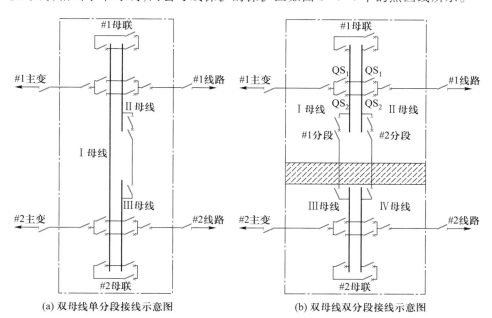

(a) 双母线单分段接线示意图　　(b) 双母线双分段接线示意图

图6-4-3　双母带分段及保护范围示意图

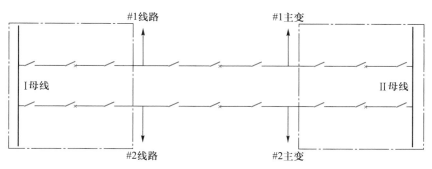

图6-4-4　3/2接线示意图

3/2母线接线的母线保护按母线配置,类似于单母线;除差动保护外,还设置有失灵联跳功能,当边断路器失灵保护动作后,除要求跳开边断路器所在的母线上所有断路器外,还要跳开中断路器。3/2接线的母线断路器失灵由独立的失灵保护装置来完成,母线保护中仅保留失灵联跳功能。

6.4.2　母线纵联差动保护原理

以下介绍母线纵联差动保护原理。母线纵联差动保护简称为"母差保护"或"母差"。

1. 故障分析

如图6-4-5所示,为某500 kV变电站主接线示意图。图中的虚线框所示为220 kV母线,为双母线分段接线。以该接线说明母线发生故障时差动电流的特点。

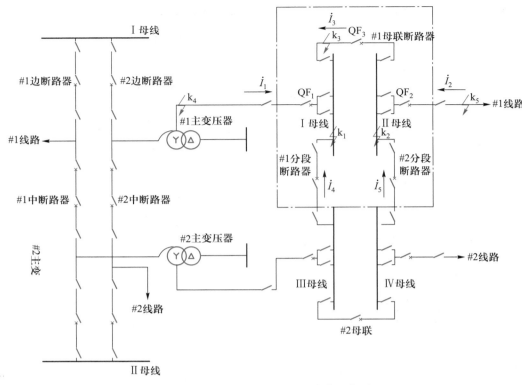

图 6-4-5 500 kV 变电站主接线示意图

若将母线上所连接设备的整体(由母线保护电流互感器的位置决定)视为单一节点,那么在母线设备上传输的电流将满足基尔霍夫电流定律。在正常运行时,其连接所有设备的电流满足公式如下

$$\sum_{i=1}^{N} \dot{I}_i = 0 \qquad (6-4-1)$$

式中,N 为除了母线联络断路器外,母线设备所连接的所有设备的数目,$\dot{I}_i$ 为支路 i 的电流。

以图 6-4-5 点画线框中的双母线接线(包含 I 母和 II 母)为例,正常运行时

$$\dot{I}_1 + \dot{I}_2 + \dot{I}_4 + \dot{I}_5 = 0 \qquad (6-4-2)$$

其中,取流入母线的电流 $\dot{I}_i$ 方向作为正方向,此时 $\dot{I}_1 = -(\dot{I}_2 + \dot{I}_4 + \dot{I}_5)$ 即在理想情况下,$\dot{I}_1$ 与 $\dot{I}_2 + \dot{I}_4 + \dot{I}_5$ 的相位相差 180°,幅值相等。

与线路纵差、变压器纵差一样,发生保护区内部故障时,差动电流等于故障电流。

2. "大差"和"小差"

单母线、3/2 接线母线的差动保护原理相对简单,与线路纵联差动保护原理类似。本节重点说明双母线差动保护原理,只有双母线才存在"大差"和"小差"的说法。

从图 6-4-5 可以看出,对于双母线接线,母线设备的内部故障点并不唯一,为了尽可能减小故障点的影响范围,提高供电可靠性,母线保护必须能够精准识

别故障点位置并切除相应故障点影响的部分。当发生 k_1 点接地故障时，母线保护应只切除 Ⅰ 母；当发生 k_2 点接地故障时，母线保护应只切除 Ⅱ 母；而当发生 k_3 点接地故障时，母线保护应同时切除 Ⅰ 母和 Ⅱ 母。

基于上述需求，应当同时给母线设备的各个子部分（即 Ⅰ 母或 Ⅱ 母）配置母线保护，称为"小差"，而整个母线设备（Ⅰ 母与 Ⅱ 母）的母线保护被称为"大差"。对图 6-4-5 而言，大差保护的保护范围如图中点画线所示；Ⅰ 母"小差"的保护范围为#1 主变压器断路器、#1 分段断路器和#1 母联断路器（图中 QF_3）；Ⅱ 母"小差"的保护范围为#1 线路断路器、#2 分段断路器和#1 母联断路器。

简而言之，所谓"大差"就是将双母线看作一个电气节点，而"小差"就是将某一段母线看作一个电气节点。在母线差动保护原理中，一般使用"大差"保护判断故障点是否处于母线设备内部，使用"小差"保护来区分具体是哪一段母线发生故障。

3. 复式比率制动式差动保护原理

如采用常规比率制动特性，与线路纵差保护类似，差动电流取为各路电流相量之和，制动电流取为各路电流标量之和。如图 6-4-5 所示，当母线设备处于分列运行时（#1 母线联络断路器、#2 主变压器断路器和#2 线路断路器处于断开的状态，#1 分段断路器、#2 分段断路器和#2 母联断路器处于闭合状态），母线设备内部故障（如 k_1 点接地故障），#1 线路电源提供的故障电流先通过#2 分段断路器流出 Ⅱ 母，而通过#1 分段断路器流入 Ⅰ 母。对于母线差动保护而言，该电流被称为汲出电流。根据常规比率制动特性，此时"大差"的判据计算如下所示

$$|\dot{I}_1+\dot{I}_2+\dot{I}_4+\dot{I}_5|>K_{res}\cdot(|\dot{I}_1|+|\dot{I}_2|+|\dot{I}_4|+|\dot{I}_5|) \qquad (6-4-3)$$

在最严重的情况下（不考虑 Ⅲ 母线和 Ⅳ 母线有其他电源支路），$\dot{I}_4=-\dot{I}_5$，上式可以化简为

$$|\dot{I}_1+\dot{I}_2|>K_{res}\cdot(|\dot{I}_1|+|\dot{I}_2|+|\dot{I}_4|+|\dot{I}_5|) \qquad (6-4-4)$$

在上述前提下，同时遇到#2 母线联络断路器断开的情况下，$|\dot{I}_2|=|\dot{I}_4|=|\dot{I}_5|=0$，上式将变为

$$|\dot{I}_1|>K_{res}\cdot(|\dot{I}_1|) \qquad (6-4-5)$$

从式（6-4-5）可以看出，在最严重的情况下，汲出电流增大了制动电流（$\sum_{i=1}^{N}|\dot{I}_i|$），从而导致"大差"元件的比率制动判据的灵敏度下降，可能导致因"大差"元件拒动而引起的整套母差保护拒动。为避免汲出电流对差动保护的影响，可采用复式比率制动特性，其判据如式（6-4-6）所示

$$\begin{cases} |\sum_{i=1}^{N}\dot{I}_i|>I_{op.min} \\ |\sum_{i=1}^{N}\dot{I}_i|>K_{res}\cdot(\sum_{i=1}^{N}|\dot{I}_i|-\sum_{i=1}^{N}\dot{I}_i) \end{cases} \qquad (6-4-6)$$

式中，$\dot{I}_i$——第 i 个支路的工频变化量电流；

$I_{\text{op. min}}$——母线纵联差动保护的最小动作电流;

N——母线纵联差动保护所计算的支路数。

结合式(6-4-5)、式(6-4-6)可见,采用复式比率制动特性后,利用 $\sum_{i=1}^{N}|\dot{I}_i|-\left|\sum_{i=1}^{N}\dot{I}_i\right|$,可以有效地消除汲出电流的影响。

6.4.3　断路器失灵保护

在发电厂和变电站中,电力设备发生故障,当继电保护装置动作并发出切除故障信号时,故障点相连的断路器因跳闸线圈断线、操动机构损坏等因素而产生断路器拒动的现象,称为断路器失灵(breaker failure)。为了避免远后备方案带来的动作时间长、事故范围扩大和加剧的问题,通常增设断路器失灵保护。以图 6-4-5 中的母线设备为例,断路器失灵主要有以下几种情形:

(1)母线差动保护动作时,断路器失灵。如 I 母 k_1 点故障,母线保护动作,发出跳闸指令,但 QF_1、QF_3 或#1 分段断路器的其中之一发生拒动。

(2)主变压器或线路保护动作时,断路器失灵,如主变压器 k_4 点故障时保护动作,但 QF_1 拒动。

(3)母线充电过流保护动作: I 母运行,II 母空载,闭合#1 母联断路器, I 母向 II 母进行充电,由于空充电电流过大或合闸于故障,#1 母联充电过流保护动作,对#1 母联断路器发出跳闸指令,但该断路器拒动。

如果母线保护装置没有配置断路器失灵保护功能,则上述情况发生时,只能通过其他后备保护,经过固定的阶梯延时后发出跳闸命令,故障切除时间将变长,停电范围也变大。因此,装设断路器失灵保护的目的是当母线所连接的断路器出现失灵时,通过切除与失灵断路器有"密切接触"的电气元件,尽可能缩小停电范围,尽可能缩短故障切除时间。

例如,当 k_5 点故障时,QF_2 失灵,借助于断路器失灵保护,可向#1 母联断路器(QF_3)和#2 分段断路器发出跳闸指令,断开 II 母与 I 母的联系,从而保证 I 母上所有的设备维持正常运行。

以下结合若干故障案例,说明失灵保护的工作原理与动作行为。

1. 母线故障,母线联络断路器失灵

如图 6-4-5 所示,当发生 I 母区内故障时(图中 k_1 点),首先由母线差动保护动作,切除 QF_1、QF_3 断路器及#1 分段断路器。此时,若发生 QF_3 断路器拒动,即发生母线联络断路器失灵现象,则仍有故障电流流过 QF_3。母线保护配置的母联失灵保护经延时确认后,通过跳开 II 母上所有元件断路器,最终切除故障。

为提高母联失灵的可靠性,母联失灵逻辑应经过相电流判据,复合电压闭锁判据进行故障确认。延时元件需躲过 QF_3 跳闸回路跳闸时间,确保 QF_3 可靠跳闸。

2. 母线故障,某间隔断路器失灵

如果发生拒动的断路器不是 QF_3,而是 QF_1,则故障能量是由主变压器提供。

当 QF$_1$ 断路器失灵时,母线保护配置的"主变压器失灵联跳"保护,经延时确认后,提供"主变压器联跳三侧"接点,由主变压器保护完成主变压器另外两侧断路器的跳闸,最终切除故障。为提高"主变压器失灵联跳"保护的可靠性,该保护应经电流判据进行故障确认,主变压器的保护装置仅需经过灵敏的、不需整定的电流元件进行故障确认后,再经 50 ms 延时即可跳开变压器各个侧断路器。

3. 变压器间隔故障,该间隔断路器失灵

如图 6-4-5 所示,当主变压器发生故障时(图中 k$_4$ 点),主变压器保护将动作,切除 QF$_1$ 断路器。此时若 QF$_1$ 断路器失灵,II 母仍通过 QF$_1$ 向主变压器提供故障电流。

此时,配置在母线差动保护内部的断路器失灵保护接收到失灵启动输入(三相)后,经电流(一般采用相电流、零序电流、负序电流的**或门**条件)逻辑确认,延时跳开母联断路器及 II 母其他间隔断路器。由于变压器另一侧短路,复合电压闭锁功能往往无法满足灵敏度的要求,因此当变压器支路发生断路器失灵时,应当解除电压闭锁功能。

4. 出线间隔故障,该间隔断路器失灵

当线路发生故障时(图中 k$_5$ 点),线路保护动作,切除 QF$_2$ 断路器,此时若 QF$_2$ 断路器失灵,I 母仍通过 QF$_2$ 向线路提供故障电流,配置在母线保护内部的断路器失灵保护接收到失灵保护启动输入(220 kV 及以上分相跳闸,110 kV 三相跳闸)后,经电流条件判断后,延时跳开母联断路器及 I 母其他间隔断路器。为提高可靠性,线路间隔保护装置配置失灵复合电压闭锁功能,对于部分长线路,当电压闭锁无法满足灵敏度要求时,能提供线路解除复压闭锁功能。

6.4.4 死区保护

对于双母线或单母线分段的母差保护,若母联断路器或分段断路器仅配置单侧电流互感器。在母联电流互感器和母联断路器之间或分段电流互感器和分段断路器之间出现故障时。有可能出现保护死区。

如图 6-4-5 所示,设母线设备 QF$_1$、QF$_2$、QF$_3$ 断路器处于闭合状态,#1、#2 分段断路器处于断开状态。此时,k$_3$ 点发生接地故障。接地故障点在母线内部,母线设备的"大差"电流将满足动作条件;k$_3$ 故障点相对于 I 母而言是区外故障,I 母"小差"电流为 0;k$_3$ 故障点相对于 II 母而言是区内故障,II 母"小差"电流不为零。因此,母线保护动作切除 II 母。

母线保护动作后,由于 #1 母联断路器(QF$_3$ 断路器)收到跳闸信号处于断开状态,而 I 母仍然给 K$_3$ 故障点继续提供短路电流,故障仍然存在。因此 k$_3$ 故障点属于 I 母(断路器侧)"小差"死区。此时虽然可以通过失灵保护动作跳开 I 母相关的断路器,但考虑到这种母线设备内部短路故障电流大,对系统影响也较大,而母联断路器失灵保护动作一般要经过较长时间的延时,所以应为母联断路器配置动作时间较短的"死区保护"。

死区保护的动作条件是:

(1)在母线差动保护发出母联断路器跳闸指令后,母联断路器处于断开

状态；

（2）此时母联断路器所辖电流互感器中仍存在电流；

（3）母差保护的"大差"元件及"小差"元件已动作，且不返回。

满足上述三个条件时，母联断路器的"死区保护"动作，经延时跳开另一条母线。

由此可见，一旦"死区保护"动作，也必然要切除两条运行母线。

• 6.4.5 母联（分段）充电保护

当变电站母线设备通过母联断路器（分段断路器）进行充电操作时，如果被充母线发生区内或区外故障，应当立即对母联断路器（分段断路器）发出跳闸指令，避免变电站的设备受到损坏，这种保护被称为母联（分段）充电保护。

在变电站中，母联（分段）充电保护的配置方案如下：

（1）母线保护装置里集成母联（分段）充电过流保护功能，不单独配置母联（分段）充电过流保护装置；

（2）考虑到母线保护的重要性，为避免在母线保护屏上频繁操作，应配置独立的母联（分段）充电过流保护装置。此时，母联（分段）充电保护不仅用于母联（分段）充电，也可作为线路、变压器支路充电操作的后备保护。

母联（分段）充电过流保护一般依据现场具体情况配置两段延时过流保护和一段零序延时过流保护。一般而言，Ⅰ段过流保护和零序过流保护都可以作为充电保护；如果作为其他元件充电的后备保护，那么可采用带一定延时的Ⅱ段过流保护。为了提高单相接地故障的灵敏度，零序过流保护可作为线路高阻接地故障的保护。

有关母线保护数据采集的典型回路以及与其他保护配合关系的说明，请见二维码阅读资料。《母线保护装置及特殊问题》主要介绍了母线保护装置与测试技术、母线保护特殊问题及对策等内容，供读者扫描二维码拓展阅读。

阅读资料：
6.4.5 母线
保护信息流

阅读资料：
6.4.6 母线
保护装置及
特殊问题

6.5 中低压设备保护

PPT 资源：
6.5 中低压
设备保护

• 6.5.1 异步电动机保护

中低压（35kV 及以下电压等级）异步电动机在发电厂及工矿企业中应用广泛，其保护功能配置形式多样。以下简要介绍几种常见的异步电动机继电保护功能。

1. 纵联差动保护

较大容量电动机（额定容量在 2 MW 以上，或小于 2 MW 但电流速断保护灵敏度不够的电动机）一般装设纵联差动保护，采用常规比率制动原理。差动保护的两组电流分别取自开关负荷侧与电动机中性点侧的电流互感器，由电动机机端电流和中性点电流求出差动电流作为动作量。电动机纵联差动保护的动作原理和整定方法与发电机纵联差动保护相类似。

电动机纵联差动保护一般还配置有差动电流速断、差动电流越限告警、CT

断线告警、CT 饱和闭锁保护等功能。

2. 电流速断保护

对于 2 MW 以下的电动机,可装设电流速断保护作为其相间短路的主保护。该保护一般设有两个定值。电动机起动时,电流速断保护定值取较高定值,以防止电流速断保护误动作;电动机起动结束后,取较低定值,以提高继电保护的灵敏性。

3. 堵转保护

当电动机发生堵转时,电动机电流将急剧增大,容易造成电动机烧毁事故,故应装设电动机堵转保护。

如保护装置采集到电动机"转速"开关量为"1",代表电动机开始转动。此时,电动机任意一相的电流大于整定电流且达到整定时间后,堵转保护将动作。

如保护装置没有引入"转速"开关量,则一般采用正序电流原理进行判别。当堵转发生时,由于三相仍然对称,所以只有正序电流超过额定电流,而不存在负序电流,这是有别于电动机内部不对称短路的。此时,当正序电流大于整定电流且达到整定时间后,堵转保护将动作。

4. 非全相运行保护

非全相运行保护主要针对各种非接地性不对称故障,如电动机发生某相断相,非全相运行时,电动机机端将产生负序电流。在电动机正常运行时供电电源的不对称将导致存在一定的负序电流,因此该保护的整定值应能躲过此负序电流。

5. 过热保护

当输出功率大于额定功率,电流不断增大时,电动机的一些损耗也不断增大,其内部散发的热量不能及时地散发到电动机外部,将导致电动机内部温度上升,电动机内部热量不断积累。长期如此,当绕组温升超过允许值时,其绝缘性能将迅速下降,如果不采取保护措施,将缩短电动机使用寿命,严重时甚至有可能在短时间内烧毁电动机。因此电动机应装设能够综合反应正序、负序电流热效应的过热保护,也可作为电动机短路、起动时间过长、堵转等的后备保护。

6. 电动机零序过电流保护

电动机零序过电流保护用于电动机定子接地故障,反应电动机定子接地的零序电流大小。零序电流可通过外接或自产获得,在大多数情况下,为了检测较低的接地电流,需要采用专门零序电流互感器来获取零序电流。

此外,电动机还装设有起动时间过长保护、过电压保护、低电压保护、低频率保护、过负荷保护等,此处不再一一介绍。相关原理及整定方案详见各电动机保护的技术说明书。

6.5.2   配电变压器保护

配电变压器包括接地变压器、站用变压器、厂用变压器、车间配电变压器、电网配电变压器等,保护配置与配电线路的保护配置相似,都是以装设于被保护对象首端(即配电变压器高侧)的相间短路保护为主要保护。

各种变压器由于所处位置不同、容量不同,所以其继电保护配置也略有差异,相间短路电流保护包括带有复合电压闭锁功能的阶段式过电流保护。复合电压闭锁包括低电压元件和负序电压元件,其原理见本书 6.2.7 节变压器相间短路的后备保护。阶段式电流保护与反时限过流保护,使用同一组低电压定值和负序电压定值。当保护装置检测到电压互感器发生断线时,可通过参数设置,选择复合电压闭锁功能是否投入。

目前反时限过电流保护在配电变压器中较少采用,其原理见本书 6.3.5 节发电机的过电流与过负荷保护。

配电变压器一般配置有高压侧零序电流保护及低压侧零序电流保护。与异步电动机零序过电流保护功能相类似。除此之外,容量为 800 kV·A 及以上的油浸式变压器还应装设瓦斯保护,其原理与变压器中的瓦斯保护相同。

此外配电变压器还配置有过负荷保护,此处不再赘述。

6.5.3　中低压并联电容器组保护

10 kV 母线上常配置有并联电容器组以实现无功补偿。并联电容器组的工作状态具有高电压场强、满负荷运行、频繁投切等特点,决定了其故障率较高。因此必须进一步加强电容器组继电保护的配置、选型和整定计算等工作。

一台电容器的箱壳内部由若干电容元件并联和串联组成。电容元件极板之间在高电场强度作用下,在薄弱环节处首先产生过热、游离,直到局部击穿。个别元件的击穿导致与之并联的电容元件均被短路;与之串联的电容元件电压升高,有可能引起新的元件击穿,剩余电容元件上的电压就更高,产生恶性连锁反应,导致一台电容器的贯穿性短路。当电容器箱壳的内部发生故障时,由于绝缘分解的气体增多,使内部压力增高,轻则发生漏油或“鼓肚”现象,重则引起箱体爆裂、起火,酿成大患。

电容器组一般配置有电流速断和过电流保护、过电压保护、低电压保护,以及反应电容器组内部故障的不平衡电流保护等。

（1）电流速断和过电流保护

电流速断和过电流保护用于反应电容器组和断路器之间连接线的短路,一般采用限时电流速断以躲过电容器充电涌流。当电流大于整定值时,经过短延时(0.1～0.3 s)保护动作于跳闸。过电流保护作后备,其动作值可躲过长期工作的最大负荷电流。

（2）过电压保护

电容器组的过电压保护与多台电容器切除后的过电压保护在作用方面是完全不同的。前者是在供电电压过高情况下,保护整个电容器组不致损坏;后者是在供电电压正常情况下,电容器组发生内部故障,N 台电容器切除后使得电容器上的电压分布不均匀,保护切除电容器组使剩余电容器不会受过电压损坏。电容器组只允许在 1.1 倍额定电压下长期运行,当供电母线稳态电压升高时,过电压保护应动作,带时限发信号跳闸。过电压保护动作于信号时,可以不带延时;保护动作于跳闸时,延时取 3～5 min。

（3）低电压保护

电容器低电压保护的作用是当母线失压后将连接在母线上的所有并联补偿电容器切除。切除电容器可以防止电容器因电源消失而放电,以及系统突然恢复供电时,电容器因过电压而损坏。

（4）不平衡电流保护

该保护适用于双星形接线的电容器组。电容器组不平衡电流保护动作灵敏度高,反应电容器组内部分元件的损坏所造成的不平衡电流。其优点是能够准确地反应电容器参数的变化以及各种类型的内部故障,缺点是会给电容器组的运行维护带来了一定困难。因此,应合理地分配电容,以使双星形接线电容器组正常运行时的不平衡电流降到最低,或者采用更新原理的不平衡电流保护。

阅读资料:
6.6 中低压设备保护的整定原则与部分算例

本章扩展内容"中低压设备保护的整定原则与部分算例"以二维码形式供读者拓展学习阅读。

本 章 小 结

本章主要介绍变压器、发电机、母线以及中低压配电设备的保护原理、技术及相关应用。除考虑所保护设备的故障与异常工作状态之外,还要考虑电力系统的故障和异常工作状态与关联设备的相互作用关系。从全局维护电力系统整体的安全稳定出发,科学地确立继电保护技术方案。

变压器的主保护由瓦斯保护和纵联差动保护构成。瓦斯保护具有一定特殊性,该保护属于非电气量保护,分为轻瓦斯保护与重瓦斯保护。瓦斯保护与纵联差动保护共同构成变压器的主保护,互相不可替代。纵联差动保护原理是变压器保护知识的重点与难点。主要内容包括:差动电流与制动电流概念;变压器励磁涌流产生的原因、励磁涌流特点以及防止误动的措施;变压器接线组别对纵联差动保护的影响及补偿措施;差动保护比率制动原理等。整定时应考虑变压器实际运行情况,适当取值。

对于变压器相间短路的后备保护,主要介绍了过电流保护、复合电压闭锁过电流保护和阻抗保护,应注意对复合电压闭锁过电流保护中相间低电压及负序过电压闭锁概念的理解。相间功率方向元件的正方向分为指向系统与指向变压器两种,学习时应认真加以体会。阻抗保护的主体是本体变压器,同时其反方向也有一定保护范围。接地短路的后备保护主要以零序电流、电压保护为主。

本章结合工程实际,对 110 kV、220 kV 和 500 kV 电压等级的变压器典型保护配置进行了说明,探讨了变压器保护中的关键技术和新技术的发展方向。同时,对长期困扰差动保护的励磁涌流抑制问题进行了探讨,介绍了主动式变压器保护和特高压变压器保护。

发电机与变压器不同,属于旋转设备,其保护也更加复杂。除了为定子绕组配置相间、匝间与接地故障保护外,还需要为转子上的励磁回路配置保护,为发电机失磁、逆功率等异常运行状态配置保护。

发电机的纵联差动保护相对于变压器纵联差动保护原理更为简单,注意发电机纵联差动保护存在死区问题,其整定原则也与变压器不同。对于定子匝间短路保护,应重点掌握横差保护、纵向零序电压保护。注意纵向零序电压保护配置有负序功率方向闭锁元件,当发电机内部发生故障时,负序能量产生于发电机内部。对于定子绕组单相接地保护,应重点掌握定子绕组单相接地的特点,以及100%保护区定子绕组单相接地保护,应掌握基波零序电压判据及保护区域、三次谐波电压判据及保护区域、两者配合效果等知识。

对于发电机过电流与过负荷保护,应重点掌握定时限过电流与反时限过电流保护的配合。应牢固树立能量积累的概念,从发电机的耐受能力出发学习进行保护整定的思路。对于励磁回路接地保护,应重点掌握一点接地与两点接地时保护的动作行为。了解各种原理的接地保护原理。失磁保护在发电机保护中的地位是十分重要的,其难点在于发电机失磁后测量电气量值的变化,以及在发电机端测量阻抗的变化。除此以外,还需了解反应发电机异常运行的保护。

母线差动保护的原理与线路纵联差动保护、发电机差动保护、变压器差动保护等基本原理是一致的。由于母线上连接的电气元件较多,并有可能出现运行方式的变化,因此母线保护具有一定的特殊性。母线差动保护装置大多由分相式比率差动元件构成,其动作原理与发电机的纵差保护类似。学习母线保护应重点关心如何选择故障母线,如何防止在母线近端发生区外故障时 CT 严重饱和的情况下母线保护发生误动。

断路器失灵保护因其动作对象与母线保护的动作对象基本一致,常被合并到同一套保护内。断路器失灵保护与母线上各支路元件的继电保护都有关联,存在一定的配合关系。在学习时,应关注失灵保护为何启动、如何启动及后续的动作行为。本章还简要介绍了死区保护和充电保护。

本章介绍了配电变压器、电动机以及电容器的保护。配电变压器的高压侧电压等级较低,其保护与配电线路保护相类似。电动机与发电机同属旋转设备,但其保护配置相对简单,学习时应加强电动机的"起动""堵转"等状态下电气量特点及保护动作行为的学习。并联电容器组主要用于变电站无功补偿,其工作状态决定了其故障率较高,应注意其电压类保护与不平衡电流保护。

本章主要复习内容如下:

(1) 变压器的故障及不正常工作状态、保护配置方案;

(2) 励磁涌流产生的原因、特征及对策;

(3) 相位补偿与数值补偿方法;

(4) 变压器纵联差动保护最小动作电流、最小制动电流、比率制动特性斜率的整定方法;

(5) 变压器相间短路后备保护原理及其整定方法;

(6) 变压器接地短路后备保护原理及其整定方法;

(7) 发电机的故障、不正常工作状态及其保护配置方案;

(8) 发电机纵联差动保护原理及其整定方法;

(9) 匝间短路保护基本原理;

(10) 发电机反时限过电流保护原理;

(11) 发电机失磁保护基本原理;

(12) 发电机失步保护基本原理;

(13) 母线保护配置原则;

(14) 母线差动保护原理;

(15) 死区保护基本原理;

(16) 母联断路器(分段断路器)充电保护基本原理;

(17) 失灵保护原理;

(18) 配电变压器保护基本原理;

(19) 电动机保护基本原理;

(20) 并联电容器保护基本原理。

习　　题

6.1　变压器纵差保护与瓦斯保护可以相互替代吗?

6.2　简述励磁涌流的影响原理。

6.3　变压器励磁涌流二次谐波制动比由 15% 提高到 30% 甚至更高,有可能会引起什么问题?

6.4　某 220 kV 变电站两台变压器并联运行,1 号变压器 220 kV、110 kV 侧中性点接地,某 110 kV 线路发生故障,线路保护正确动作,开关跳闸。当开关重合时,该线路保护又动作,同时 1 号主变压器差动速断保护动作,试分析原因。该如何采取防范措施?

6.5　有一台 Yd11 接线、容量为 31.5 MV·A、变比为 115 kV/10.5 kV 的变压器,一次电流为 158A,二次电流为 1 730A。一次电流互感器的变比 $n_{TA}^{Y}=200A/5A$,二次电流互感器的变比 $n_{TA}^{\Delta}=2\,000A/5A$,在该变压器上装设差动保护,采用内补偿,额定运行条件下:

(1) 试计算差动回路中各侧电流;

(2) 为了校正,试计算低压侧的不平衡系数。

6.6　简述变压器过激磁后对差动保护的影响。如何克服?

6.7　发电机纵差保护与变压器纵差保护最本质的区别是什么? 反应两种纵差保护装置中最明显的不同是什么?

6.8　如题 6.8 图所示,发电机纵差保护在 k 点发生 A 相接地故障时误动作,试分析误动作的原因。短路电流 $I_A=346.4A$,变压器变比 220 kV/20 kV,接线为 Y,d11。实测发电机纵差保护最小动作电流的整定值为 $I_{op.min}=0.2A$,比例制动特性斜率 $K=0.2$,最小制动电流为 $I_{res.min}=1.5A$,电流互感器 TA_1 变比 $n_{TA1}=600/1$,TA_2 变比 $n_{TA2}=750/1$。

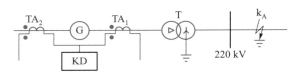

题 6.8 图

6.9　某 1 000 MW 汽轮发电机突然发生失磁,试在简要分析失磁对发电机、电力系统危害的基础上,选择可行的保护原理与动作方案。

6.10　发电机失步保护为何需要选择跳闸时刻?

6.11　在母线电流差动保护中,为什么要采用电压闭锁元件? 怎样闭锁?

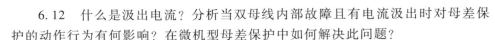

6.12　什么是汲出电流？分析当双母线内部故障且有电流汲出时对母差保护的动作行为有何影响？在微机型母差保护中如何解决此问题？

6.13　某 220 kV 变电站主接线如题 6.13 图所示。QF_1、QF_2、QF_3、QF_4 分别为引出单元断路器。母线上配置有母差保护和断路器失灵保护，且母差保护与断路器失灵保护共用启动出口中间回路及信号回路。某日，当手动断开 QF_2 断路器时（线路 L_2 小负荷），发出母线差动及失灵动作信号，各断路器未跳闸。经检查，母差保护装置正常，各元件母差电流互感器二次回路完好，各种工况下（包括 QF_2 合上或断开）母差保护各个相电流大小及相位正确，差流及零线电流很小。分别手动断开 QF_1、QF_3 及 QF_4 断路器时，未发现异常。

（1）分析母差保护和失灵保护的动作行为。

（2）说明断路器没有跳闸的原因。

6.14　双母线接线和 3/2 接线的母差保护动作跳开相应断路器，断路器失灵时，两种接线方式是如何切除故障的？

6.15　如题 6.15 图所示，在 3/2 接线方式下，（1）QF_1 的失灵保护应有哪些保护启动？（2）QF_2 失灵保护动作后应跳开哪些断路器？说明理由。

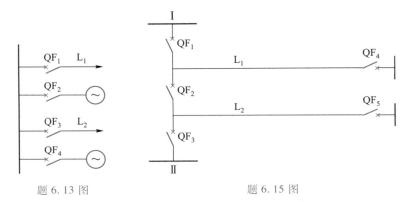

　　　　　题 6.13 图　　　　　　　　　　　　　　题 6.15 图

6.16　简述电动机转子发生堵转的影响。如何进行保护？

6.17　简述电容器组的过电压保护和多台电容器切除后的过电压保护作用的区别。

6.18　并联电容器组中的个别电容元件被击穿，会对其他的电容元件造成何种影响？

6.19　如题 6.19 图所示，在 100 MV·A 基准容量条件下，220 V 系统的等值正序阻抗（标幺值，下同）为 0.007，等值零序阻抗为 0.008（注：最大运行方式与最小运行方式皆用此值）。MN 线路采用平行双回线，单回线正序阻抗 z_1 为 0.005，零序阻抗为 $Z_0 = 3z_1$，双回线零序互感抗为 $Z_{0m} = 2z_1$。N 母线上接有一台 220 kV 三绕组降压变压器，容量为 240 MV·A。低压侧无电源。高压侧、中压侧、低压侧阻抗标幺值为 0.05、0、0.1，110 kV 系统的等值正序阻抗（标幺值，下同）为 0.2，等值零序阻抗为 0.27（注：最大运行方式与最小运行方式皆用此值）。试对图中 220 kV 变压器高压侧复合电压闭锁过电流保护动作值、动作方向进行整定。互感器变比为 2 500A/5A。动作时间暂不整定。

6.20　参数同 6.19 题。计算变压器高压侧中性点闭合条件，在中压侧出线零序阻抗无穷大条件下，试求变压器中压侧（110 kV）零序电流保护 I 段动作的电流值。互感器变比为 2 000 A/5 A。动作时间暂不整定。

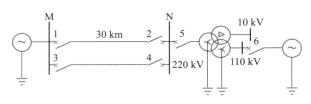

题 6.19、题 6.20 图

6.21　一台容量为 31.5 MV·A,变比为 110±4×2.5%/11 的降压变压器,试进行普通折线式比率差动保护与变斜率差动保护主要参数的整定,并比较异同。

6.22　结合例 2-1-2,进行发电机定子反时限对称过电流保护的整定以及转子表层过负荷的整定。

第7章 输配电线路继电保护的工程实用整定

在实际工作中,继电保护整定计算是一项必不可少的内容。本章将在整体的基础上,介绍中低压配电线路、高压输电线路继电保护的工程实用整定计算方法。

7.1 整定计算概述

PPT 资源:
7.1 整定计算概述

整定计算(setting calculation)简而言之是在计算(calculation)的基础上,对保护装置的动作值进行预设(setting),是一种"运筹帷幄"的行为。整定计算的结果将决定保护功能实施效果的优劣。学习整定计算方法有助于我们掌握整个运筹过程,理解保护参数设置及配合关系,了解计算结果应用于保护装置的具体方法。

正如印度的哲学家吉杜·克里希那穆提(Jiddu Krishnamurti)所言"我们就是世界,我们的问题,就是世界的问题。"由于继电保护整定计算与电力系统故障分析彼此密不可分,因此学习整定计算方面的知识将有助于加深我们对电力系统故障问题的认识,以及提高解决这些复杂问题的能力。

7.1.1 思维导图

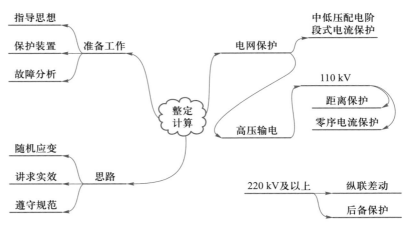

继电保护整定计算的思维导图

继电保护系统在电力系统中构成了一个具有严密配合关系的整体。通过整定计算,可以验证保护方式及选型的合理性,确定各种保护的定值和使用方法,使继电保护动作行为适应于电力系统运行需求,以达到正确发挥保护作用的目的。

整定计算的具体任务:根据电力系统的实际需求,针对不同电压等级的电网或设备来制订系统的保护方案,对各种继电保护给出整定值。

目前,各级电网的继电保护典型配置方案都已基本确定,如110 kV线路一般配置距离保护和零序保护,而10 kV线路一般配置阶段式电流保护。因此在设计过程中,保护的配置已成定论,只需了解即可。

在掌握保护配置方案的基础上,我们还必须按照具体电力系统的参数和运行要求,通过分析得出保护的具体配置方案并计算出针对某种具体保护装置的实际整定值,从而使某一区域电力系统在发生故障时,相应的继电保护装置能按各自的整定值进行协调动作,有效地发挥继电保护装置的功能。就像一条河流,从上游到下游装有多个大坝,每个坝的高度都应设计为某个合理的值,这样才能在洪水来临时,充分发挥水利工程的功效。由此可见,对继电保护整定方法加以系统掌握是非常有必要的。

继电保护的整定计算事关电力系统全局,容不得半点马虎。因此,继电保护整定计算思路的首要原则是遵守规范,服从大局。继电保护的整定计算必须遵守相应的技术规程规范,主要有:

《电网运行准则》DL/T 1040—2007;

《继电保护及安全自动装置技术规程》GB/T 14285—2006;

《220 kV ~ 750 kV电网继电保护装置运行整定规程》DL/T 559—2018;

《3 kV ~ 110 kV电网继电保护装置运行整定规程》DL/T 584—2017;

《国家电网继电保护整定计算技术规范》Q/GDW 422—2010;

《防止电力生产重大事故的二十五项重点要求》等。

继电保护整定涉及许多规程规范,它们从侧面反映出整定计算工作的复杂性与艰巨性。由于规程规范并非操作手册,不可能一事一议,所以工程实际的整定计算也容易偏于理论推导,缺少实际应用说明,从而犯经验主义与教条主义的错误。随着电网的不断发展,保护原理与保护装置的不断进步,部分传统的、原本合理的整定方案就会出现问题,由此造成多起由继电保护错误整定引发的事故。

继电保护整定计算不是简单地计算某种保护性能(如相间距离保护、阶段式电流保护)的整定值就可以了。在计算之前,必须先打好整定计算的基础。首先,要结合规程规范,明确被保护对象在电力系统中的地位及重要性,要从服务系统大局着眼,明确局部的、个体的继电保护整定工作的指导思想。其次,要掌握继电保护装置的配置方案、保护原理及技术参数。最后,要进行准确的故障分析,获得保护对象及相关设备在故障时刻的电气量数据,进而为整定计算做好准备。

本章所介绍的整定计算方法力求重视基础并注重实效。其中,中低压配电线路保护部分,主要介绍10 kV电压等级的馈电线路阶段式电流保护的整定方法;高压输电线路部分,主要介绍110 kV的距离保护与零序电流保护的整定方法。

整定参数的表示方法、35 kV电压等级的馈电线路的整定方法与案例分析、考虑互感影响的220 kV输电距离保护与零序电流保护整定原则等内容请见本章的课外阅读资料。

220 kV 及以上电压等级输电线路的纵联保护、发电机、变压器等主设备保护的整定方法请见相应原理介绍的章节。母线差动保护的整定方法相对简单,请参考相应规程与保护装置说明书。

7.1.2　基本原则

1. 运行方式的选择

电力系统的运行方式(operation mode)往往初学者会感到有些费解,其中"运行(operation)"可理解为"操作"的意思,如夏季负荷高峰期,多台发电机通过电气操作,投入电力系统,那么电力系统的运行方式就发生了变化。运行方式变了,系统拓扑结构变了,故障电气量也会随之变化。按这个推理,继电保护的动作值也应随之变化。但实际上,整个电力系统的运行方式时时刻刻都在变化,而继电保护的定值却不是时时刻刻变化的!

对继电保护的整定计算在进行短路计算、考虑最大负荷、校验保护灵敏度等方面都是建立在某一确定的运行方式之上的。所以说,整定计算中所选择的运行方式是否合理,将会影响整定的成败,因此应当特别重视对整定计算运行方式的合理选择。明确运行方式也就是明确继电保护所面临的"外势"。

针对某一设备的继电保护装置而言,在对其进行整定计算过程中,计算者经常需要在"最大运行方式"和"最小运行方式"中做出选择。所谓"最大运行方式"指的是在被保护对象(如某一条线路)发生故障时,流过保护安装处的短路电流为最大的一种运行方式。"最小运行方式"指的是在被保护对象(如某一条线路)发生故障时,流过保护安装处的短路电流为最小的一种运行方式。

运行方式的选择最终体现在保护安装处背后的等值系统阻抗的选择上。如在进行电流类保护整定计算时,应选择最大运行方式,即选择保护安装处背后的等值系统阻抗为最小的一种情形;而检验保护灵敏度时,应选择最小运行方式,即选择保护安装处背后的等值系统阻抗为最大的一种情形。

按规程要求,继电保护整定计算应以常见运行方式为依据。因此,运行方式的选择也不应过于"偏激"。在某些案例中,最大运行方式与最小运行方式所对应的等值系统阻抗差别并不大。在此条件下,上述两种运行方式可合二为一,保护的整定也可以适当简化。

2. 上下各级关系

上下各级电网之间继电保护的运行整定应以保证电网全局的安全稳定运行为根本目标,并满足保护的速动性、选择性和灵敏性要求。若电网运行方式、装置性能等原因不能兼顾速动性、选择性或灵敏性要求,则应在整定过程中合理地进行取舍,并优先考虑灵敏性,执行如下原则:

(1) 局部电网服从整个电网;

(2) 下一级电网服从上一级电网;

(3) 局部问题自行处理;

(4) 尽量照顾局部电网和下级电网的需要。

简单地说,在整定计算过程中,我们应有大局意识。

如对于某下一级电网设备(如 110 kV 配出线路或变压器)的继电保护整定,应满足上一级电压(如 220 kV)电网继电保护部门按系统稳定要求和继电保护整定配合需要所提出的整定限额。例如,上一级电网可规定下一级电网后备保护最长的动作时间不得大于 1.1 s,这就是一种整定限额。如果按照整定限额,下一级电网中的某些保护之间就可能无法满足配合关系,因此也可能会出现下一级电网发生故障时切除范围较大的现象,但本着大局意识,这种牺牲又是值得的。

3. 运行状态的考虑

电力系统运行状态(operation state)是指电力系统在不同运行条件(如负荷水平、出力配置、系统接线、故障等)下的系统与设备的工作状况。即使电力系统运行方式确定了,其运行状态也在不断变化。如果保护装置已经具有防止某种运行状态下误动作的功能,整定计算就不再考虑该运行状态下的整定问题了。归纳起来,整定计算时主要应考虑的运行状态有:

(1) 短路及复合故障;

(2) 断线及非全相运行;

(3) 负荷电动机自起动;

(4) 变压器励磁涌流;

(5) 重合闸及手动合闸,备用电源或备用设备自动投入(属于电网常用自动装置,见第 8 章);

(6) 保护的正、反向短路;

(7) 电力系统振荡。

举例来说,对于某距离保护,已设定电力系统振荡时会闭锁保护以防止误动,则在整定动作值时就不再需要考虑电力系统振荡问题。

针对任一种保护,在整定计算时,应按该保护对象所可能面对的运行状态加以综合考虑。

7.1.3 阶段式保护的整定

在电网保护中距离保护、零序电流保护、相间电流保护,以及元件保护中的部分保护,都采用阶段式保护方式。因此,阶段式保护的整定是整定计算的重要内容,各段保护间的配合关系也是继电保护整定的难点问题。其整定配合应注意以下几点:

(1) 相邻上、下级保护之间的配合。主要包括:

① 上一级保护的整定时间应比与其相配合的下一级保护的整定时间大一个时间级差;

② 对同一故障点而言,上一级保护的灵敏系数应低于下一级保护的灵敏系数;

③ 上下级保护之间的配合应按照保护的正向进行配合。

(2) 整定值的优选。当一个保护与相邻的几个下一级保护整定配合时,或者一种保护根据不同的电力系统运行状态获得多个整定时,就需要对几个整定值进行筛选,以选取最合理的整定值。

（3）整定次序。多段保护的整定应分段进行，先整定第一段，直至各段保护全部整定完毕。

7.1.4　注意事项

继电保护整定计算要决定保护的配置与使用，它直接关系到保证系统安全和对重要用户连续供电的问题，同时又和电网的经济指标、运行调度、调试维护等多方面工作有密切关系。因此进行整定计算时要统筹考虑结构、负荷情况、一次设备的参数和性能、各级电网的协调配合，并注意以下几点：

（1）"四性"要全面考虑。在某些情况下，"四性"的要求会有矛盾，不能兼顾，应有所侧重；如片面强调其中的某一项要求时，都会使保护复杂化，影响经济指标，不利于运行维护。

（2）注意相邻上下级保护之间的配合关系，不但在正常方式下需要考虑，而且方式改变时也要考虑。

（3）主保护和后备保护应有所侧重。以改善和保证主保护为主，兼顾后备性，当主保护段已满足灵敏度要求时，应尽可能提高其后备保护的灵敏度。

（4）变压器中性点接地的分布应按保证设备安全、零序电抗变化小、对保护效果有利的原则考虑，接地点不宜过多。

（5）制订保护整定方案时，要尽可能使其适应较多的运行方式，提高适应能力（保护适应运行方式变化范围大小的能力）。近年来，新型的整定规范提出了"支路轮断"（turn off the line in sequence）的概念，即将某一节点上所有支路元件按照设定原则依次断开，以获得各种情况下保护的配合系数。在整定计算过程中，提出支路轮断，实际是在进行事故预演，判断保护在当前整定值条件下应有的动作行为，从而对整定值加以不断修正，以优化继电保护的整体性能。当然，支路轮断只在较复杂的地区电网整定过程才会用到。

整定计算过程中常用到的一些下标符号请读者扫描二维码拓展阅读。

阅读资料：7.1.5 整定计算部分常用下标的解释

7.2　中低压配电线路保护的整定

PPT 资源：7.2 中低压配电线路保护的整定

中低压电压等级线路属于配电网的范畴，该类型配电线路类似于城市社区网格，身处基层，点多面广，而作为"网格员"的继电保护，面临的问题又是纷繁复杂，变化多端。因此，配电线路继电保护的整定方案，首先必须要接地气，其次还要考虑全局，甚至要做出牺牲，舍小家为大家。限于篇幅，本节仅介绍几种通用接线方式的整定方法。

7.2.1　整定思路

我国配电线路的保护一般配置保护测控一体化装置，安装于本线路首端。本节主要介绍反应相间故障的无时限电流速断保护（简称"过流Ⅰ段"或"Ⅰ段"）、限时电流速断保护（简称"过流Ⅱ段"，或"Ⅱ段"）、定时限过电流保护（简称"过流Ⅲ段"，或"Ⅲ段"）的整定方法。

10 kV 线路在中低压配电网中十分常见，有的是以架空导线的形式存在，有的是以地下电缆的形式存在,还有两者并存的情况。线路上大多布置有配电变压器或分支线,分支线上也布置有一个或多个配电变压器。为了便于故障的隔离,在主线上还可能设置有分段断路器。这样一来,10 kV 线路的结构复杂程度远远超过高压输电线路。如把高压输电线路比作高速公路,10 kV 线路就如同田间的小路,或蜿蜒逶迤,或阡陌纵横。

如图 7-2-1 所示为一条典型的 10 kV 线路。其中,S_1 为等值电源 1,S_2 为等值电源 2,此种环网供电方式常见于城市配电网,俗称"手拉手"。目前图中的断路器、熔断器,除了 S_2 附近 N 母线出口断路器打开之外,全部闭合。只有在故障隔离或电源切换时,该断路器才需要闭合,本节暂不考虑。

在图 7-2-1 中,M、P、N 点之间为主干线,Br_1、Br_2 为分支线。密布于线路上的变压器为配电变压器,有民众公用的,也有企业专用的,有的是通过断路器与线路相连,有的是通过熔断器开关与线路相连。主线路上一般设有柱上断路器或环网柜等,由于相关标准未对线路上断路器的设置做详细规定,所以断路器设置位置存在任意性,有的就设置在变电站出口的#1 杆之上,有的设置在 1 km 以内,还有的设置在主干线的中间位置。

在 S_1 电源 M 母线出口处,配有本线路的保护装置 1。P 点处的分段断路器也配置有保护装置。现有的整定标准只对涉及出线断路器保护的继电保护(如图 7-2-1 中保护 1)的定值进行了原则规定,对于导线上分段断路器的位置和保护定值设置并未提及。

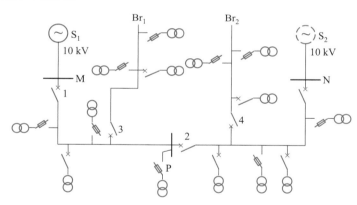

图 7-2-1 10 kV 线路示意图

在定值整定方面,10 kV 线路的变电站出线断路器(如图 7-2-1 中保护 1)保护定值由所管的市公司(或县公司)的调度部门进行整定,10 kV 线路整定方法大多比较粗略。主要有以下两类:

(1)过流 I 段按照 10 kV 母线(如图 7-2-1 中母线 M)的最小方式下的两相短路电流除以 2~4 的系数估算;过流 II 段则按照躲过上年度最大负荷的原则整定。

(2)根据线路所在变电站类型,粗略地划定保护定值。如属于 35 kV 变电站的 10 kV 出线,过流 I 段定值取 1 500 A,如属于 110 kV 或 220 kV 变电站的 10 kV 出线,则 I 段定值取 2 000 A;过流 II 段按照躲过上年度最大负荷的原则整定。

对于线路上的分段断路器(称为分段开关)及分支断路器(称为分支开关),

限于管辖范围以及计算量过多,调度部门一般不参与整定,而由管理配电线路的技术部门负责整定,技术人员多根据经验进行估算。在实际运行过程中当配网线路某一点出现故障时,有可能出现出线断路器与下游分段断路器同时跳闸,或各分段断路器同时跳闸,甚至分段断路器不能跳闸而出线断路器跳闸等现象,分段开关未能有效发挥隔离故障、缩小停电范围的作用。

造成上述现象的根本原因在于,对 10 kV 线路在电力系统中地位的认识出现了矛盾。从电网大局的角度分析,10 kV 线路的继电保护应注重灵敏性、快速性,遇到故障特别是主干线上的故障,最好全是 0 秒切除,不要连累其他线路。然而,在整个电网中,10 kV 线路虽然身处基层,但是却直接关系到社会民生!因此,地区电力公司往往不希望对故障线路实施"一刀切",而是希望通过分段断路器来实现故障的分区段隔离,尽可能地保全本线路其他部分不停电。

遵照这种思路,下面介绍一种 10 kV 馈线电流保护的实用整定方案。

● 7.2.2　馈线首端保护的整定

馈线首端保护也称为第一级保护。对 I 段的整定思路是保证近处故障能可靠切除,突出速动性;其原因是在本线路首端或较近处发生故障时,类似于线路所在母线故障,短路能量较大,对系统的冲击较大。

如图 7-2-1 所示,馈线首端(M 点)的保护为第一级保护。过流 I 段动作值按躲过分段断路器处(P 点)最大短路电流整定。过流 I 段动作值 $I_{op.1}^{I}$ 为

$$I_{op.1}^{I} = K_{rel}^{I} \cdot I_{P.max}^{(3)} \tag{7-2-1}$$

式中,K_{rel}^{I}——可靠系数,取 1.3。过流 I 段的动作时间设为 0 s。

$I_{P.max}^{(3)}$——P 点三相短路的最大电流。

灵敏度在常规运行方式下,按保护出口处(馈线首端)三相短路电流校验,短路电流与动作电流整定值相比结果大于 1 为合格。

过流 II 段电流动作值应能够保证本段线路末端(P 点)故障快速切除,因此按照(P 点)最小两相短路电流有 1.5 倍灵敏度来计算动作电流,即

$$I_{op.1}^{II} = \frac{I_{P.min}^{(2)}}{K_{sen.1}^{II}} \tag{7-2-2}$$

式中,$I_{P.min}^{(2)}$——N 点两相短路最小电流。

$K_{sen.1}^{II}$——灵敏度系数,取为 1.5。

动作时间整定为 0.5 s,这种整定方式称为"按灵敏度整定"。

过流 III 段的动作值应大于本线路可能流过的最大负荷电流,且考虑馈线首端电流互感器的最大额定电流及馈线所用导线的载流量,即

$$\begin{cases} I_{op.1}^{III} \geqslant K_{rel}^{III} \cdot I_{load.max} \\ I_{op.1}^{III} \leqslant I_{heat.max} \\ I_{op.1}^{III} \leqslant 1.1 I_{N.TA} \end{cases} \tag{7-2-3}$$

式中,K_{rel}^{III}——可靠系数,取 1.3;

$I_{load.max}$——最大负荷电流,可通过实际测定获得;

$I_{heat.max}$——导线所能承受的热稳定电流;

$I_{N.TA}$——TA 额定电流。

注:动作电流整定值简称动作值。

注意:在线路上有多处分支断路器,只能在一处装设分级保护。在选择安装保护的分支断路器位置(即 P 点位置)时,不宜离 M 母线过近,否则灵敏度不易满足。

其中,以导线所能承受的热稳定电流(持续运行载流量)$I_{\text{heat. max}}$进行整定的方案最实用。注意上式中,最大负荷电流已考虑线路所接电动机类负载自起动时,线路电流突然增加的情况。过流Ⅲ段的动作时间整定为 0.7 s。

7.2.3　分段断路器处保护的整定

馈线分段断路器处的保护也称为第二级保护。第二级保护设置两段式电流保护。如图 7-2-1 所示,分段断路器(P 点)处的保护为第二级保护,过流Ⅰ段动作值应依据本线路末端(N 点)的最小两相短路电流由灵敏度整定,即

$$I_{\text{op. 2}}^{\text{I}} = I_{\text{N. min}}^{(2)} \qquad\qquad (7-2-4)$$

式中,$I_{\text{N. min}}^{(2)}$——N 点两相短路最小电流。

对应的动作时间整定为 0.3 s。

过流Ⅱ段动作值按不大于出线断路器(即第一级保护电流)Ⅲ段动作值的 0.9 倍整定,即

$$I_{\text{op. 2}}^{\text{II}} \leq 0.9 I_{\text{op. 1}}^{\text{III}} \qquad\qquad (7-2-5)$$

过流Ⅱ段保护动作时间整定为 0.5 s。这种配合方法称为反配合。

7.2.4　分支线路保护的整定

对于分支线来说,设置两段保护,其保护的目的在于切除本条分支线路上出现的故障,避免故障范围扩大,影响主干线上其他线路的正常运行。

(1) Ⅰ段整定方法之一

以分支线 Br_1 处保护整定为例,过流Ⅰ段动作值应按照本线路末端发生故障由灵敏度整定。即

$$I_{\text{op. br}_1}^{\text{I}} = \frac{I_{\text{br. min}}^{(2)}}{K_{\text{sen. br}_1}^{\text{I}}} \qquad\qquad (7-2-6)$$

式中,$I_{\text{br. min}}^{(2)}$——支路末端两相短路的最小电流。

$K_{\text{sen. br}}^{\text{I}}$——灵敏系数,取为 1.5。

动作时间整定为 0 s。

(2) Ⅰ段整定方法之二

以分支线 Br_1 处保护整定为例,动作值应按照躲过本支线所接最大容量配电变压器低压侧三相短路电流整定,即

$$I_{\text{op. br}_1}^{\text{I}} = K_{\text{rel}}^{\text{I}} I_{\text{DT. max}}^{(3)} \qquad\qquad (7-2-7)$$

式中,$I_{\text{DT. max}}^{(3)}$——配电变压器低压侧三相短路时,流过变压器高压侧的电流值。对 Br_1 分支计算时,短路回路阻抗可近似等于系统阻抗与配电变压器阻抗之和;对 Br_2 分支计算时,短路回路阻抗近似为系统阻抗、线路 MN 阻抗与配电变压器阻抗值之和。

$K_{\text{rel}}^{\text{I}}$——可靠系数,取 1.3;

动作时间整定为 0 s。

对于以上两种方法的计算结果,宜取较小值,并注意该动作值不得大于上一级保护Ⅰ段定值的 0.9 倍。

过流Ⅱ段动作值按照不大于上级保护过流Ⅱ段电流值的 0.9 倍整定,即

$$I_{\text{op. br}_1}^{\text{II}} \leq 0.9 I_{\text{op. 2}}^{\text{II}} \qquad\qquad (7-2-8)$$

动作时间整定为 0.3 s。

三级保护时序配合示意图如图 7-2-2 所示。由图可见,第一级保护设置有 Ⅰ、Ⅱ、Ⅲ 三段,对应的延时分别为 0 s、0.5 s 和 0.7 ~ 1.1 s;第二级保护设置有 Ⅰ、Ⅱ 两段,分别延时 0.3 s 与 0.5 s;分支线保护设置 Ⅰ、Ⅱ 两段,对应延时为 0 s 和 0.3 s,与第二级保护实现完全配合。第一级的 Ⅲ 段充当全线的后备保护。

第一级保护的 Ⅰ 段与第二级保护的 Ⅰ 段没有重叠,称为完全配合。第一级保护的 Ⅱ 段动作电流并不是与第二级保护的 Ⅰ 段动作电流配合整定,只是通过动作延时进行配合,属于不完全配合。

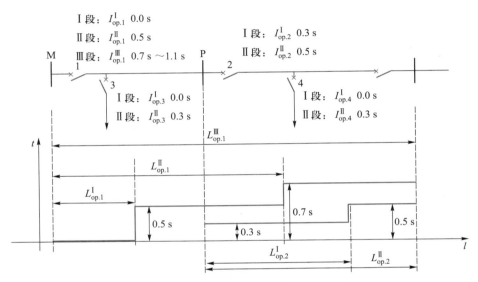

图 7-2-2 三级保护时序配合示意图

第一级保护的 Ⅲ 段、第二级保护的 Ⅱ 段、分支线保护的 Ⅱ 段都属于后备保护,也都是最末段,三者在动作值与动作时间上进行配合,属于完全配合。

采用上述整定方案后,主干线上某些位置发生故障时,将会出现 0.3 ~ 0.5 s 不等的延时,为分支线实现快速故障切除提供了时间窗口。

【例 7-2-1】 如图 7-2-3 所示 10 kV 馈线网络,取基准容量 $S_B = 100$ MV·A、10 kV 基准电压 $U_{B.10} = 10.5$ kV。已知 10 kV 系统等值系统 S 在最大运行方式下的等值阻抗标幺值 $Z_{min.*} = 1.0$,最小运行方式下阻抗 $Z_{max.*} = 1.2$。主干线 MP、PN 长度均为 3 km,线芯截面为 240 mm²,折算后每千米的电抗标幺值为 0.35,持续运行载流量为 510 A。P 点附近有分支线 Br_1,N 点附近有分支

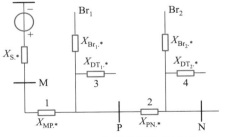

图 7-2-3 正序阻抗网络示意图

线 Br_2,均为架空线,长度为 2 km,线芯截面为 120 mm²,折算后每千米的电抗标幺值为 0.43,持续运行载流量为 380 A,分支线 Br_1、Br_2 上最大容量配电变压器等电抗标幺值为 5。主干线电流互感器的变比统一取为 $n_{TA} = 600$ A/5 A,分支线电流互感器的变比统一取为 $n_{TA} = 400$ A/5 A。试计算保护 1、2、3、

4 各段动作值、动作时间，并判断灵敏度是否合格。系统正序阻抗网络示意图如图 7-2-3 所示。

解：

（1）阻抗计算。经计算，主干线路 MP 的阻抗标幺值为 $X_{\text{MP}.*} = 1.05$，分支线路 Br_1 的阻抗标幺值为 $X_{\text{Br}_1.*} = 0.86$，类似的可以得到主干线路 PN 的阻抗标幺值为 1.05，分支线路 Br_2 的阻抗标幺值为 0.86，略去计算过程，短路电流计算结果如表 7-2-1 所示。

表 7-2-1　短路电流计算结果表

短路点	最大运方三相短路电流/A	最小运方两相短路电流/A
M	5 498.57	3 968.25
P	2 682.23	2 116.40
N	1 773.73	1 443.00
Br_1 线末	1 889.54	1 531.16
Br_2 线末	1 388.53	1 144.69
Br_1 DT 低压侧	779.94	656.81
Br_2 DT 低压侧	678.84	573.72

（2）保护 1 整定。保护 1 过流 I 段电流整定值按躲过分段断路器处故障的最大短路电流整定，可靠系数取 1.3，动作电流一次值为

$$I^{\text{I}}_{\text{op.L}_1.\text{P}} = K^{\text{I}}_{\text{rel}} \cdot I^{(3)}_{\text{P.max}} = 1.3 \times 2\,682.23\ \text{A} = 3\,486.90\ \text{A}$$

对应的二次值为

$$I^{\text{I}}_{\text{op.L}_1.\text{S}} = \frac{I^{\text{I}}_{\text{op.L}_1.\text{P}}}{n_{\text{TA}}} = \frac{3\,486.90}{600/5}\text{A} = 29.06\ \text{A}$$

动作时间设为 0 s。

过流 I 段的灵敏度为

$$K^{\text{I}}_{\text{sen.L}_1} = \frac{I^{(3)}_{\text{M.max}}}{I^{\text{I}}_{\text{op.L}_1.\text{P}}} = \frac{5\,498.57}{3\,486.90} = 1.58 > 1.5$$

满足灵敏性要求。

保护 1 过流 II 段应能够保证本线路末端 P 点故障快速切除，经过计算 P 点最小故障电流为 $I^{(2)}_{\text{P.min}} = 2\,116.40$ A，过流 II 段的动作电流一次值为

$$I^{\text{II}}_{\text{op.L}_1.\text{P}} = \frac{I^{(2)}_{\text{P.min}}}{K^{\text{II}}_{\text{sen.L}_1}} = \frac{2\,116.40}{1.5}\ \text{A} = 1\,410.93\ \text{A}$$

对应的二次值为 11.76 A，动作时间整定为 0.5 s。

保护 1 过流 III 段按躲过持续运行载流量考虑，可靠系数取 1.3，M 母线处的保护 3 过流 III 段动作电流为

$$I^{\text{III}}_{\text{op.L}_1.\text{P}} = K^{\text{III}}_{\text{rel.L}_1} \cdot I_{\text{load.max}} = 1.3 \times 510\ \text{A} = 663\ \text{A}$$

对应的二次值为 5.53 A，过流 III 段的动作时间整定为 0.7 s。

（3）保护 2 整定。P 母线处的保护 2 过流 I 段电流整定值应保证线路末端（N 点）的故障快速切除，整定一次值为

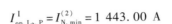

$$I_{\text{op. L2. P}}^{\text{I}} = I_{\text{N. min}}^{(2)} = 1\ 443.00\ \text{A}$$

对应的二次值为 12.03 A,动作时间整定为 0.3 s。

　　P 母线处过流 II 段应与 M 母线处过流 III 段相配合。这样,过流 II 段动作值按不大于上一级(即第一级)保护的电流 III 段动作值的 0.9 倍整定,以保证上下级保护间的定值配合。具体系数可根据实际情况选择,如果 P 之后负荷总量只占总负荷的一半左右,则其动作电流的一次值建议按第一级保护电流 III 段动作值的 0.7 倍整定,即

$$I_{\text{op. L2. P}}^{\text{II}} = 0.7 I_{\text{op. L1. P}}^{\text{III}} = 0.7 \times 663\ \text{A} = 464.1\ \text{A}$$

对应的二次值为 $I_{\text{op. L2. S}}^{\text{II}} = 3.87\ \text{A}$,动作时间整定为 0.5 s。

　　(4)分支线保护的整定。

　　分支线 Br_1 保护过流 I 段有两种整定策略。

　　① 动作电流按分支线路末端有故障时有灵敏度整定,灵敏系数取 1.5,动作电流一次值为

$$I_{\text{op. Br}_1\text{. P}}^{\text{I}} = \frac{I_{\text{Br}_1\text{. min}}^{(2)}}{K_{\text{sen. Br}_1}^{\text{I}}} = \frac{1\ 531.16}{1.5}\ \text{A} = 1\ 020.77\ \text{A}$$

　　② 动作电流按躲过本支线所接最大容量配电变压器低压侧三相短路电流整定,可靠系数取 1.3,动作电流一次值为

$$I_{\text{op. Br}_1\text{. P}}^{\text{I}} = K_{\text{rel}}^{\text{I}} I_{\text{DT}_1\text{. max}}^{(3)} = 1.3 \times 779.94\ \text{A} = 1\ 013.92\ \text{A}$$

　　取上述较小值,分支线 Br_1 的过流 I 段动作电流一次值为 1 013.92 A,对应的二次值为

$$I_{\text{op. Br}_1\text{. S}}^{\text{I}} = \frac{I_{\text{op. Br}_1\text{. P}}^{\text{I}}}{n_{\text{TA}}} = \frac{1\ 013.92}{400/5}\ \text{A} = 12.67\ \text{A}$$

　　动作时间整定为 0 s。

　　分支线 Br_1 过流 II 段按躲过持续运行载流量考虑,可靠系数取 1.3,动作电流为

$$I_{\text{op. Br}_1\text{. P}}^{\text{II}} = K_{\text{rel. Br}_1}^{\text{II}} \cdot I_{\text{load. max}} = 1.3 \times 380\ \text{A} = 494\ \text{A}$$

　　对应的二次值为

$$I_{\text{op. Br}_1\text{. S}}^{\text{II}} = \frac{I_{\text{op. Br}_1\text{. P}}^{\text{II}}}{n_{\text{TA}}} = \frac{494}{400/5}\ \text{A} = 6.18\ \text{A}$$

　　若线路持续运行的载流量值未给出,则可按不大于上一级保护过流 II 段电流的 0.7 倍整定,即

$$I_{\text{op. Br}_1\text{. P}}^{\text{II}} = 0.7 I_{\text{op. L1. P}}^{\text{II}} = 0.7 \times 663\ \text{A} = 464.1\ \text{A}$$

　　对应的二次值为

$$I_{\text{op. Br}_1\text{. S}}^{\text{II}} = \frac{I_{\text{op. Br}_1\text{. P}}^{\text{II}}}{n_{\text{TA}}} = \frac{464.1}{400/5}\ \text{A} = 5.80\ \text{A}$$

　　保护 3 过流 II 段的动作时间整定为 0.3 s。

　　与分支线 Br_1 的整定过程相类似,分支线 Br_2 处的保护 4 过流 I 段动作电流一次值为 763.12 A,对应的二次值为 9.54 A,故障发生后 0 s 动作。过流 II 段动作电流一次值为 494 A,对应的二次值为 6.18 A,动作时间整定为 0.3 s。根据表 7-2-1 及上述整定结果,画出图 7-2-4。

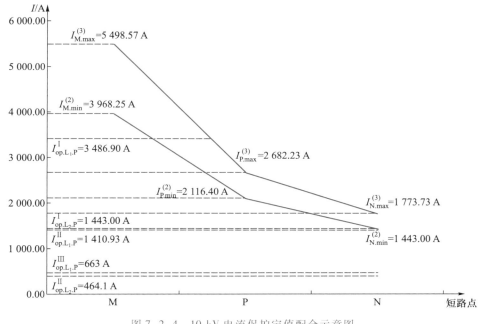

图 7-2-4　10 kV 电流保护定值配合示意图

7.2.5　小结

综上所述,低压配电线路整定计算步骤可归纳如下:

（1）通过短路计算可获得指定故障点发生相间短路时流过相应保护安装处的最大三相短路电流和最小的两相短路电流。

（2）按上下级关系,分别对各保护进行整定计算,选取整定值。整定计算包括动作值整定、灵敏度校验和动作时限整定三部分。

（3）对整定结果分析比较,选择最佳保护方案。

实际配电网中,各线路所在位置、线路长度、负荷轻重、分支线路等情况存在多种变化。以下针对较典型的情况,给出一些整定的建议。

对于长度很短（如 2 km,甚至更短）的用户专用线路,线路出口处（第一级）的过流 Ⅰ 段可能在最小方式时灵敏度不满足要求,此时可将 Ⅰ 段取消,直接用 Ⅱ 段与 Ⅲ 段保护。将过流 Ⅱ 段的动作电流与下一级过流 Ⅰ 段相配合（乘 1.1 倍配合系数）,动作时限取 0.3 s。此类线路无分段断路器,也不存在第二级保护的整定问题。

对于轻载且无分段断路器的长线路（如 15 km,甚至更长）,如果线路出口处的过流 Ⅰ 段按躲过本线路末端最大三相短路电流整定,时限整定为 0 s 的整定方案,有可能造成在近处配电变压器低压侧故障,线路出口处保护动作,引起整条 10 kV 线路跳闸。针对这种情况,应对过流 Ⅰ 段保护增加 0.2 s 左右的短时限,以便与配电变压器的无时限电流速断保护或熔断器配合。

对于重载且无分段断路器的长线路（如 15 km,甚至更长）,如果线路出口处 Ⅰ 段保护按躲过本线路末端最大三相短路电流整定,时限整定为 0 s 的整定方案,有可能导致电流 Ⅰ 段定值小于本线路的变压器励磁涌流,造成误动作。此时,应对线路出口处 Ⅰ 段保护的定值进行调整,按躲过变压器励磁涌流进行整定。

如果本线路的上一级元件为主变压器,而该变压器的过流保护为一般过流保护而未采用复合电压闭锁过流保护,本线路的过流 I 段保护应与主变压器低压侧过流定值相配合,不得大于上级普通过电流保护 I 段定值的 0.9 倍。如上级保护采用复合电压闭锁过电流保护,则不需要考虑配合问题。

对于某些配电线路无分段断路器,线路出口处的 I 段保护电流动作值按躲过线路上所接配电变压器二次侧最大短路电流进行整定,时限整定为 0 s。这种情况下,需要校验该保护是否能躲过本线路的励磁涌流。变压器的励磁涌流计算方式按本线路所接配电变压器总容量的 4 ~ 6 倍来折算对应的电流(如 2 000 ~ 3 000 A)。如果无法躲过励磁涌流,则可以考虑采用该电流作为整定值,或对该保护增加 0.2 s 的时限。该保护的 II、III 段整定方案不变。

当线路较长(如 15 km 以上线路)且线路出口处最末段保护灵敏度不足时,可采用复压闭锁过流保护或低压闭锁过流保护。此时负序电压取 0.06 倍额定电压,低电压取 0.6 ~ 0.7 倍额定电压,动作电流按正常最大负荷电流整定,只考虑可靠系数及返回系数。

本节二维码阅读资料主要介绍 35 kV 线路阶段式电流保护的整定,供读者进行拓展阅读。

阅读资料:
7.2.6 35 kV 线路阶段式电流保护的整定

7.3　输电线路距离保护的整定

7.3.1　整定思路

PPT 资源:
7.3 输电线路距离保护的整定

输电线路距离保护的整定任务主要包括:

(1) 系统参数,主要包括线路长度,单位长度正序阻抗、零序阻抗、正序阻抗角、零序阻抗角、互感器变比、最大负荷电流等参数。

(2) 启动值整定,主要包括相电流启动值、序电流启动值。

(3) 相间距离保护与接地距离保护动作值与动作延时整定、灵敏度校验。

输电线路距离保护的整定重点在阻抗动作值与动作时限的整定,其流程与电流保护的类似。

输电线路距离保护因测量阻抗变化而动作,因此运行方式对于距离保护的影响较小,因此该保护的 I 段可以获得较为稳定的灵敏度。距离保护的第 II、III 段的保护范围因受分支电流的影响,所以在一定程度上将受到运行方式变化的影响,尤其在多电源及环网中受到较大影响,在整定时必须加以考虑。

当"四性"难以同时兼顾时,距离保护各段依据所承担的主要作用对自身应有不同的侧重要求。例如,对于 II 段,首要任务是保护本线路全长,应将保护"灵敏性"作为重点考虑的问题,且延时不宜过长;对于 III 段,同样要把"灵敏性"放在首位,同时要考虑上下级的配合关系。

7.3.2　正序分支系数的讨论

在距离保护、零序电流保护的整定计算中,经常用到正序分支系数的概念。其基本概念是相邻线路发生故障时,本线路(即要进行整定的保护装置所在的线路)感受到的正序电流与流过相邻线路正序电流的比值。

如图 7-3-1(a)所示,图中本线路 L_1 对应的正序电抗为 $X_{MN.1}$,相邻线路为 L_2;图中与 M 母线连接的电源称为主电源,其等值阻抗为 $X_{SM.1}$,与 N 母线连接的电源称为助增电源,其等值阻抗为 $X_{SN.1}$。相邻线路 L_2 上发生故障时,流过相邻线路 L_2 的正序电流 $I_{L_2.1}$ 将大于流过本线路 L_1 的正序电流 $I_{L_1.1}$。如按分支系数定义,有正序分支系数 $I_{L_1.1}/I_{L_2.1} < 1$;类似地,对于图 7-3-1(b),有正序分支系数 $I_{L_1.1}/I_{L_2.1} > 1$。

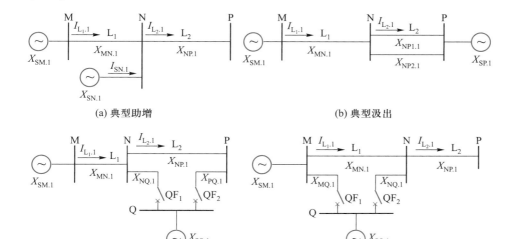

(a) 典型助增   (b) 典型汲出

(c) 示例1   (d) 示例2

图 7-3-1 分支系数示意图

在距离保护整定过程中用到的分支系数是指正序分支系数,考虑到计算阻抗时电流位于分母,距离保护整定时习惯在阻抗之前乘以分支系数 K_b,因此在距离保护整定时所用的 K_b 实际是前述正序分支系数的倒数。

以图 7-3-1(a)为例,有

$$K_b = \frac{I_{L_2.1}}{I_{L_1.1}} = 1 + \frac{X_{SM.1} + X_{MN.1}}{X_{SN.1}} \qquad (7-3-1)$$

式中,$X_{SM.1}$、$X_{SN.1}$——母线 M、N 所连接电源的等值正序电抗;

$X_{MN.1}$——本线路的正序阻抗。

$K_b > 1$ 时,称为助增系数。同理,如以图 7-3-1(b)为例,对于 P 母线处故障,有 $K_b = 1/2$,这种小于 1 的分支系数称为汲出系数。

在进行距离保护整定计算中,K_b 的正确计算直接影响距离保护定值和保护范围的大小,也影响了保护各段的相互配合和灵敏度。正确选择和计算 K_b 是距离保护计算的重要工作内容之一。因此,要紧密结合系统的运行方式,在可能的运行方式下,选取较小的 K_b。在计算时,允许不考虑分支负荷电流的影响。

以下通过两个示例,说明整定时如何获得较大或较小的分支系数,如图 7-3-1(c)所示。单回线路 L_1 与一个环状网络(简称环网,下同)相连。线路 L_1 与环网内线路 L_2 的保护相配合,若要获得最大的助增系数,则 QF_1 闭合、QF_2 打开,按 M 侧系统采用最小运行方式、N 侧系统采用最大运行方式条件加以计算;若要获得最小的助增系数,则 QF_1 闭合、QF_2 打开,按 M 侧系统采用最大运行方式、N 侧系统采用最小运行方式条件加以计算;若要获得最小汲出系数,则按 N

侧系统退出运行,QF_1、QF_2 闭合计算。

再如图 7-3-1(d)所示,环网内线路 L_1 与环网外线路 L_2 保护配合,若要获得最大的助增系数,则 QF_1 打开,QF_2 闭合,按 M 侧系统采用最小运行方式、Q 侧系统采用最大运行方式进行计算。若要获得最小的助增系数,则 QF_1 打开,QF_2 闭合,按 M 侧系统采用最大运行方式、N 侧系统采用最小运行方式条件加以计算;汲出系数为始终为 1(无汲出)。

综上所述,分支系数表面上是电流之比,本质上是阻抗之比。正序分支系数是在正序阻抗网络中讨论。零序分支系数只在零序阻抗网络中讨论,两者不是一回事。零序分支系数与零序补偿系数也不是一回事,要避免混淆。

7.3.3 Ⅰ段的整定原则

本节重点介绍 110 kV 线路距离保护整定方法。对于双侧电源线路,距离Ⅰ段的动作阻抗(也称整定阻抗定值)按不伸出对侧母线整定;单侧电源线路按末端是否接有相邻线路分为两种情况,原则有所区别。

(1)对于相间距离,如双侧电源线路或单侧电源线路末端接有相邻线路,动作阻抗按保护范围不伸出本线路全长整定,即

$$Z_{op}^{I} = K_{rel}^{I} Z_{L} \qquad (7-3-2)$$

式中,K_{rel}^{I}——可靠系数,一般取值为 0.8~0.85;

Z_{L}——本线路的正序阻抗。

(2)单侧电源线路按末端无相邻线路只接有变压器时,送电侧保护范围伸入受电侧变压器内,动作阻抗按保护范围不伸出变压器低压侧母线整定,即

$$Z_{op}^{I} = K_{rel}^{I} Z_{L} + K_{rel. T}^{I} Z_{T} \qquad (7-3-3)$$

式中,$K_{rel. T}^{I}$——可靠系数,一般取 0.7;

Z_{T}——变压器的等值正序阻抗。其余参数同上。

7.3.4 Ⅱ段的整定原则

距离Ⅱ段作为主保护,整定首先考虑的问题是能否保护本线路全长,其次再考虑与相邻线路接地距离Ⅰ段或Ⅱ段配合,因此在整定时首先按有灵敏度算得Ⅱ段最小定值,对于 220 kV 及以上电压等级线路的距离保护,也可与相邻线路纵联保护配合,时间与对侧断路器失灵保护动作时间配合;相间、接地距离Ⅱ段动作时间不宜大于 2.0 s。接地和相间距离保护按金属性故障来校验灵敏度。

1. 相间距离Ⅱ段

首要任务是保证灵敏度,动作阻抗按本线路末端发生金属性相间短路故障有足够灵敏度整定,即

$$Z_{op}^{II} = K_{sen} Z_{L} \qquad (7-3-4)$$

式中,K_{sen}——灵敏系数,一般取 1.3~1.5,不得小于 1.3。

在此前提条件下,可以寻求与相邻保护Ⅰ、Ⅱ段的配合,或与相邻线路纵联保护的配合。如所取得的配合定值大于式(7-3-4)所求值,则取用;否则维持式(7-3-4)所求定值不变。这样做的目的是防止只求配合关系的完美,而忘记Ⅱ段应保护线路全长的"初心"。注意配合值可按下列条件计算,并取最小值,

（1）与相邻线路距离保护第 I 段的动作阻抗相配合，即

$$Z_{\text{op}}^{\text{II}} = K_{\text{rel}}^{\text{I}} Z_{\text{L}} + K_{\text{rel}}^{\text{II}} K_{\text{b. min}} Z_{\text{op. n}}^{\text{I}} \qquad (7-3-5)$$

式中，$K_{\text{rel}}^{\text{II}}$——可靠系数，取不大于 0.8；

    $K_{\text{b. min}}$——最小分支系数。当相邻线路距离保护第 I 段保护范围末端短路时，流过相邻线路的正序电流与流过被保护线路的正序电流实际可能的最小比值；当有多条相邻线路时，应取其中的最小值为整定值；

    $Z_{\text{op. n}}^{\text{I}}$——相邻线路距离保护 I 段的动作阻抗。

对于 110 kV 线路，若按（7-3-5）式整定的结果小于式（7-3-4）所求值，在允许增加动作时限的条件下，可考虑与相邻线路距离保护第 II 段 $Z_{\text{op. n}}^{\text{II}}$ 配合，即

$$Z_{\text{op}}^{\text{II}} = K_{\text{rel}}^{\text{I}} Z_{\text{L}} + K_{\text{rel}}^{\text{II}} K_{\text{b. min}} Z_{\text{op. n}}^{\text{II}} \qquad (7-3-6)$$

（2）若相邻线路为单回线路，且末端有变压器，则动作阻抗按躲过变压器低压侧故障整定，即

$$Z_{\text{op}}^{\text{II}} = K_{\text{rel}}^{\text{I}} Z_{\text{L}} + K_{\text{rel}}^{\text{II}} K_{\text{b. min}} Z_{\text{T}} \qquad (7-3-7)$$

式中，$K_{\text{rel}}^{\text{II}}$——可靠系数，取值不大于 0.7；

    $K_{\text{b. min}}$——变压器低压侧母线发生故障时，实际可能的最小分支系数。

当与相邻线路保护第 I 段相配合时，第 II 段保护的动作时限 $t_{\text{op}}^{\text{II}} = \Delta t$；当与相邻线路保护第 II 段相配合时，第 II 段保护的动作时限 $t_{\text{op}}^{\text{II}} = t_{\text{op. n. max}}^{\text{II}} + \Delta t$。其中 $t_{\text{op. n. max}}^{\text{II}}$ 为相邻线路保护第 II 段的最大动作时限。

2. 接地距离 II 段

整定思路与相间距离 II 段相同。线路接地距离 II 段定值按本线路末端发生金属性故障有足够灵敏度计算。相应的配合公式如下所述。

（1）与相邻线路接地距离 I 段配合，即

$$Z_{\text{op}}^{\text{II}} = K_{\text{rel}} Z_{\text{L}} + K_{\text{rel}}' K_{\text{b. min}} Z_{\text{op. n}}^{\text{I}} \qquad (7-3-8)$$

式中，K_{rel}、K_{rel}'——可靠系数，一般取 0.7～0.8，取值可不相同；

    Z_{L}——本线路正序阻抗；

    $Z_{\text{op. n}}^{\text{I}}$——相邻线路距离保护的第 I 段的动作阻抗；

    $K_{\text{b. min}}$——最小分支系数，取正序分支系数与零序分支系数中的最小值。

对于 110 kV 线路，在允许增加动作时限的条件下，可考虑与相邻线路距离保护第 II 段配合，整定公式与式（7-3-6）相同。式中 $K_{\text{b. min}}$ 为相邻线路末端接地短路时，实际可能的正序分支系数和零序分支系数的最小值。可靠系数式 K_{rel}、K_{rel}' 一般取值为 0.7～0.8。

（2）对相邻线路为单回线路且末端有变压器的情况。

① 按躲过变压器小电流接地系统侧母线三相短路电流值整定。同式（7-3-8），式中 K_{rel}、K_{rel}' 一般取 0.7～0.8；

② 按躲过变压器其他侧（大接地电流系统）母线接地故障电流值整定。这种情况在 220 kV 及以上电压等级线路整定中将会遇到，具体公式请参考相应的整定规程。

按照上述思路进行整定，有时难免造成上一级线路（如 220 kV）距离 II 段定

值伸出对侧主变压器的下一电压等级（如 110 kV）母线，则相应的下一电压等级
元件（如 110 kV 主变）定值需规定相应的整定限额，以保证下一级保护先于上一
级保护动作。

7.3.5　Ⅲ段的整定原则

正常方式下，距离Ⅲ段按与相邻线距离Ⅱ段进行配合，若与相邻线距离Ⅱ段
配合有困难，则与相邻线距离Ⅲ段配合；若与相邻线距离Ⅲ段无法实现配合，则
采取不完全配合。距离Ⅲ段还应可靠躲过本线最大事故过负荷时对应的最小负
荷阻抗和系统振荡周期，时间一般取 1.5 s 及以上。

1. 相间距离Ⅲ段

动作阻抗按如下条件计算，一般选其中最小者为整定值。

（1）与相邻线路距离保护第Ⅱ段配合，即

$$Z_{op}^{\text{Ⅲ}} = K_{rel} Z_L + K'_{rel} K_{b.\,min} Z_{op.\,n}^{\text{Ⅱ}} \qquad (7-3-9)$$

式中，K_{rel}——可靠系数，一般取值为 0.8 ~ 0.85；

$\quad\quad K'_{rel}$——可靠系数，一般取值不大于 0.8；

$\quad\quad K_{b.\,min}$——最小分支系数；

$\quad\quad Z_{op.\,n}^{\text{Ⅱ}}$——相邻线路距离保护的第Ⅱ段整定值。

（2）与相邻线路距离保护第Ⅲ段配合，即

$$Z_{op}^{\text{Ⅲ}} = K_{rel} Z_L + K'_{rel} K_{b.\,min} Z_{op.\,n}^{\text{Ⅲ}} \qquad (7-3-10)$$

式中，$Z_{op.\,n}^{\text{Ⅲ}}$——相邻线路距离保护的第Ⅲ段整定值。

其他系数取值同式（7-3-9）。

（3）与相邻变压器过电流保护配合，即

$$Z_{op}^{\text{Ⅲ}} = K_{rel}\left(K_{b.\,min}\frac{U_{min}}{2I_{op.\,n}} - Z_S\right) \qquad (7-3-11)$$

式中，U_{min}——电网运行最低线电压；

$\quad\quad K_{rel}$——可靠系数，一般取值为 0.8 ~ 0.85；

$\quad\quad I_{op.\,n}$——相邻变压器过电流保护整定值；

$\quad\quad Z_S$——保护安装处背后系统的等值阻抗。

（4）躲负荷阻抗，即

$$Z_{op}^{\text{Ⅲ}} = K_{rel} Z_{Load.\,min} \qquad (7-3-12)$$

式中，K_{rel}——可靠系数，一般取 0.7；

$\quad\quad Z_{Load.\,min}$——被保护线路的最小负荷阻抗。

第Ⅲ段保护的动作时限，应比所配合保护的动作时限大一个时间级差 Δt，
$\Delta t \approx 0.5$ s。

2. 接地距离Ⅲ段

动作阻抗按如下条件计算，一般选其中最小者为整定值。

（1）按本线路末端接地故障有足够灵敏度整定，即

$$Z_{op}^{\text{Ⅲ}} = K_{sen} Z_L \qquad (7-3-13)$$

式中，K_{sen}——灵敏度，取值为 1.8 ~ 3.0；

Z_L——本线路正序阻抗。

（2）与相邻线路接地距离Ⅱ段配合，即

$$Z_{op}^{III} = K_{rel}Z_L + K'_{rel}K_{b.min}Z_{op.n}^{II} \qquad (7-3-14)$$

式中，K_{rel}、K'_{rel}——可靠系数取 $0.7 \sim 0.8$，其余参数与（7-3-9）相同。

（3）与相邻线路接地距离Ⅲ段配合，即

$$Z_{op}^{III} = K_{rel}Z_L + K'_{rel}K_{b.min}Z_{op.n}^{III} \qquad (7-3-15)$$

式中，K_{rel}、K'_{rel}——可靠系数取 $0.7 \sim 0.8$，其余系数与式（7-3-10）相同。

以上三段接地距离保护的灵敏度校验、动作时间整定与相间距离保护相同。

上面所计算的距离保护整定阻抗为一次阻抗，整定阻抗二次值为

$$Z_{k.op} = Z_{op}\frac{n_{TA}}{n_{TV}} \qquad (7-3-16)$$

式中，Z_{op}——整定阻抗一次值；

n_{TA}——电流互感器变比；

n_{TV}——电压互感器变比。

7.4 输电线路零序电流保护的整定

7.4 输电线路零序电流保护的整定

在 110 kV 及以上输电线路保护中，运行方式特别是变压器中性点接地方式的变化，将会对零序电流的计算结果产生重要影响；电网中的 T 接线路、短距离线路会给零序电流保护的运行整定带来许多困难。

7.4.1 整定思路

在进行零序电流保护的整定之前，必须了解所整定电力系统的运行方式及变压器中性接地点的运行方式；了解所整定线路采用的重合闸方式；对平行双回线，要分析两回线路之间的零序互感对零序电流、电压数值的影响；了解所整定电力系统的参数特征，特别是等值正序阻抗与等值零序阻抗的比值。

值得注意的是，随着数字式接地距离保护的广泛应用，零序电流保护正逐步"退隐"，其主要任务变成了保证相应电压等级线路发生高电阻性接地故障时可靠切除故障，更加突出对后备保护段（即Ⅲ段或Ⅳ段）灵敏性的要求。当线路零序Ⅰ段的整定结果无法满足灵敏度要求时，可考虑取消零序Ⅰ段，只保留其他段。

7.4.2 零序分支系数的讨论

在零序电流保护整定过程中用到的分支系数是指零序分支系数，其基本概念是：当相邻线路发生故障时，本线路（即要进行整定的保护装置所在的线路）感受到的零序电流与流过相邻线路零序电流的比值。

仍以图 7-3-1（a）进行说明，本线路 L_1 与相邻线路 L_2 定义不变，可得出零序阻抗网络。注意该网络中只有故障点的零序电动势为唯一的能量源。在故障线路上的零序线路间，当 L_2 上发生故障时，流过 L_2 的零序电流 $I_{L_2.0}$ 将大于流过本线路 L_1 的零序电流 $I_{L_1.0}$，即 $I_{L_1.0}/I_{L_2.0} < 1$。类似地，观察图 7-3-1（b）可知，当

NP 之间某一条线路 L_2 上发生故障时,流过本线路 L_1 的零序电流相对较小,即 $I_{L1.0}/I_{L2.0} > 1$。

对应于图 7-3-1(a),零序分支系数为

$$K_{b.0} = \frac{I_{L1.0}}{I_{L2.0}} = \frac{X_{SN.0}}{X_{SN.0} + X_{SM.0} + X_{MN.0}} \qquad (7-4-1)$$

式中,$X_{SM.0}$、$X_{SN.0}$——母线 M、N 背后系统的零序等值电抗;

$\quad X_{MN.0}$——本线路的正序阻抗。

对应于图 7-3-1(b),一般只考虑母线 P 处故障,即认为本线路下级平行双回线的每回线路参数完全相等。因此,零序电流分支系数 $K_{b.0} = \dfrac{I_{L1.0}}{I_{L2.0}} = 2$。

对于 II 段整定在常见运行方式和正常检修方式下,当相邻线路零序 I 段保护末端发生接地短路时,通常取零序分支系数的最大值 $K_{b.max}$。

7.4.3　I 段的整定原则

对于双侧电源线路,为简化后备保护并保证选择性,一般会取消零序电流 I 段保护,改用接地距离保护。本文仅介绍单侧电源线路零序电流保护 I 段整定。

动作电流按躲过本线路末端接地故障,流过保护的最大三倍零序电流 $3I_{0.max}$ 整定,即

$$I_{op.0}^{I} = K_{rel}^{I} 3I_{0.max} \qquad (7-4-2)$$

式中,K_{rel}^{I}——可靠系数,取值不小于 1.3;

值得指出,接地故障包括单相接地故障与两相接地故障两种,可通过比较正序等值阻抗 $Z_{1\Sigma}$ 与零序等值阻抗 $Z_{0\Sigma}$ 的大小来选择。当 $Z_{1\Sigma} \leqslant Z_{0\Sigma}$ 时,取单相接地的零序电流。对于双回线路,零序电流应按双回线路中的另一回线路断开并两端接地的条件整定,即考虑本线路的零序等值阻抗值为最小的一种情况。

动作时间设为 0 s。保护的灵敏度按本线路首端发生接地故障时,流过保护的最小三倍零序电流加以校验,要求不小于 1。如果出现灵敏度不满足(即本线路首端接地故障的最小三倍零序电流小于整定值)的情况,则说明该保护不适合采用零序电流 I 段,整定时应退出该保护。

考虑平行双回线路间零序互感的影响,根据规程,在某些场合(如 220 kV 线路),零序电流 I 段有可能退出运行,不再考虑其整定问题。

7.4.4　II 段的整定原则

在双侧电源线路取消零序电流 I 段保护的前提下,零序 II 段可采用与相邻线路纵联保护或接地距离保护 I 段相配合的方法。对于单侧线路,可采用与相邻线路零序电流保护 I 段(或接地距离保护 I 段)相配合的方法。此处先介绍单侧电源线路零序电流保护 I 段整定方法。

若相邻线路存在零序电流 I 段,则动作电流按与 I 段动作电流配合整定,即

$$I_{op.0}^{II} = K_{rel}^{II} K_{b.max} I_{op.0.n}^{I} \qquad (7-4-3)$$

式中,K_{rel}^{II}——可靠系数,取值不小于 1.1;

$\quad I_{op.0.n}^{I}$——相邻线路零序电流保护 I 段的动作电流;

$\quad K_{b.max}$——最大零序分支系数。

如果相邻线路不存在零序电流 I 段,只有接地距离 I 段,将公式中 $I_{op.0.n}^{I}$ 换成在相邻接地距离 I 段末端发生故障时,流过相邻线路的最大三倍零序电流为 $3I_{0.max.n}'$,其他参数不变。

在上述电流整定值中,取最大值作为动作电流值。对于采用三相重合闸的 110 kV 电压等级线路,动作时间 $t_{op.0}^{II} \geqslant 0.3$ s。

7.4.5 Ⅲ段的整定原则

零序第Ⅲ段按灵敏性和选择性要求配合整定。首先要求保证近后备的灵敏性,即零序电流保护Ⅲ段在常见运行方式下,对本线路末端金属性接地故障的灵敏系数应满足:

(1) 50 km 以下线路,值不小于 1.5;

(2) 50 ~ 200 km 线路,值不小于 1.4;

(3) 200 km 以上线路,值不小于 1.3。

在此前提条件下,再考虑配合问题。先计算与相邻线路Ⅱ段配合,有

$$I_{op.0}^{III} = K_{rel}^{III} K_{b.max} I_{op.0.n}^{II} \qquad (7-4-4)$$

式中,K_{rel}^{III}——可靠系数,取值不小于 1.1;

$I_{op.0.n}^{II}$——相邻线路零序电流保护Ⅱ段的动作电流二次值,有多条相邻线路时取最大值。

分支系数定义同式(7-4-1)。若计算结果满足灵敏性要求,则取动作时间为下一级保护Ⅱ段延时加一个时间级差;若计算结果不满足灵敏性要求,则与相邻线路Ⅲ段配合,公式类似于式(7-4-4),取动作时间为下一级保护Ⅱ段延时加一个时间级差。

7.4.6 Ⅳ段的整定原则

Ⅳ段为零序电流保护的最末段,其整定值一般应不大于 300 A,主要保证线路发生高电阻性接地故障时能可靠切除故障。零序电流保护的启动值(即动作电流)先保证有

$$I_{op.0}^{IV} \leqslant 300 \text{ A} \qquad (7-4-5)$$

在此基础上,可与相邻线路零序电流Ⅲ段、电流Ⅳ段配合,为简化计算,可直接取 300 A。双侧电源 220 kV 及以上电压等级线路,定时限动作时间不小于 3.5 s;单侧电源 110 kV 及以上电压等级线路,定时限动作时间比相邻线路的最末段多一个时间级差。灵敏度不用再校验。

本节二维码阅读资料主要介绍 220 kV 输电线路距离保护、零序电压保护的整定原则,供读者进行拓展阅读。

阅读资料:7.4.7 220 kV 输电线路距离保护、零序电压保护的整定原则

本 章 小 结

继电保护整定计算是一项重要的"运筹"工作。整定计算必须围绕维护电力系统安全稳定这一目标,了解掌握系统运行的特征及具体参数,熟悉保护的配置方案与装置原理,进行细致合理地计算与整定,只有这样才能充分发挥各级继电保护装置的性能,及时有效地切除故障。

中低压配电网线路的继电保护整定以过电流保护为主。对于不同电压等级的线路,其整定原则有所不同,注意一般末端线路多设有两段式电流保护,其中Ⅰ段为速动段,Ⅱ段为延时段。为保证上级电力系统的稳定运行,中低压配电网线路的继电保护设有最长动作延时的限额。主保护由Ⅰ段或者Ⅰ段加Ⅱ段构成,应保证以较短延时切除主干线路上的故障。后备保护应保证有一定的时间阶梯特性。结合实例,有助于理解上述概念,学习整定计算过程中因地制宜、随机应变的本领。

110 kV 及以上输电线路应广泛系用距离保护。距离保护分为相间距离保护与接地距离保护,分别反应相间短路故障与接地短路故障。它们需要分别整定,基本流程与电流保护整定类似。对于距离Ⅱ段的整定,首先应考虑保护本线全长,再考虑与相邻线路的配合问题。距离保护Ⅱ、Ⅲ段保护范围在一定程度上将受到运行方式变化的影响,该影响在多电源及环网中尤为明显,需要在整定的过程中加以考虑。

在中性点接地系统中还可采用零序电流保护,其整定原则与中低压配电网线路相间电流保护类似。整定时,需从所整定的电力系统出发,了解其运行方式和变压器中性接地点的运行方式,并注意零序电流保护整定值为零序电流的三倍。

本章主要复习内容如下:

(1) 阶段式电流保护的配合原则、整定计算方法;

(2) 中低压配电设备的保护配置情况;

(3) 110 kV 输电线路距离保护的配合原则、整定计算方法;

(4) 110 kV 输电线路零序电流保护的配合原则、整定计算方法。

习　　题

7.1　《3 kV ~ 110 kV 电网继电保护装置运行整定规程》规定:"电流速断保护应校核被保护线路出口短路的灵敏系数,在常见运行方式下,三相短路的灵敏系数不小于 1 即可投运"。这种说法与传统继电保护书籍中提到的"电流速断保护应保护本线路全长的 15% ~ 30%"说法并不一样。规程变化反映了我国配电网的哪种变化?

7.2　已知 20 kV 母线最大三相短路电流为 2 000 A。在 100 MV·A 基准容量条件下,所接馈线阻抗标幺值为 2。馈线上无其他负荷,末端为一台 16 MV·A 配电变压器,其低压侧为 10 kV,短路电压百分数为 6.9%。馈线持续运行载流量为 510 A。试计算该馈线的电流保护定值。

7.3　如例 7-2-1 参数,已知条件改为 10 kV 母线最大三相短路电流为 3 000 A,最小两相短路电流为 2 000 A,其他线路参数不变。试计算各个保护电流保护定值。(提示:不采用复合电压闭锁过电流保护)

7.4　如题 7.4 图所示,断路器 QF_1、QF_2 均装设三段式相间距离保护(采用圆特性方向阻抗继电器)P_1、P_2。已知 P_1 的一次整定阻抗 $Z_{op.1}^{I} = 2$ Ω,0 s;$Z_{op.1}^{II} = 8$ Ω,0.5 s;$Z_{op.1}^{III} = 60$ Ω,2 s。M 侧电源系统阻抗 $Z_{SM.min} = 1.2$ Ω,$Z_{SM.max} = 3$ Ω;N 侧电源系统阻抗 $Z_{SN.min} = 8$ Ω,$Z_{SN.max} = 20$ Ω。MN 线路输送的最大负荷电流为

550 A。试整定距离保护 P_2 的 Ⅰ、Ⅱ、Ⅲ 段的二次整定阻抗、最灵敏角、动作时间。
（注：Ⅲ段不用校验灵敏度）

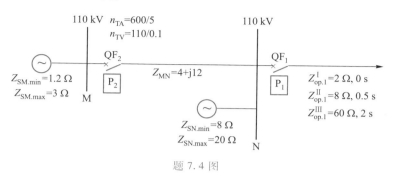

题 7.4 图

7.5　如题 7.5 图所示。在 100 MV·A 基准容量条件下，系统 S 的等值正序阻抗（标幺值，下同）为 0.006 71，等值零序阻抗为 0.008 10（注：最大运行方式与最小运行方式皆用此值）；MN 线路采用平行双回线，单回线正序阻抗为 0.005，零序阻抗为 0.015，双回线零序互感抗为 0.010；N 母线上接有一台 220 kV 三绕组降压变压器，容量为 240 MV·A。变压器的低压侧无电源。高压侧、中压侧、低压侧阻抗标幺值为 0.048、-0.002 08、0.093 8，低压侧接有限流电抗器，其阻抗标幺值为 0.165。（1）计算高压侧中性点闭合条件下，保护 P_1 零序电流保护 Ⅱ 段整定值。（2）计算在高压侧中性点打开条件下，保护 P_1 零序电流保护 Ⅱ 段整定值。（3）简要说明中性点开关打开与否对整定的影响。

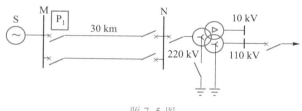

题 7.5 图

7.6　单侧电源 110 kV 线路长度为 15 km，装设阶段式零序电流保护，互感器变比为 600 A/5 A。已知本线路末端金属性接地故障时最小三倍零序电流为 750 A，按本线路末端金属性接地故障的灵敏系数应不小于 1.5 整定原则，请计算零序过电流保护（即零序 Ⅲ 段）的二次定值。当本线路末端发生故障时流过保护的单倍零序电流为 540 A，请计算相应的灵敏系数。

在电力系统运行过程中,三种稳定性必须同时满足,即同步运行稳定性(包括静态稳定、暂态稳定、动态稳定)、频率稳定性和电压稳定性。自动重合闸装置、备用电源自动投入装置以及自动按频率减负荷装置等电网常用自动装置,对保障系统稳定、提升供电质量具有重要意义。本章主要介绍电网常用自动装置的基本原理与动作逻辑,简要介绍自动装置与继电保护的关系以及两者对暂态稳定的贡献。

8.1　自动重合闸装置

8.1.1　思维导图

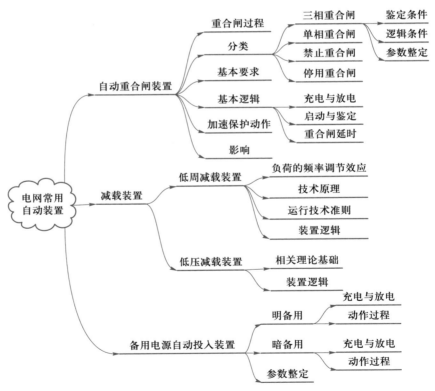

电网常用自动装置内容思维导图

本章介绍的电网常用自动装置主要包括自动重合闸装置、减载装置以及备用电源自动投入装置。首先,通过重合闸的过程、分类、基本要求和基本逻辑知识的学习,掌握自动重合闸的基本原理;接着,通过学习低周减载装置和低压减载装置原理,了解这两种减载装置是如何依据频率和电压下降的幅度来减少电力系统的负荷,从而使频率和电压恢复到额定状态;最后在备用电源自动投入装置中,应掌握明备用与暗备用的含义、动作过程及参数整定方法。

8.1.2 重合闸过程

当架空线路发生故障后,继电保护动作,跳开断路器,实现故障隔离,这一行为称为跳闸。这里的"闸"字代表断路器。但由于大多数架空线路故障为瞬时或暂时性的,并非"覆水难收",为了恢复正常供电,在故障被隔离后的较短时间内重新闭合断路器,称为重合闸,实施一种"复合"的行为。这种重新合闸操作固然可以由我们手动进行,但由于停电时间长,效果并不十分显著。为此,工程上多采用一种自动装置将被切除的线路重新投入运行。实施该行为的装置称为自动重合闸装置(automatic reclosing device,简称 ARC)。但有时,"复合"也并不一定能带来"破镜重圆",情况可能会变得更糟。

在电力系统的故障中,大多数是输电线路(特别是架空线路)的故障。运行经验表明,架空线路故障大都是瞬时性的。例如,由雷电引起的绝缘子表面闪络、大风引起的碰线、鸟类及树枝等物掉落在导线上引起的短路等,在线路被继电保护迅速断开以后,电弧熄灭,故障消失。此时,如果把断开的线路断路器再合上,就能够恢复正常供电。因此,称这类故障是瞬时性故障。如图 8-1-1(a)所示,t_1 时刻之前,断路器处于合闸状态(closing status),线路电流为负荷电流 I_L,在 t_1 时刻本线路发生故障,电流上升为短路电流 I_k,此时继电保护动作。到 t_2 时刻,断路器因保护动作而进入跳闸状态(opening status),线路电流降为 0。经重合闸延时 t_{ARC} 后,到达 t_3 时刻,重合闸装置发出"重合"(re-closing)命令,将断路器重合上,称为重合成功。这一过程称为"O(opening)—C(closing)"过程,简称"跳—合"过程。这样做不但提高了供电的安全性和可靠性,减少了停电损失,而且还提高了电力系统的暂态稳定性,增大了高压线路的送电容量,同时,也可纠正由断路器或继电保护装置造成的误跳闸。

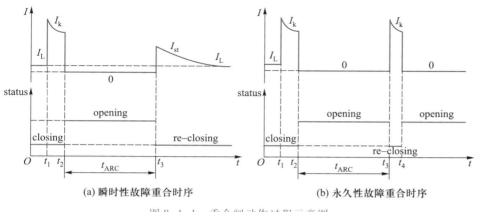

(a) 瞬时性故障重合时序   (b) 永久性故障重合时序

图 8-1-1 重合闸动作过程示意图

但是,事物作为矛盾的统一体,都包含着相互矛盾对立的两个方面。对于"永久性故障",例如由于线路倒杆、断线、绝缘子击穿或损坏等引起的故障,如图 8-1-1(b)所示,在 t_3 时刻,将断路器重新合上,即"重合",但故障永久存在(这儿的"永久"是相对于瞬时而言的,是指在重合闸过程中故障"永久"存在,未来还是要人为排除的)。电流重新上升为短路电流 I_k,继电保护将再次动作,到 t_4 时刻,断路器重新跳闸,不再重合。该类条件下,重合后由继电保护再次动作断路器跳闸的行为,称为"重合不成功"。这一过程也称为"O(opening)—C(closing)—O(opening)"过程,简称"跳—合—跳"过程。

这一重合失败的过程,使电力系统短时间内遭受故障能量的冲击,如处置不当,有可能造成系统失去稳定,同时使断路器工作条件恶化。因为在很短的时间内断路器要连续两次切断短路电流,可能造成设备损坏,所以我们要以"一分为二"的观点来看待采用自动重合闸装置所带来的好处与坏处。

经多年的电力系统运行经验证明,架空线路绝大多数的故障都是瞬时性的,永久性的故障一般不到 10%。因此,继电保护动作切除短路故障后,电弧将自动熄灭,绝大多数情况下短路处的绝缘可以自动恢复。用重合成功的次数与总的动作次数之比来表示重合闸的成功率,其值一般在 60%～90% 之间。可见,采用自动重合闸的效益还是很可观的。

值得指出,目前重合闸装置本身不具有判断故障是否属于瞬时性故障的能力。

随着微机保护在电力系统中的推广应用,自动重合闸装置不再是一种独立的自动装置,而变成微机型(数字式)线路保护装置的模块之一,也可以理解为继电装置的分部。因此,继电保护装置与自动重合闸装置在硬件上统一为一体,实现控制断路器的跳闸与合闸功能。

8.1.3　重合闸分类

目前,输电线路数字式保护中的自动重合闸功能分为三相重合闸、单相重合闸、禁止重合闸和停用重合闸四种方式。

(1) 三相重合闸。当线路上发生单相、两相或三相短路故障时,继电保护动作,使得三相断路器同时跳闸,并经预定的时间将三相断路器同时合上。如重合不成功,断路器第二次三相跳闸,该类重合闸也称为三相一次重合闸,广泛应用于 110 kV 及以下电压等级输配电线路。简言之,线路任意故障跳时三跳三重。

(2) 单相重合闸。当线路上发生单相故障时,继电保护使得某一相断路器跳闸,再经预定延时重新合上该断路器;当重合闸到永久性故障时,三相跳闸,并不再进行重合;线路上发生相间故障时,继电保护使三相断路器跳闸不进行重合。该类重合闸广泛应用于 220 kV 及以上电压等级输电线路。简言之,单跳单重,三跳不重。

(3) 禁止重合闸,即闭锁本装置重合闸功能,但继电保护可采用三相跳闸方式或选择某一单相跳闸方式(即"选相跳闸")动作出口。该类重合闸广泛应用于 220 kV 及以上电压等级输电线路。对于 3/2 接线的线路或在长期不使用本装置重合闸的情况下,可选择禁止重合闸方式,将重合闸退出。此时,继电保护采用选相跳闸方式,以方便与线路上第二套主保护的重合闸配合。

(4) 停用重合闸,即闭锁本装置重合闸功能,且继电保护只能选择三相跳闸方式动作出口。要实现线路发生任何故障时三相跳闸不重合,可选择停用重合闸方式。

传统的综合重合闸方式目前已不再使用,此处不再赘述。

综上所述,110 kV 及以下线路,断路器不能分相操作,一般采用三相重合闸或停用重合闸方式,三相重合闸还可分为单侧电源重合闸和双侧电源重合闸。对于 220 kV 及以上线路,断路器可以进行分相操作,采用三相重合闸、单相重合闸、禁止重合闸、停用重合闸四种方式中的一种。

8.1.4 对重合闸的基本要求

自动重合闸装置应满足下列基本要求:

(1)应在满足有关重合闸的一系列前提条件下,经设定延时后实施重合闸;

(2)用控制开关或通过遥控装置将断路器断开,或将断路器投于故障线路上,而随即由保护将其断开时,自动重合闸装置不应动作;

(3)在任何情况下(包括装置本身的元件损坏,以及继电器触点粘住或拒动),自动重合闸装置的动作次数应符合预先的规定(如一次重合闸只应动作一次);

(4)自动重合闸装置动作后,应自动复归;

(5)自动重合闸装置应能在重合闸后,加速继电保护动作,必要时可在重合闸前加速其动作;

(6)自动重合闸装置应具有接收外来闭锁信号的功能,特别是当断路器处于不允许实现重合闸的不正常状态(如断路器未储能)下,或当系统频率降低到按频率自动减负荷装置动作将断路器跳开时,能自动地将自动重合闸装置闭锁。

8.1.5 重合闸基本逻辑

1. 充电与放电

在人为操作合上断路器,或者上一次成功重合闸后,断路器至少进行了一次或多次合闸和跳闸的动作,以确保断路器切断故障电流能力的恢复,重合闸将进入充电准备阶段。在这一过程中,重合闸将不会动作。同时它还要"放眼"周围,以确保具备"开工条件",持续 15 s 后,考查期满,重合闸进入"准备好(ready)"状态。意思是"来吧!可以来一次重合闸了"。

传统的自动重合闸装置是一种电磁型的重合闸继电器,利用一个电阻电容器充电回路来控制重合闸装置的准备时间。因此,继保工作者目前仍沿用"充电"这个词来代表重合闸的准备过程。当然在数字式重合闸中,"充电"电容已不存在,而代之的是"充电"计数器。重合闸闭锁就是将重合闸充电计数器瞬间清零,称为"放电"。重合闸"放电"条件有多个,构成**或**门条件,即实行"一票否决"。如图 8-1-2 所示,放电条件逻辑为 **1** 时,经**非**门输出为 **0**,使 A₁ 门输出变为 **0**。充电延时门输入 **0**,计时清零,称为"放电"。要等到放电条件全部消失,即充电条件满足时,A₁ 门输出才为 **1**。"充电延时"门重新开始"充电",15 s 后,输出为 **1**。

三相重合闸与单相重合闸的"充电"与"放电"条件略有区别,详见相关二维码阅读资料中的说明。

阅读资料: 8.1.5 同步检定原理、重合闸动作逻辑及参数整定

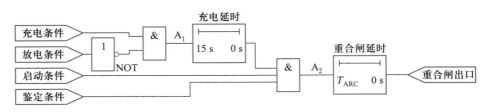

图 8-1-2　重合闸逻辑简图

2. 启动与鉴定

启动是指重合闸装置感知到断路器突然跳闸或保护突然动作出口发出跳闸命令时,启动重合逻辑,做好发出重合命令准备。

第一种启动方式称为不对应启动,即在非人为操作前提下,断路器突然由合闸变为跳闸状态,重合闸装置将启动重合闸逻辑。采用这种启动方式的优点是:线路发生故障保护将断路器跳开后,能满足位置不对应的启动条件,启动重合闸。采用这种方式还可纠正各种原因引起的断路器"偷跳"。当断路器"偷跳"时,同样满足不对应条件,也能够启动重合闸。

另一种启动方式称为保护启动,即只要保护发出跳闸命令(具体行为是线路保护跳闸出口触点闭合),就启动重合闸。保护启动方式能有效解决某一种反应断路器跳闸状态的开关量失效所引发"不对应启动"失效的问题。然而,采用保护启动方式后,在保护发出跳闸命令而断路器主触头未打开之前,重合闸装置已启动。但是,断路器接到跳闸命令后,因各种原因不一定能真正实现跳闸。这个问题必须加以注意。

目前数字式保护广泛采用保护启动方式,不对应启动方式可以通过内容逻辑选择是否投入,称为"开关偷跳重合"软压板。

鉴定是指"充电"与启动条件满足后,重合闸对重合条件进行"审核"。根据重合闸应用的不同场合,鉴定过程需满足不同的鉴定条件,如检无压或检同期;在某些条件下,可不经过任何鉴定条件,即"不检"。当满足鉴定条件时,图 8-1-2 中 A_2 门输出为 **1**,启动重合闸延时。

3. 重合闸延时

当充电、启动与鉴定都满足要求时,进入最后的重合闸延时环节,经较短延时(如 1 s),重合闸出口,实施重合。为了保证重合闸的成功率,该延时的整定需要特别慎重。如果双侧电源线路的重合闸延时设定与单侧电源的延时设定不一样,那么单相重合闸的延时还要考虑非全相运行时电气量的变化,详见相关二维码阅读资料中的说明。

8.1.6　双侧电源线路三相重合闸的鉴定条件

对于 110 kV 及以下电压等级的输电线路,其断路器不能进行分相操作,只能实行三相重合闸。如图 8-1-3 所示,MN 为双侧电源线路,即 MN 线路两侧都有电源。三相重合闸的鉴定条件称为检无压与检同步。检无压是重合命令发出前,先检查线路是否无电压;而检同步是在重合命令发出前,先检查线路电压是否与母线电压满足同步(同期)条件。采用检无压与检同步鉴定条件的三相重合闸称为检无压、检同步三相重合闸。

如图 8-1-3 所示,MN 为双侧电源线路,即 MN 线路两侧都有电源。图中电压互感器 TV_1、TV_4 用来测量 M、N 侧母线电压,电压互感器 TV_2、TV_3 用来测量线路侧电压。"V<"表示低电压元件,用来检测线路是否无电压;"V-V"表示检同步元件,用来判别线路侧电压与母线电压是否同步。

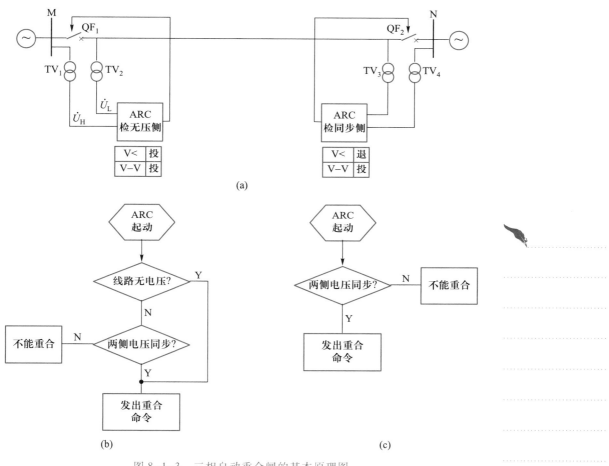

图 8-1-3 三相自动重合闸的基本原理图

预先设定 M 侧为检定线路是否为无电压侧,简称"检无压"侧,如 MN 线路上发生瞬时性故障,则线路两侧继电保护动作,QF_1、QF_2 跳闸,故障点断电,电弧熄灭。因 M 侧低压元件检测到线路无压,将 QF_1 断路器合上。QF_1 合上后,N 侧检测到线路有电压,N 侧检定同步元件开始工作,当满足同步条件时,将 QF_2 合上,恢复线路正常供电。

假设 MN 线路上发生永久性故障,两侧断路器 QF_1、QF_2 跳闸后,M 侧检测到线路无电压先重合,由于是永久性故障,立即由该侧保护加速动作,使 QF_1 再次跳闸,N 侧断路器 QF_2 始终不能重合闸。可以看出,M 侧断路器 QF_1 连续两次切断短路电流,N 侧断路器 QF_2 只切断一次短路电流。

采用检无压与检同步鉴定条件好处在于:在线路发生故障、线路两侧断路器跳闸后,先重合闸一侧的装置通过检无压鉴定条件而重合闸,后重合闸一侧的装置通过检同步鉴定条件再进行重合闸。通过这样做能有效地防止无序地重合闸,提高重合闸的成功率,避免产生危及电气设备安全的冲击电流。

注意,检无压侧也要装设检同步元件,原因是:针对误碰或保护装置误动作造成断路器跳闸,通过重合闸装置纠正,以提高供电可靠性。这种断路器跳闸行为常称为偷跳。如偷跳发生在检同步侧(如图 8-1-3 中所示的 N 侧),线路并未故障,仍有电压。此时可借助检同步元件,经延时后将 QF$_2$ 合上,恢复同步运行。如果这种情况发生在检无压侧,但在该侧没有装设检同步的元件,则 QF$_1$ 不会自动合上,线路将失电。只有该侧设置有检同步的元件,才可以使 QF$_1$ 自动合闸。

需要指出,线路两侧检同步的元件是一直投入工作的,而检无压的元件只能在线路的某一侧投入工作。若两侧均投入检无压元件,则线路两侧断路器跳闸后,两侧均检测到线路无电压,两侧断路器合上后势必造成不检同步而合闸,容易造成冲击电流,甚至引起系统振荡。如图 8-1-3 所示,设 M 侧为检无压侧,由图可见,"V<"和"V-V"都设置为"投(入)"。N 侧为检同步侧,由图可见,"V<"和"V-V"中,前者设为"退(出)",后者设为"投(入)"。在运行过程中,检无压侧与检同步侧可以人为对调,防止某一侧断路器的负担过重。

以下通过二维码阅读资料形式,介绍三相重合闸装置的同步检定原理与数字式三相重合闸装置的逻辑条件、数字式单相重合闸装置的逻辑条件、重合闸参数的整定原则,以及重合闸装置在采用 3/2 母线形式超高压变电站中的运用等内容。

阅读资料:8.1.6.1　重合闸参数整定原则

阅读资料:8.1.6.2　重合闸装置在采用 3/2 母线形式超高压变电站中的运用

8.1.7　重合闸的加速保护动作

在重合永久性故障时,通过自动重合闸与继电保护配合,加快切除故障,对保持系统暂态稳定十分有利。加速跳闸的行为简称"加速",分为前加速与后加速两种形式。前加速是指当线路上发生故障时,靠近电源侧的保护先无选择性地瞬时动作于跳闸,然后再靠重合闸来纠正这种非选择性动作。前加速一般用于具有几段串联的辐射线路中,重合闸装置仅装在靠近电源的一段线路上。在现代电力系统中,前加速已很难见到。

后加速是指线路上发生故障时,保护首先按有选择性的方式动作跳闸。当自动重合闸动作,重合永久性故障时,保护将快速地切除故障,与第一次切除故障是否带有时限无关。

在 110 kV 及以下电压等级线路采用的三相重合闸中,设有重合闸后加速保护逻辑。220 kV 及以上电压等级线路,主保护能实现全线速动,且双重化配置,一般不再采用这种逻辑。

后加速的保护包括电流保护、零序电流保护、接地距离保护、相间距离保护等。这些被加速的继电保护都应对本线路末端故障,应有足够的灵敏度,因此一般加速限时速断段(Ⅱ段)保护。这样做的目的是当重合于本线路上任意点的永久性短路故障时,继电保护可以快速切除该故障。

如被加速的继电保护是距离保护,且重合闸后(单相重合闸或三相重合闸)不会发生系统振荡,则其加速段可不经振荡闭锁逻辑控制;若三相跳闸三相重合闸后发生系统振荡,则其加速段需要经过振荡闭锁逻辑控制。

采用重合闸后加速保护的优点如下:

（1）故障首次切除是有选择性的,不会扩大停电范围;

（2）重合永久性故障,能快速、有选择性地将故障切除;

（3）应用不受网络结构和负荷条件的限制。

8.1.8　重合闸对继电保护的影响

采用自动重合闸在提高瞬时性故障时供电的连续性、系统运行的稳定性,以及纠正因断路器或继电保护误动作引起的误跳闸方面起到了很大作用。在重要的联络线路上采用重合闸,风险与机遇并存。

故障发生后,继电保护快速使故障线路断路器跳闸,并紧接着重合闸成功,在短时间内两侧电动势相位夹角摆开不大,所以系统不会失步,能保持系统的暂态稳定。双侧电源的单相重合闸动作时间应全面考虑断路器相继跳闸、故障点电弧存在的时间长度、断电时间与重合闸动作时间的关系。

当线路发生单相接地故障时,继电保护动作,断路器将故障相线路从两侧母线断开,非故障相线路继续运行,即出现非全相运行状态。当非全相运行时,故障相线路与非故障相线路之间仍然有静电和电磁的联系,使故障点的弧光通道仍有一定数值的电流通过,这些电流称为潜供电流。对于使用单相重合闸线路,还要考虑潜供电流对于继电保护的影响。

以下通过电子文档形式,较为详细地探讨不成功的重合闸对暂态稳定的影响、非全相运行对继电保护的影响等与重合闸相关的技术问题,供读者扫描二维码进行拓展阅读。

阅读资料:8.1.9 重合闸相关技术问题

8.2　低周减载装置与低压减载装置

电力系统发生有功、无功缺额引起频率、电压下降时,如果能自动按频率、电压降低值切除部分电力用户负荷,使系统的电源与负荷重新平衡,防止频率、电压崩溃事故,维持电力系统的频率稳定性与电压稳定性。本节主要介绍与输电线路保护配套的减载装置。

PPT 资源:8.2 低周减载装置与低压减载装置

8.2.1　低周减载装置

频率是电力系统运行的一个重要质量指标,反映了电力系统有功功率供需平衡的状态。在正常运行情况下,系统各点基本上是同一频率,发电总有功出力满足全系统负荷总需求,并随负荷的变化及时调整,系统频率保持额定值。如果系统的有功功率供大于求,则系统的运行频率高于额定值;反之低于额定值。电力系统运行频率偏离额定值过多会对用户、汽轮发电机组、发电厂带来影响,并有可能造成系统频率稳定被破坏,后果是系统发生频率崩溃,引起系统全停电。当电力系统出现严重的有功功率缺额时,为预防频率崩溃造成电力系统全停电,可切除一定的非重要负荷来减轻有功功率缺额的程度,这一技术称为电力系统自动低频减负荷(power system automatic low-frequency load shedding, AFL)技术,AFL 是保证系统频率稳定的重要措施之一。相应的装置称为自动按频率减负荷装置、低周减载装置、AFL 装置等。

视频资源:8.2.1 低周减载装置

1. 负荷的频率调节效应

为简化分析,对于确定的负荷,当频率降低时,电压仍为额定电压,频率变化将有可能造成负荷阻抗的变化。系统负荷的电功率有的与频率无关(如电阻类负荷),有的与频率成线性或非线性正比(如电动机)。

负荷的频率调节效应的定义:频率升高时,系统总负荷功率将随之增加;频率降低时,系统总负荷功率将随之减少。系统总负荷的频率调节效应系数可表示为

$$K_L = \frac{\Delta P_L(f)_*}{\Delta f_*} = \frac{(P_{\Sigma L} - P_{\Sigma N})/P_{\Sigma N}}{(f_0 - f)/f_0} \tag{8-2-1}$$

式中,$P_{\Sigma N}$——额定频率为 f_N 时系统总负荷功率;

$\quad P_{\Sigma L}$——频率为 f 时系统总负荷功率;

$\quad \Delta f_*$——频率变化标幺值,f_0 为初始频率 50 Hz,一般 $f_0 = f_N$;

$\quad \Delta P_L(f)_*$——频率变化量,负荷功率变化的标幺值。

由式(8-2-1)做出负荷的静态频率特性曲线如图 8-2-1 所示。由于频率的降低多为 2 Hz 以内,负荷的静态频率特性与直线十分接近。图中直线的斜率就是负荷的频率调节效应系数,由图可见,对于同样的频率降落,K_L 越大,$P_{\Sigma L}$ 下降的效果就越显著。

频率的降低是因有功出现缺额而造成的,频率降低后,借助于负荷的频率调节效应,可弥补小部分有功功率

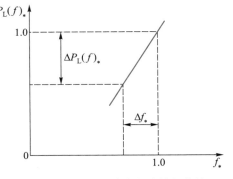

图 8-2-1 负荷的静态频率特性曲线

缺口,减缓和减轻系统频率下降的程度。这种调节效应越显著,对减缓和减轻频率下降越有利。

求取电力系统的 K_L 值是困难的,一般采用估计值,通常可取 $K_L = 1 \sim 3$。

2. 低频减载技术原理

(1)切除负荷容量的计算。系统突然发生故障切除部分电源会使系统供电功率下降,产生一定功率缺额。假设 $P_{\Sigma N}$ 不变,$P_{\Sigma L}$ 大于 $P_{\Sigma N}$,根据式(8-2-1)可推导出负荷系统频率由初始值 f_0 逐渐变化到某一稳态频率 f_∞,有

$$f_\infty = \left\{ 1 - \frac{\Delta P_{max.*}}{K_L} \right\} f_0 \tag{8-2-2}$$

式中,$\Delta P_{max.*}$——负荷功率最大缺额的标幺值,$\Delta P_{max.*} = (P_{\Sigma L} - P_{\Sigma N})/P_{\Sigma N}$。

假设系统发生 4% 的功率缺额,$\Delta P_{max.*} = 4\%$,$K_L = 2$,f_0 为初始频率 50 Hz,代入上式可算出 $f_\infty = 49$ Hz。

如果该稳态频率 f_∞ 较低,影响电力系统安全,则应通过低频减载装置自动地减去部分负荷。设切除的负荷功率为 P_{off},切除相应负荷后,系统的恢复频率为 f_{res},有

$$f_\infty = \left\{ 1 - \frac{1}{K_L} \cdot \frac{\Delta P_{max} - P_{off}}{P_{LN} - P_{off}} \right\} f_0 \tag{8-2-3}$$

式中，$\Delta P_{\max}$——负荷功率最大缺额有名值。

根据以上两式，可求得对应最终频率 f_{res} 时应切去的负荷为

$$P_{\mathrm{off}}=\frac{\Delta P_{\max}-K_{\mathrm{L}}P_{\Sigma\mathrm{N}}\Delta f_{\mathrm{res.*}}}{1-K_{\mathrm{L}}\Delta f_{\mathrm{res.*}}}=\frac{(\Delta P_{\mathrm{max.*}}-K_{\mathrm{L}}\Delta f_{*})P_{\Sigma\mathrm{N}}}{1-K_{\mathrm{L}}\Delta f_{*}} \qquad (8-2-4)$$

式中，$\Delta f_{\mathrm{res.*}}$——对应于恢复频率的频率变化标幺值，$\Delta f_{\mathrm{res.*}}=(f_0-f_{\mathrm{res}})/f_0$。

结合上例，如 $P_{\Sigma\mathrm{N}}=10\,000$ MW，如目标频率 $f_{\mathrm{res}}=49.5$ Hz，$\Delta f_{\mathrm{res.*}}=0.01$，可由式（8-2-4）算出切除负荷 $P_{\mathrm{off}}=204.08$ MW。

（2）有关"轮"的概念。虽然已求出了 AFL 断开负荷的最大值 $P_{\mathrm{off.max}}$，但是在系统发生有功功率缺额的事故时，不允许 AFL 机械地按照最严重的故障来断开全部允许断开的负荷，而是应该按照事故有功功率缺额的大小来控制切除一定数量的负荷，使每次动作后系统频率能尽快恢复在预期的数值附近。实际运行的系统发生事故时，有功功率缺额值较难求出，可将 AFL 的动作分成若干"轮"，每"轮"动作频率不同，切除的负荷也不相同。

3. 低频减载装置运行的技术准则

AFL 的准则：当系统发生有功功率缺额频率下降时，必须及时切除相应容量负荷，使频率迅速恢复到接近额定频率运行，从而不会引起频率崩溃，也不会使系统频率长期悬浮在某一低值水平。

AFL 动作频率应与大机组低频率保护配合。在系统频率下降过程中的一段时间内，应保证大机组的低频率保护不会动作，而 AFL 必须动作切除相应负荷使频率回升；否则，不能保证在这种情况下大机组联网运行，造成事故进一步的恶化。

当 AFL 过多切去负荷时，系统频率会出现过调；当频率超过某一定值时，可能引起系统中大机组的高频率保护动作跳闸以及其他机组因突然频率过高而引发误跳闸。一般最高频率定值可取 51 Hz。

当系统中有核能电厂时，应保证系统频率下降的最低值大于核能电厂冷却介质泵低频率保护的整定值，以保证系统频率下降过程中核能电厂的联网运行。

4. 低频减载装置逻辑

图 8-2-2 为低周减载装置的逻辑框图。当系统有功不足，频率缓慢下降至整定值以下时，低周减载应动作。当频率小于整定值时，**与**门 A_1 有一个条件满足，另一条件为 O_2 门输出为 **0**，经**非**门变为 **1**。A_1 之后经延时 T_1，低频减载将动作出口。但是，并非只有系统有功不足这一原因才会造成频率下降。因此，为了避免其他原因，造成低周减载装置错误动作，该装置设置有多项闭锁条件，以下结合图 8-2-2 重点说明。图中，**或**门 O_2 有 6 个输入量，为闭锁条件，按上下顺序依次说明如下。

（1）当频率变化率小于整定值时，闭锁。频率变化率简称"滑差"，该闭锁行为又被称为滑差闭锁。滑差闭锁分为两种情况：其一，频率大于整定值时，如 $|\mathrm{d}f/\mathrm{d}t|$ 大于整定值，实施滑差闭锁。该逻辑主要为了防止系统故障时，频率突然下降造成装置误动。其二，滑差自我保持闭锁逻辑。该逻辑主要为适应上级电源供应短时中断，负荷反馈（电动机负荷向系统反馈能量）过程中，始终保持本线

路与母线相连,不因低频减载而切除线路。该过程起始时,负荷反馈使母线仍有电压,负荷反馈的频率以指数曲线变化衰减,且频率变化率最大,使得滑差闭锁条件满足,当频率降低至 f_{set} 时,A_2 门输出为 $\mathbf{1}$,经 O_1 实现自保持。在之后的 f 下降过程中,$|\mathrm{d}f/\mathrm{d}t|$ 即使减小,O_1 门仍保持原状,经 O_2 门、非门(NOT)使得 A_1 门输入条件之一为 $\mathbf{0}$,有效地避免了装置误动作。当频率大于整定值,且 $|\mathrm{d}f/\mathrm{d}t|$ 小于整定值时,解除闭锁。

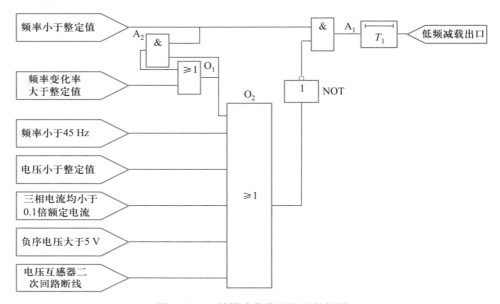

图 8-2-2　低周减载装置的逻辑框图

(2)系统频率小于 45 Hz。实际上,当系统频率小于 45 Hz 时,系统不能正常运行,此时低周减载装置动作已无意义。或者可以理解为:低周减载装置有效的工作频率区间为 45 ~ 50 Hz。

(3)电压小于整定值。由于电压消失,频率小于整定值的条件将被满足,因此,这种闭锁设计可以防止系统故障、电压互感器二次回路断线造成的误动作,也对防止系统振荡或负荷反馈引起的误动作有一定的作用。低压减载电压定值一般按动力负荷的允许临界电压整定,取为额定电压的 65% ~75%,也可根据小系统无功平衡情况取额定电压的 70% ~80%。二次值常取为 60 ~ 70 V,为正序电压线电压值。

(4)三相电流均小于0.1倍额定电流。低周减载的前提是有"载",即有负荷,负荷都接近于空载了,还减什么"载"呢?此时切除本线路的负荷,对系统频率的恢复并无作用。

(5)负序电压大于 5 V。为防止电压互感器二次回路断线以及系统发生不对称故障时装置误动作。

(6)电压互感器二次回路断线,此时装置检测不到真实的频率。

8.2.2　低压减载装置

视频资源:
8.2.2 低压减载装置

电压降低自动减负荷简称"低(电)压减(负)载",是保证系统电压稳定的重要措施之一。电压降低自动减负荷装置是一种因电力系统发生事故使电压低于允许值,根据电压下降幅度自动地按规定减少系统负荷的自动控制装置。

1. 相关理论基础

无功功率供需平衡与有功功率供需平衡有很大的不同。由于无功功率供需平衡具有区域性,所以电压稳定性一般也具有区域性。当区域性的电压稳定性发生问题时,在一定条件下会诱发其他关联性事件,造成全网性的系统大停电事故。

2. 装置逻辑

图 8-2-3 所示的是低压减载装置的逻辑框图。当系统无功不足,电压缓慢下降至整定值以下时,开放低压减载。逻辑图中部分闭锁条件与低周减载装置的相关逻辑基本相同,本节只介绍有区别部分。

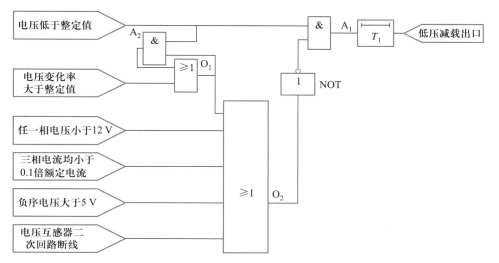

图 8-2-3 低压减载装置的逻辑框图

(1)任意某一相的相电压小于 12 V。该 12 V 定值为二次电压,正常运行时,该电压应为 57.7 V,12 V 相当于额定电压值的 20%。电压过低可能是因为本线路已失去电源,或者电压互感器二次回路断线,实际上,当系统运行出现某一相电压已低于额定电压值的 20% 时,系统就不能正常运行,此时再使低压减载动作已无意义。或者可以理解为:低压减载装置有效的工作电压区间为 12 ~ 57.7 V。

(2)电压变化率大于整定值。电压变化率又称滑压。一般情况下,滑压定值可取 20 ~ 25 V/s。滑压闭锁主要用于区分系统电压下降的原因。当系统发生故障时,电压快速下降,滑压较大,此时闭锁低压减载;当系统无功不足时,电压缓慢下降,滑压较小,此时开放低压减载。当电压变化率大于整定值时经 O_1 门进行自保持,直到电压恢复到低压减载整定电压以上才复归,其原因与低周减载类似。

本节的阅读资料较为详细地讲述了按电压自动减负荷装置定值整定的依据,请扫描二维码阅读。

阅读资料:
8.2.2.2 按电压自动减负荷装置定值整定的依据

8.3　备用电源自动投入装置

PPT 资源：
8.3 备用电源自动投入装置

在电力系统中,对于供电可靠性要求较高的重要用户或变电站,必须具备两个或多个供电电源,但是为了减小短路容量、合理分布潮流和避免电磁环网,一般采取由一个供电电源作为工作电源,其余电源作为备用的运行方式,相当于战役中的预备队。当工作电源因某种原因消失时,由备用电源自动投入(standby power supply automatic switch in),将原有负载主动快速地切换到备用电源上,使用户或变电站重新获得电源。在电网中备用电源自动投入装置是完成该任务的一种常见自动装置,简称备自投(拼音缩写 BZT),也有用 ATS、AAT 等缩写。备自投装置具有接线简单、动作成功率较高、节省投资、简化电网一次接线和继电保护配置等诸多优越性,大量应用在用户变电站、系统内的终端变电站和变电站主变压器低压侧。近年来,随着电网的升级改造不断深入,电网结构日趋合理且日益强大。作为服务于电网的自动装置,备自投与时俱进,它的应用呈现多元化趋势,应用面越来越广。本文结合备自投装置的基本要求、充电条件和闭锁条件,介绍备自投装置在多种电网方式下应用的一些具体做法。

8.3.1　明备用与暗备用

对象系统正常运行时,工作电源投入而备用电源并不投入,称为明备用;对象系统正常运行时,工作电源与备用电源都投入运行,称为暗备用,暗备用实际上是两个工作电源互为备用。结合图 8-3-1(a)、(b)说明变电站中常见的明备用与暗备用。

1. 明备用

图 8-3-1(a)为变电站中常见的明备用示意图,L_1 连接主要供电电源,简称"工作"(电源),L_2 连接备用电源,简称"备用"(电源),L_1 断路器 QF_1 合闸,L_2 断路器 QF_2 分闸,母线联络断路器 QF_3 处于合闸。简言之,主电源带两台主变压器工作。当 QF_1 因故跳开时,Ⅰ母失电,此时 QF_2 合闸,备用电源投入。这种方式称为明备用方式,也可简要地理解为"换预备队上"。

如果 L_2 连接电源为工作电源,那么 L_1 连接备用电源,其逻辑关系类似。因此在实际运行中,明备用方式可分为"L_1 工作,L_2 备用"和"L_2 工作,L_1 备用"两种。

2. 暗备用

图 8-3-1(b)为变电站中常见的暗备用示意图,L_1 连接主要供电电源,L_2 连接备用电源,L_1 断路器 QF_1 合闸,L_2 断路器 QF_2 合闸,母线联络断路器 QF_3、QF_0 均处于分闸。简言之,工作与备用主电源各带一台主变压器工作,分列运行。当 QF_1 因故跳开时,母线Ⅰ失电,此时 QF_3 合闸,备用电源投入。这种方式称为暗备用方式,可简要理解为"互为犄角之势"。

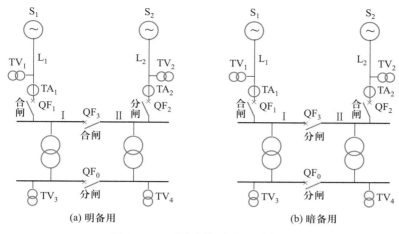

图 8-3-1   明备用与暗备用示意图

如果 L_2 连接电源为工作电源,那么 L_1 连接备用电源,其逻辑关系类似。因此在实际运行中,暗备用方式可分为"L_1 失电"和"L_2 失电"两种。

8.3.2   对备自投的要求

(1)工作电源只有断开后,备用电源才允许投入,以防备用电源投入到故障元件。

(2)备自投只允许动作一次。当工作母线发生永久故障时,备自投动作,因故障仍存在,继电保护加速动作将备用电源断开,不允许备自投再次动作,以免造成不必要的冲击。为此,备自投在动作前应有足够的准备时间(类似于重合闸的充电时间),通常为 10~15 s。

(3)备自投的动作时间应尽可能短。停电时间短,对用户有利,但对电动机可能造成冲击。运行实践证明,在有高压大容量电动机的情况下,备自投的时间以 1~1.5 s 为宜,低电压场合可减小到 0.5 s。

(4)手动跳开工作电源时,备自投不应动作。

(5)应有切换备自投工作方式以及闭锁备自投动作的功能。

(6)如果备用电源不满足有电压条件,那么备自投不应动作。如果电力系统故障使工作母线、备用母线同时失电,那么备自投不应动作,以免负荷因备自投动作而转移。对于一个备用电源对多段工作母线备用的情况,如果此时备自投动作造成所有工作母线上的负荷全部转移到备用电源上,则易引起备用电源过负荷。

(7)工作母线失压时必须检查工作电源无电流后,才能启动备自投,以防止电压互感器二次三相断线造成误动。

8.3.3   备自投的逻辑说明

1. 备自投方式

数字式备自投装置可灵活切换各种备用方式,以实现多种备用逻辑,结合图 8-3-1(a)、(b)说明常用备自投的几种方式:

方式1(暗备用:L_2 为 L_1 备用)——母线分列运行,分别为 L_1 线、L_2 线供电,若 I母线电压消失(简称失电,下同),则跳开 QF_1 后,QF_3 自动合上,I母由 L_2 供电。

方式2(暗备用:L_1 为 L_2 备用)——母线分列运行,分别为 L_1 线、L_2 线供电,若 II 母线失电,则跳开 QF_2 后,QF_3 自动合上,I 母由 L_1 供电。

方式3(明备用:L_2 为 L_1 备用)——QF_3 合闸,母线并列运行,由 L_1 供电,QF_2 断开,若母线失电,则跳开 QF_1 后,QF_2 自动合上,母线由 L_2 供电。

方式4(明备用:L_1 为 L_2 备用)——QF_3 合闸,母线并列运行,由 L_2 供电,QF_1 断开,若母线失电,则跳开 QF_2 后,QF_1 自动合上,母线由 L_1 供电。

2. 暗备用动作过程

暗备用逻辑框图如图 8-3-2 所示。

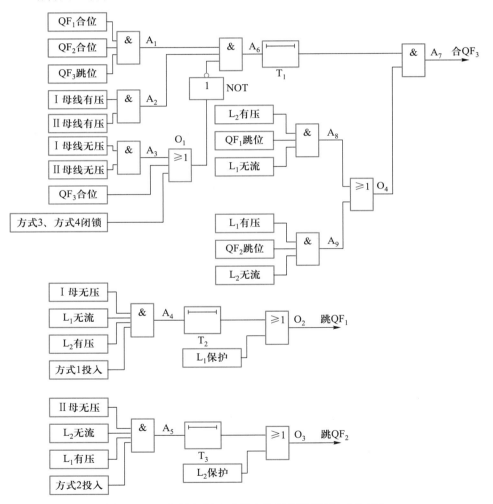

图 8-3-2 备用电源自动投入装置逻辑框图(暗备用)

(1)充电与放电。

充电与放电名称含义同自动重合闸装置。正常运行时,断路器 QF_1、QF_2 处于合闸位置(简称合位,下同),QF_3 处于跳闸位置(简称跳位,下同),母线有电压(简称有压,下同),线路 L_1、L_2 有压、有电流流过(简称有流,下同)。逻辑**与门**

（以 A 表示，下同）A_1、A_2、A_6 输出为 **1**（简称动作，下同），至"延时"门 T_1，经 10 ~ 15s 后，充电完成，为 A_7 动作准备了条件。若母线同时无压，QF_3 合上或方式 1 和方式 2 闭锁投入时，逻辑**或**门（以 O 表示，下同）O_1 动作，经**非**门 A_6，输出为 **0**，瞬时对 T_1 放电（即 T_1 的计时清零，下同），从而闭锁备自投的动作。

（2）动作过程。

以方式 1 为例说明，当I母线无压时，若 L_1 也无电流（简称无流），而 L_2 有压，且采用备自投的方式 1，则 A_4 动作，经 T_2 延时，经 O_2 跳开 QF_1，也有可能 QF_1 因 L_1 保护动作而已经跳开。QF_1 跳开后 L_1 线路无流，确认 QF_1 已跳开，此时 L_2 如有压，则 A_8 门动作，经 A_7 合 QF_3。由动作过程可以看出，QF_1 跳开后，QF_3 才能合上，同时对 T_1 放电，保证了备自投只动作一次。L_2 线路无压时，备自投也不会动作合 QF_3。

3. 明备用动作过程

明备用逻辑框图如图 8-3-3 所示。

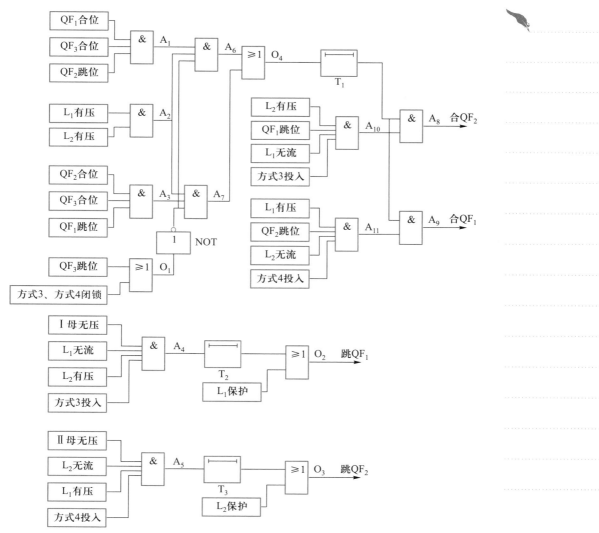

图 8-3-3   备用电源自动投入装置逻辑框图（明备用）

（1）充电与放电。

由于方式 3、方式 4 都基于母线联络断路器 QF₃ 处于合闸状态，因此在母线均有电压的情况下，有如下情况之一即可启动充电并做好动作准备：

① QF₁ 处于合位、QF₂ 处于跳位，即 L₁ 工作，L₂ 备用；

② QF₂ 合位、QF₁ 跳位（即 L₂ 工作，L₁ 备用）。

经 10～15 s，充电完成。有如下情况之一即可放电闭锁备，自投动作：

① QF₃ 跳位，或者方式 3、方式 4 闭锁；

② QF₁ 与 QF₂ 同时处于跳闸位置或合闸位置；

③ L₁ 或 L₂ 无电压即备用电源无压。

（2）备自投的动作过程。

以方式 3 为例，在 I 母无压、L₁ 无流、L₂ 有压、方式 3 投入情况下，经 T₂ 跳 QF₁，QF₁ 被跳开后，若 L₂ 有压，则经延时合上 QF₂。

8.3.4 参数整定

整定的参数有：备自投充电时间、备自投动作时间、低电压元件动作值、过电压元件动作值、低电流元件动作值、合闸加速保护相应元件动作值等。

设置备自投充电时间是为了保证断路器切断能力的恢复。备自投的充电时间应不小于断路器第二个"合闸→跳闸"的时间间隔。一般间隔时间为 10～15 s。

备自投动作时间是指从装置感受到工作母线失压后，到装置向工作母线断路器发出跳闸命令之间的延时。在上级系统切除故障过程中，安装于本母线的备自投装置不应该动作。因此，备自投动作时间应大于上一级供电线路后备保护的最长动作延时（有时还要考虑加上重合闸延时以及再次跳闸的时间之和）并适当考虑裕度。

低电压元件用来检测工作母线是否失去电压的情况，当工作母线失压时，低电压元件应可靠动作。为此，低电压元件的动作电压应按照低于工作母线的出线短路故障切除后电动机自起动时的最低母线电压进行整定；工作母线（包括上一级母线）上的电抗器或变压器发生短路故障时，低电压元件不应动作。考虑上述两种情况，低电压元件动作值一般取额定电压的 25%。

过电压元件用来检测备用母线是否有电压，过电压元件的动作电压应不低于额定电压的 70%。

低电流元件主要用来防止当电压互感器二次回路断线时，备自投装置错误启动。低电流元件动作值可取电流互感器二次额定电流值的 8%（如电流互感器二次额定电流为 5 A 时，低电流动作值为 0.4 A）。

合闸加速是指合闸于故障线路时，应加速保护跳闸。其判据主要来自电流元件，电流元件的动作值应保证该工作母线上发生短路故障时，电流元件的灵敏度不低于 1.5。当加速保护采用复合电压闭锁功能时，负序电压可取 7 V（相电压）、正序电压可取 50～60 V，同时应保证在工作母线上发生短路故障时，电流元件的灵敏度不低于 2.0。

备用电源自动投入装置多与分段断路器的继电保护装置融为一体。而对于分段断路器上设置的过电流保护，一般设置为两段式。其第 I 段为电流速断保护，动作电流与该母线上出线最大电流速断动作值配合（配合系数可取 1.1），动阅读资料：
8.3.5 备用
电源自动投
入装置的工
程应用案例

作时间与速断动作时间配合；其第 Ⅱ 段的动作电流、动作时限不仅要与供电变压器（或供电线路）的过电流保护配合，而且要与该母线上出线的第 Ⅱ 段电流保护配合，动作值都比较大。

　　以下通过扫描二维码形式，介绍一些备用电源自动投入装置的工程应用案例，供读者进行拓展阅读。

本 章 小 结

　　本章主要介绍了自动重合闸、低频减载和低压减载以及备用电源自动投入这几种电网常用自动装置。

　　8.1 节主要介绍了自动重合闸装置。重点应掌握重合闸的过程、三相重合闸与单相重合闸方式，以及对重合闸的基本要求。理解充电、放电、不检、检无压与检同期的概念。了解自动重合闸对于暂态稳定的影响。

　　8.2 节主要介绍了低频减载和低压减载装置的技术原理与实现逻辑。低频减载和低压减载装置依据频率和电压下降的幅度来减少系统的负荷，使频率和电压恢复到额定状态。应重点掌握装置存在的意义、主要动作逻辑及参数整定方法。

　　8.3 节主要介绍了备用电源自动投入装置的动作过程和整定。应重点掌握装置存在的意义、明备用与暗备用的含义、主要动作逻辑及参数整定方法。

PDF 资源：
第 8 章习题
答案

习　　题

　　8.1　某线路的三相重合闸装置采用检无压和检同步鉴定条件，当处于下列两种情况下会出现的问题有哪些？

　　（1）线路两侧三相重合闸装置的检无压鉴定条件均投入；

　　（2）线路两侧三相重合闸装置中，仅一侧装置的检同步鉴定条件投入。

　　8.2　为何重合闸需要充电？充电代表什么？重合闸的充电时间为何需在 15 s 以上？

　　8.3　什么是重合闸的后加速保护？具有哪些优点与缺点？

　　8.4　为什么在 220 kV 及以上线路广泛采用单相重合闸，而不是三相重合闸？

　　8.5　双侧电源线路上故障点的断电时间与哪些因素有关？试说明。

　　8.6　为何在检定同步重合闸的一侧不设后加速保护？

　　8.7　如题 8.7 图所示双侧电源系统，两侧电源电势相等，保护 P 背后电源阻抗为 $Z_{SM} = 80\ \Omega$，保护正向的等值阻抗 $Z_{MR} = 120\ \Omega$，两侧电势间的总阻抗 $Z_{\Sigma} = 200\ \Omega$。各元件的阻抗角均为 80°。M 侧装设距离保护，采用方向阻抗继电器，其整定阻抗 $Z_{op} = 40\ \Omega$，灵敏角为 80°。

　　（1）请画出系统发生振荡时阻抗元件测量阻抗端点的变化轨迹。

　　（2）假设重合失败引发振荡，从故障发生到重合闸失败的时间为 1.2 s。

　　对应 S 侧超前 R 侧功角为 100°，从此开始做周期 $T = 3$ s 的匀速振荡，试求从故障发生开始到测量阻抗轨迹进入该阻抗圆为止，所需要的时间。

　　（3）试求阻抗轨迹从穿入该阻抗圆到穿出该阻抗圆，所需要的时间。

（4）通过本题计算能得出什么结论？

8.8　题 8.8 图中 I 为故障前的功角特性曲线；II 为切除线路某一相后的功角特性曲线；III 为一相故障后的功角特性曲线。δ_0 为故障开始时刻的功角；δ_{off} 为故障切除时刻的功角；δ_3 为单相重合于故障时刻的功角，δ'_{off} 为再次切除故障时的功角。假定 I 曲线函数为 $P_{\mathrm{I}} = \sin\delta$，II 曲线函数为 $P_{\mathrm{II}} = 0.75\sin\delta$，III 曲线函数为 $P_{\mathrm{III}} = 0.25\sin\delta$。若 $\delta_0 = 30°$，$\delta_{off} = 45°$，$\delta_3 = 90°$，$\delta'_{off} = 105°$ 试计算系统发生故障采用单相重合闸能否保持稳定？

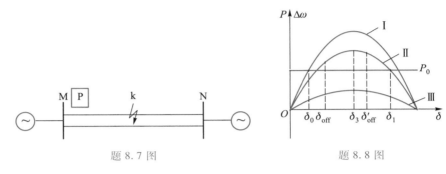

题 8.7 图　　　　　　　　　　　　　题 8.8 图

8.9　什么是负荷的频率调节效应？因有功出现缺额而造成频率的降低时，负荷的频率调节效应起什么作用？

8.10　什么是滑差闭锁？分为哪几种情况？

8.11　备用电源自动投入装置为什么只允许动作一次？

8.12　什么是明备用？什么是暗备用？它们有什么区别。

8.13　如题 8.13 图所示内桥接线变电站，110 kV 母线上安装桥接线备用电源自动投入装置，母线联络断路器 QF₃ 作备用，110 kV 线路 1、线路 2 接于同一电源母线，当 110 kV 线路 1 上发生三相永久性故障后，保护跳闸，重合失败。110 kV 线路 1 的电源侧线路保护装置的动作跳闸时间为 0.3 s、重合闸时间整定为 1.5 s、后加速保护动作跳闸时间 0.2 s。（1）结合时序图定性说明保护、重合闸动作过程中各母线的电压变化情况。（2）变电站 II 段母线电压的变化特点，会对备用电源自动投入装置造成哪些影响？如何解决？

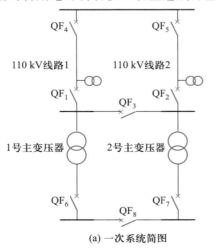
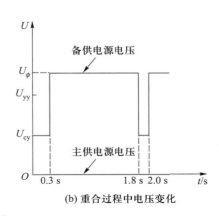

（a）一次系统简图　　　　　　　　　（b）重合过程中电压变化

题 8.13 图

第9章 智能变电站继电保护

　　智能变电站的继电保护装置与常规变电站的继电保护装置相比,虽然其保护原理相同,但在信息采集、信息交互、控制方式等多个方面存在较大差异。限于篇幅,本章简要介绍智能变电站技术、网络结构、过程层、间隔层、站控层以及对时与同步技术等内容。有关通信规约、信息模型、网络结构、配置方法、测试技术、发展趋势等方面的详细介绍,将以二维码扩展阅读的形式呈献给读者。

9.1 智能变电站概述

PPT 资源:
9.1 概述

9.1.1 思维导图

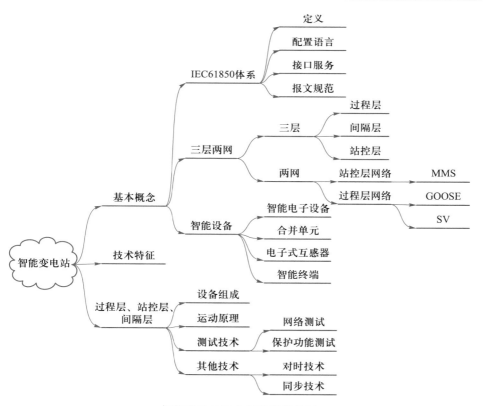

智能变电站继电保护思维导图

　　智能变电站(intelligent substation)在 IEC61850 标准基础上,能够实现变电站内电气设备间信息共享和互操作。其中 IEC61850 标准是基于通用网络通信平台的变电站自动化系统唯一的国际标准,提出了变电站内信息分层的概念,将变电站的通信体系分为三个层次,即站控层、间隔层和过程层,并且定义了层与层之间的通信接口,站内的电子设备通过通信网络为保护装置输入电气量信息。在本章中,我们将接触到电子式互感器、IEC 61850 通信规约、站内光纤通信、GOOSE、SV、MMS 等与智能变电站密切相关的新概念。此外,还需要掌握变电站内的站控层设备、间隔层设备和过程层设备等智能变电站主要组成部分的基本运行原理,了解智能变电站的对时与同步技术。

智能变电站技术是针对变电站自动化系统中信息采集与信息交换技术存在的种种弊端的一种革命,也是信息、通信、网络技术发展与继电保护技术发展相融合的结晶。同时,我们也必须清醒地认识到,智能变电站是数字化变电站的延续和发展,无论采用何种新技术,都要满足电力系统"三道防线"的要求,满足三级安全稳定运行标准,满足继电保护四性要求,满足测量、控制、保护等装置的制造、设计、施工等方面的各种规范。

9.1.2 三层两网

相对于传统变电站,智能变电站具有一次设备智能化、互感器数字化、二次设备网络化、传输介质光纤化、通信标准统一化、信息应用集成化六大特征。主要表现在:硬件上由智能化一次设备(电子式互感器、智能化断路器等)和网络化、数字化二次设备组成;软件上以 IEC 61850 标准作为通信协议,实现设备间充分的信息共享和互操作。智能变电站典型网络结构如图 9-1-1 所示。

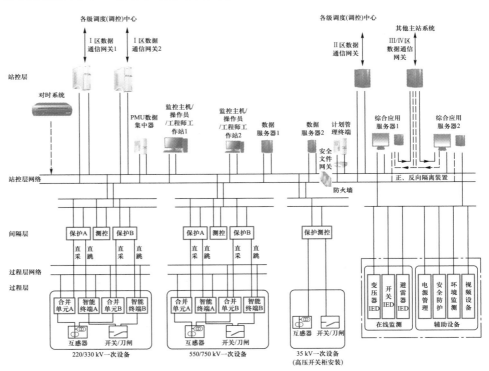

图 9-1-1 数字化变电站典型网络结构

所谓三层是指按照 IEC 61850 通信协议,变电站在逻辑上分为变电站层(第三层)、间隔层(第二层)、过程层(第一层)三层体系架构。

变电站层简称站控层。站控层设备所实现的功能与常规变电站的监控系统的功能类似,主要是对变电站设备的运行情况进行监视、测量与控制,并与上级调度部门进行信息交互。

间隔层包括继电保护装置、测控装置等二次设备,间隔层设备所实现的功能与常规变电站的保护测控设备功能类似,主要是接收上一层(站控层)发出的控制命令,实现对断路器等设备的操作,对变压器、进出线、母线等一次设备实施保护控制和操作闭锁,同时汇总本间隔获得的实时数据信息,上传至站控层设备。

过程层设备包括一次设备,如发电机、变压器、母线、断路器、隔离开关、电流/电压互感器、合并单元、智能终端等。过程层设备的功能与传统变电站的电气一次设备、互感器,以及相应二次回路的功能类似,主要是实现电流电压等模拟量以及断路器位置等开关量采集、断路器跳闸、合闸等控制命令的执行。

所谓两网是指站控层网络与过程层网络。其中,变电站层(第三层)与间隔层(第二层)之间的网络,称为站控层网络;间隔层(第二层)与过程层(第一层)之间的网络,称为过程层网络。

全站通信由高速工业以太网组成。站控层的网络设备包括站控层中心交换机和间隔交换机,它们采用抽象通信服务接口映射到制造报文规范(MMS)、传输控制协议/网际协议(TCP/IP)进行通信。过程层网络分为 GOOSE 网和 SV 网络两种形式。GOOSE 网络主要用于间隔层和过程层设备之间的状态与控制数据交换。SV 网络主要用于间隔层和过程层设备之间的采样值传输。

智能站自动化系统中另一个重要的组成部分就是对时系统。对时系统由主时钟、时钟扩展装置、对时网络组成。

9.1.3　基本概念

1. 智能电子设备

智能电子设备英文名全称 intelligent electronic device,简称 IED,包含一个或多个处理器,是可接收来自外部源的数据,或向外部发送数据,或进行控制的装置,如电子多功能仪表、数字保护、控制器等,它是具有一个或多个特定环境中特定逻辑接点行为且受制于接口的装置。

2. IEC 61850

为方便变电站中各种智能电子设备的管理以及设备间的互联,就需要通过一种通用的通信方式来实现对设备的一系列规范化,使其形成一个规范的输出,实现系统的无缝连接。而这个协议是各生产厂家必须认可和接受的。IEC 61850 是目前关于变电站自动化系统及其通信的国际标准,全称是"变电站通信网络和系统"(communication networks and system in substations)。它不是一个简单的通信协议,而是对变电站的通信进行信息分层、面向对象建模、统一的描述语言和抽象服务接口等都进行了规定。而常见的通信协议,如 TCP/IP 协议、IEC 60870-5-101 和 IEC 60870-5-104 等,只规定了报文的格式和内容。

IEC61850 采用了面向对象建模、自描述的方式,比其他通信标准具有更长久的生命力,实现了变电站内不同厂家智能电子设备(IED)之间的互操作和信息共享,同时 IEC 61850 能为智能变电站的一次设备状态监测提供有效的标准。

3. 合并单元

合并单元英文名全称 merging unit,简称 MU,是用来对二次转换器的电流或电压数据进行时间相关组合的物理单元。MU 可以是互感器的一个组件,也可以是一个独立单元。MU 既可放在智能组件柜内,也可放置在保护屏内,具体情况视设计而定。

4. 电子式互感器

电子式互感器是电力系统中用于电能计量和继电保护的重要设备之一,是实现智能变电站信息化的关键设备。电子式电流互感器采用低功耗线圈(LPCT)、罗氏线圈或光学材料作为一次传感器。电子式电压互感器采用电阻/电容分压器或光学材料作为一次传感器,利用光纤进行信号传输,通过对测量电量的信号处理,输出的信号是数字信号而非模拟信号。

电子式互感器与常规互感器的区别在于:电子式互感器由连接到传输系统和二次转换器的一个或多个电流或电压传感器组成,用于传输正比于被测量的信息,供测量仪器、仪表和继电保护或控制装置使用。一组电子式互感器共用一台合并单元。合并单元可以是互感器的一个组件,也可以是一个分立单元,如安装在控制室内。

5. 智能终端

智能终端是一种智能组件,采用电缆与一次设备连接,光纤与保护、测控等二次设备连接,实现对一次设备(如:断路器、隔离开关、主变压器等)的测量、控制。智能控制柜将智能操作箱(向过程层传送断路器及隔离开关信息给保护及测控装置,实现对断路器、隔离开关的分合闸及闭锁功能)、断路器在线监测装置、合并单元三类设备集中到一个控制柜中,放置于开关场。

6. GOOSE

面向通用对象的变电站事件(generic object oriented substation event,GOOSE)是 IEC 61850 标准中用于满足变电站自动化系统快速报文需求的机制。通过GOOSE 报文格式提高了测控装置之间数据传送的效率和系统实时性指标。断路器跳合闸、隔离开关分合闸指令,断路器、隔离开关位置状态,装置关联闭锁等都是在 GOOSE 网络中传输的。

基于 GOOSE 网络传输代替传统的硬接线实现断路器位置、闭锁信号和跳闸命令等实时信息的可靠传输。因此 GOOSE 可以理解为智能变电站中“隐形”的控制回路。

7. SV

SV 英文全称是“sampled value”,理解为采样值。SV 基于发布/订阅机制,交换采样数据集中采样值的相关模型对象和服务,以及这些模型对象和服务与ISO/IEC8802-3 帧之间的映射。SV 可以理解为智能变电站中“隐形”的电压、电流回路。传递采样信息的网络称为 SV 网。

8. 全站配置文件

全站配置文件(substation configuration description,简称 SCD 文件)全站唯一,描述所有 IED 的实例配置和通信参数、IED 之间的通信配置以及变电站一次系统结构,由系统集成厂商完成。SCD 文件应包含版本修改信息,明确描述修改时间、修改版本号等内容。这个文件非常重要,它是在厂家完成厂内联调后生成的唯一文件。该文件的正确性是确保变电站安全稳定运行的前提。

9.1.4　技术特征

与传统采用综合自动化系统的变电站相比,智能变电站采用光纤、网线传递信息,大大减少了二次电缆的使用量。保护装置输入的电压、电流及开关量信号都以数字形式存在,保护装置输出的跳闸信息不再是直流强电,而以数字信号代替,以光纤为介质传递信号。可以说,智能变电站是指以变电站一次、二次设备为数字化对象,以高速网络通信平台为基础,通过对数字信息标准化,实现变电站内外信息的共享和互操作,以及测量监视、控制保护、信息管理、智能状态监测等功能。随着技术的不断发展,智能变电站呈现出"一次设备智能化、全站信息数字化、信息共享标准化、高级应用互动化"等重要特征。

(1) 一次设备智能化:随着基于光学或电子学原理的电子式互感器和智能断路器的使用,常规模拟信号和控制电缆将逐步被数字信号和光纤代替,测控保护装置的输入输出均为数字通信信号,变电站通信网络进一步向现场延伸,现场的采样数据、一次设备状态信息能在全站甚至广域范围内共享。

(2) 全站信息数字化:实现一次、二次设备的灵活控制,且具备双向通信功能,能够通过信息网进行管理,使全站信息采集、传输、处理、输出过程完全数字化。

(3) 信息共享标准化:基于 IEC 61850 标准的统一标准化信息模型实现了站内外信息的共享。智能变电站将统一和简化变电站的数据源,形成基于同一断面的唯一性、一致性基础信息,通过统一标准、统一建模来实现变电站内的信息交互和共享,可以将常规变电站内多套孤立系统集成为基于信息共享基础上的业务应用。

(4) 高级应用互动化:实现各种站内外高级应用系统相关对象间的互动,满足智能电网互动化的要求,实现变电站与控制中心之间、变电站与变电站之间、变电站与用户之间,以及变电站与其他应用需求之间的互联、互通。

有关智能变电站 IEC 61850 体系介绍的详细内容,请扫描本节二维码阅读资料。

阅读资料:9.1.5　IEC 61850 体系介绍

9.2　过程层、间隔层与站控层简介

9.2.1　过程层与间隔层

与常规变电站相比,智能变电站增加了过程层网络和设备,用于实现信息的共享以及间隔层设备与智能化一次设备之间的连接,从对应的角度看,智能变电

PPT 资源:9.2 过程层、间隔层与站控层简介

站过程层网络相当于常规变电站的二次电缆回路,各智能设备之间的信息通过报文来交换,信息回路主要包括采样值回路、GOOSE 开关量输入输出回路等。

间隔层装置(间隔层单元)大致可分为以下几类:

(1)保护测控综合装置,一般用于 110 kV 以下系统,主要完成相应电气间隔中设备的保护、测量及断路器、隔离开关的控制任务。

(2)测控装置。

(3)保护装置,以上两类间隔层装置用于 110 kV 及以上电压等级的间隔,采用保护和测控功能独立配置的模式,减小干扰,保证可靠性。

(4)自动装置,如备用电源自动投入装置、电压无功控制装置等。

(5)公用间隔层装置,用来采集和处理公用信号及其测量值,如直流系统故障信号、所用点切换信号、控制电源故障、通信电源故障、火灾报警动作信号等。

(6)操作切换装置及其他智能设备和附属设备等。

显然,面向一次设备,过程层与间隔层必须通力合作,才能完成保护、控制等功能,从继电保护与二次系统的视角来看,可以把过程层与间隔层笼统地称为过程层,过程层的设备直接与一次设备连接,是处于最底层的二次设备,包括过程层设备、间隔层设备以及过程层网络。

智能变电站过程层的配置是与智能变电站继电保护密切相关的一项重要工作。继电保护设备对实时性可靠性要求高,应采用直采直跳的方式,即从互感器获取的电气量、继电保护向断路器发出的跳闸出口信号不经网络方式传输,采用点对点直接传输的方式;而对断路器位置、启动失灵、闭锁重合闸等 GOOSE 信号采用网络方式传输;对测控、计量等实时性要求相对不高的设备,采样值可采用组网方式传输。控制命令、位置信号、告警信号等 GOOSE 信号采用网络方式传输,但采样值的网络与 GOOSE 网络分开,以保证网络的可靠性。

有关过程层设备及相关技术的详细介绍以及典型的过程层配置案例,详见本节二维码阅读资料。

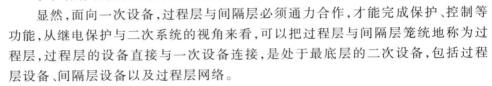
视频资源:9.2.1.1 某线路保护 SCD 配置过程

视频资源:9.2.1.2 过程层介绍

阅读资料:9.2.1.1 过程层原理及测试技术

9.2.2 站控层

智能变电站的站控层采用统一的通信规约进行设备间的互通、互联,实现了变电站实时全景监测、自动运行控制、高级应用互动等功能。

Q/GDW 383—2009《智能变电站技术导则》中对智能变电站站控层的定义为:智能变电站站控层包括自动化站级监视控制系统、站域控制系统、通信系统、对时系统等,实现面向全站设备的监视、控制、告警及信息交互的功能,完成数据采集和监视控制(SCADA)、操作闭锁以及同步相量采集、电能质量采集、保护信息管理等相关功能。

站控层由监控主机、信息一体化平台、远程通信装置和其他各种功能站构成,提供站内运行的人机联系界面,实现管理控制间隔层、过程层设备等功能,形成全站监控、中心管理,并实现与调度通信中心通信。站控层的设备采用集中布置,站控层设备与间隔层设备之间采用以太网相连,网络采用双网冗余方式。

在常规变电站的站控层功能基础上,智能变电站站控层采用 IEC 61850 规约进行统一建模、统一配置,实现智能设备互操作,采用一体化信息平台技术,支持电网实时自动控制智能调节、在线分析决策、协同互动等高级功能。

常规站与智能站的站控层典型设备和网络结构存在的差异主要在以下几个方面：

（1）常规站保护装置站控层多为私有规约，保护装置难以与监控后台通信实现操作，保护装置通常只与自家的保护管理机构通过私有规约通信。

（2）常规站站控层多采用IEC103规约，而保护装置站控层通信采用私有规约，难以实现远方切换定值区、远方修改定值、远方投入或退出保护功能软压板、程序化控制等功能。

（3）常规变电站没有应用一体化信息平台技术，难以实现高级应用功能。

（4）智能变电站站控层基于IEC 61850统一建模，能够实现监控后台、保护信息子站与间隔层设备之间的互操作，可以实现远方切换定值、远方修改定值、远方投入或退出保护、程序化控制等功能。

（5）智能变电站采用一体化信息平台技术对各种新系统的集成和数据整合，满足调控一体化的高级应用需求。

有关站控层原理与测试技术的详细介绍，详见本节二维码阅读资料。

阅读资料：9.2.2.1 站控层原理与测试技术

9.2.3 对时与同步技术

在现代电网中，统一时间对电力系统的故障分析、监视控制及运行管理具有重要意义。变电站中的测控装置、故障录波器、微机保护装置、功角测量装置PMU、安全自动装置等都需要站内的一个统一时钟对其授时。全网维持一个统一的时间基准，收集分散在各个变电站的故障录波数据和事件顺序记录，有利于在全网内更好地复现事故发生发展的全过程，监视系统的运行状态。

电子式互感器正在替代常规互感器并大量应用于智能变电站中，保持各个互感器之间的采样同步成为电子式互感器应用的关键技术问题。常规互感器的一次、二次电气量的传变延时很短，可以忽略。因此，只要根据继电保护等自动化装置自身的采样脉冲在某一时刻对相关电流互感器、电压互感器的二次电气量进行采样，就能保证数据的同步性。采用电子式互感器后，继电保护等自动化设备的数据采集模块前移至合并单元。互感器一次电气量需要经前端模块采集，再由合并单元处理。由于各间隔互感器的采集处理环节相互独立，没有统一协调，且一次、二次电气量的传变附加了延时环节，导致各间隔电子式互感器的输出数据不具有同步性，无法直接用于对数据同步性要求高的保护计算。

在智能变电站中，常见的授时方式有脉冲对时、IRIG-B码对时、IEEE1588精确时间协议和SNTP简单网络时间协议等。

有关智能变电站对时与同步技术的详细介绍，详见本节二维码阅读资料。

阅读资料：9.2.3.1 智能变电站对时与同步技术

本 章 小 结

本章介绍了智能变电站的基本概念与关键技术特征，并对过程层、间隔层与站控层的特点、设备与配置进行了简要说明。有兴趣的读者，可以通过本章配套的电子文档了解以下内容：

（1）智能变电站的IEC61850国际标准体系；

（2）站控层、过程层网络的原理及测试技术；

（3）智能变电站最基本的采样回路；

（4）GOOSE 开关量输入输出回路；

（5）过程层典型配置案例；

（6）时钟同步技术。

习　题

PDF 资源：
第 9 章习题
答案

9.1　智能变电站三层两网结构的"三层两网"具体指什么？分别包含哪些内容和功能？

9.2　智能变电站配置文件的类型有哪些？具体内涵是什么？

9.3　SCD 配置文件分为哪几部分？

9.4　ACSI 类服务类型有哪些？

9.5　GOOSE 和 MMS 分别传输哪些信息？

9.6　智能变电站具有哪些对时方式？

9.7　合并单元、智能终端、保护装置的对时精度要求分别是多少？

第 10 章　电力电子化电力系统继电保护

目前,电力电子设备已高度渗透至电力系统发电、输电、变电、配电及用电等各个环节,也给继电保护技术带来了新的问题和挑战。本章简要介绍电力电子化电力系统应用场景及其对继电保护的新要求。同时,通过电子文档形式介绍直流输电系统的继电保护相关技术、统一潮流控制器的继电保护相关技术、新能源并网系统的继电保护等内容供读者进行知识拓展。

10.1　概述

10.1.1　思维导图

PPT 资源:
10.1 概述

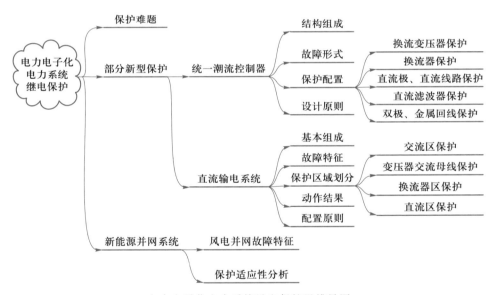

电力电子化电力系统继电保护思维导图

前面介绍继电保护的保护原理都是建立在电源以同步发电机为主的电力系统体系之下的;而电力电子设备的可控性强,故障前后电势变化剧烈,故障的暂态持续时间相对较短,等值序阻抗特征受控且不稳定。这些在电力电子化电力系统中出现的故障特征促使着继电保护技术不断向前发展,直流输电系统的继电保护、统一潮流控制器继电保护等新型保护装置不断涌现。本章将结合以上两种电力电子化电力系统的应用场景,从基本结构与故障特征出发,探究保护配置方案及相关技术设计准则。同时,根据风电电源的故障特征分析,提出对现有继电保护原理的改进方案,探索适用于电力电子化电力系统的继电保护技术。

自 20 世纪 90 年代始,我国陆续建设有多项超高压、特高压直流输电工程,以期解决大功率能源输送及大规模清洁能源消纳等制约电力系统发展的瓶颈问题。近年来,大量的分布式新能源也不断接入电力系统,电气化负荷的应用规模也在不断扩大。电力系统正经历着以物理载体电力电子化为特征的广泛而深刻的变革。

10.1.2　典型的应用场景

1. 直流输电系统

高压直流输电是指将发电厂发出的交流电经整流器变换成直流电输送至受电端,再用逆变器将直流电变换成交流电送到受电端,是交流电网的一种输电方式。该系统可应用于远距离大功率输电和非同步交流系统的联网,具有投资经济、调节快速、运行可靠等优点。

在交流输电技术日益成熟的同时,高压直流输电(high voltage direct current transmission,HVDC)技术也随着大功率电力电子器件、高压换流技术发展起来,克服了早期直流技术瓶颈问题,自 20 世纪 50 年代起,高电压大容量直流输电技术主要经历了三个重要发展阶段,即汞弧阀换流阶段、晶闸管换流阶段、可关断器件换流阶段。

1972 年,世界首个采用晶闸管阀的直流输电工程——加拿大伊尔河背靠背直流输电系统建成,并开始蓬勃发展,随着电压和容量等级的不断提高,这种输电技术在长距离大容量输电方面发挥着越来越重要的作用。1990 年由加拿大 McGill 大学提出了电压源换流器高压直流输电(voltage sourced converter HVDC,VSC-HVDC)技术,并由 ABB 公司于 1997 年在赫尔斯扬完成了首条商业化运行的 VSC-HVDC 工程。

可关断器件换流技术的特点决定了 HVDC 更适合分布式发电并网、孤岛供电等领域。与交流输电相比,HVDC 技术具有无稳定性问题、输电效率高、调节快速可靠、节省输电走廊等优势。但同时,换流站设备造价昂贵、缺少高压直流断路器,以及直流变换为直流的变压器等因素,限制了多端直流输电及直流电网技术的发展。

2. 新能源并网系统

风能、太阳能等新能源作为一种清洁的电力供应形式,对于缓解能源短缺、保护生态环境具有积极意义,因此,各国对新能源发展高度重视使得世界新能源产业迅速发展。以风电系统为例,据 2000—2015 年全球风机装机总容量统计,2000 年风力发电装机总容量不足 2GW,而到 2015 年已达到 432 GW。15 年间,全球的风电机组装机容量年均增长率保持在 25% 以上,成为增长最快的清洁能源。

随着越来越多新能源的投入,新能源并网容量的增大,并网电压等级逐步升高,对电网的稳定和安全带来了新的挑战。新能源类型及其控制方式的多样性使得其电磁暂态过程变得复杂,故障特征较同步机组发生了显著变化。电力电子设备还有自身的控制特点与保护策略。

3. 统一潮流控制器

现代电网随着规模和负荷的不断增加,运行特性日趋复杂,电网潮流和电压控制难度逐渐增大,电网结构、负荷分布及电源建设导致潮流分布不均,限制了电网的供电能力;同时,土地资源稀缺,环保要求增加,电网新建项目困难,供电能力提升受到较大限制。采用新技术,充分发挥现有电网供电潜能的需求愈发迫切。

统一潮流控制器(unified power flow controller, UPFC)是一种功能强大、特性优越的新一代柔性交流输电系统(flexible alternative current transmission systems, FACTS)的典型装置,它将串联型静止同步补偿器(static synchronous series compensator, SSSC)和并联型的静止同步补偿器(static synchronous compensator, STATCOM)综合成一种补偿装置,兼具二者的优势。UPFC 装置可以方便地调节线路阻抗、电压和功角,快速控制线路潮流,对传统手段难以解决的潮流分布不均、供电能力提升等问题,提供了新的技术手段。

2015 年 12 月,我国首套 UPFC 、世界上第一套基于模块化多电平换流器(modular multilevel converter, MMC)技术的新一代 UPFC 工程——220kV 南京西环网 UPFC 工程建成投运,为 UPFC 技术在我国电网应用提供了宝贵的建设和运行经验。

10.1.3 难题与解决思路

相对于传统交流保护,电力电子化电力系统保护中的继电保护需要解决直流换流变换的离散性、控制调控的强相关性以及运行方式多样性等多个难题,继电保护技术也应与时俱进,以直流电网保护为例,主要体现在:

(1)速动性要求高。一方面,传统电网故障耦合机理简单,持续时间长。但是直流系统故障耦合机理复杂,故障发展速度极快,要求在几毫秒甚至更短时间内实现故障快速可靠定位。另一方面,故障发生后,故障阻尼小,危害大。过大的直流电流往往会对器件造成损坏,为确保主要器件的安全运行及系统的稳定性,直流电网保护设备应在 3 ms 内动作,限制故障电流、隔离故障线路,并尽可能减少换流站闭锁的数量。因此,满足速动性要求对于直流保护极其重要。

(2)选择性难度大。传统阶段式保护依靠动作时间级差和可靠的断路器跳闸实现保护的选择性。而直流电网中,相邻直流线路保护动作的低离散性和直流断路器自身性能不完善的现状使得电流保护难以实现保护的选择性。

(3)保护种类繁多。换流器主保护用电流差动原理区分不同的换流器故障,同时还配备过电流保护、误触发或丢失脉冲的辅助保护、强迫导通保护及电压保护等后备保护和辅助保护。直流输电线路保护主要是以行波保护为线路主保护,同时以微分欠压保护、低电压保护以及差动保护作为后备保护。

(4)采集信息不同。常规交流电网保护通过采集电流、电压稳态工频量来构成阶段式保护、距离保护,难以实现直流电网快速可靠的区段定位。常规直流输电系统中的行波保护、欠压微分保护等在直流电网中的应用可行性仍需深入分析验证。目前,直流保护设计大多是利用电压、电流暂态时的丰富信息构成保护新方法,如电流突变量保护、基于电压变化率保护等。

（5）需与控制系统协调配合。直流电网的故障保护与控制系统是紧密联系的,不同控制方式下的故障特性有所不同。切除故障线路后,由于系统拓扑结构的改变,内部潮流也会发生相应的变化,此时保护应与控制系统相协调,从而维护系统安全稳定运行。

　　针对上述问题,电力电子化电力系统的继电保护首先应借鉴传统交流系统保护的先进思想和成功经验。同时,对于电力电子化电力系统故障特征分析和保护新原理的研究,应充分利用电力电子化电力系统的结构特点和控制特性。

PPT 资源:
10.2 部分新
型保护简介

10.2　部分新型继电保护简介

10.2.1　高压直流输电系统继电保护

　　如图 10-2-1 所示,高压直流输电系统（high voltage direct current transmission,HVDC）主要由换流变压器、直流线路、交流侧和直流侧的电力滤波器、无功补偿装置、换流变压器、直流电抗器以及保护、控制装置等构成。

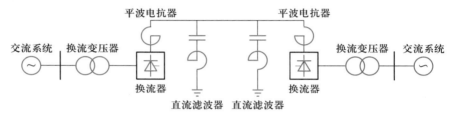

图 10-2-1　高压直流输电系统结构简图

　　高压直流输电系统继电保护的相关技术介绍,请参阅本节对应的二维码阅读资料。

阅读资料:
10.2.1.1 部
分直流输电
系统保护原
理

10.2.2　统一潮流控制器继电保护

　　图 10-2-2 为 UPFC 的系统结构图,包括主电路（串联单元、并联单元）和控制单元两部分。主电路由两个共用直流侧电容的电压源换流器组成,并分别通过两个变压器接入系统:换流器 1 通过变压器 T_1 并联接入系统,换流器 2 通过变

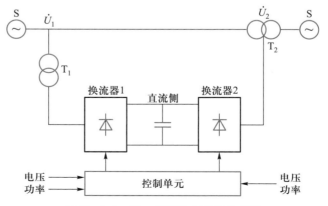

图 10-2-2　统一潮流控制器结构简图

压器 T_2 串联接入系统。换流器 1 和变压器 T_1 统称并联侧,换流器 2 和变压器 T_2 统称串联侧,其输出电压均可单独控制,并独立吸收或供给无功功率,可以同时实现并联补偿、串联补偿、移相等几种不同的功能。从拓扑结构上来看,UPFC 可看作背靠背的柔性直流系统,因此 UPFC 控制策略、故障特性、保护配置策略与柔性直流系统类似。

统一潮流控制器保护原理及方案相关技术介绍,请参阅本节对应的二维码阅读资料。

10.3   大规模风电并网继电保护问题的研究

大规模风力发电(简称风电)机组集中接入电力系统使得电源性质发生了很大变化。目前应用广泛且有发展潜力的风电机组主要为基于双馈感应电机(doubly-fed induction generator,DFIG)的齿轮驱动型机组和基于永磁同步发电机的直接驱动型机组两类。与常规系统中的同步发电机相比,风电机组除具有产生电能的电机外,还包括可控制的变流器。

风力发电机的作用是产生电能,其暂态特性主要受转子励磁的影响;变流器的功能是实现电能的转换和传递以及交直交间的电气隔离。变流器电路的时间常数很小,其暂态特性主要取决于控制电路的控制策略;风电的并网要求是保证供电的可靠性和连续性,在故障期间要求风电机组具有低电压穿越能力且提供一定的无功补偿。并网要求在很大程度上决定了风电系统的故障特征。

10.3.1   风电电源的故障特征

电力系统发生故障时,电源和网络拓扑决定了该系统的故障特征。以大规模风电机组构成的风电电源具有受控特性。在故障期间,风电电源不能像同步发电机那样等效成恒定的电压源,并与系统阻抗串联,只能表现出一个时变的非线性系统。

风电机组的控制目标将决定其在故障期间的电源特征。双馈风电机组在故障期间的控制目标为:

(1)防止转子过流和转子变流器直流过压;

(2)根据低电压穿越要求提供无功电流。

直驱风电机组在故障期间的控制目标为:

(1)保证变流器直流电压稳定;

(2)防止变流器电流过大;

(3)根据低电压穿越要求提供无功电流。

以下从故障电流电压工频相量特征、网络序阻抗特征、频谱特征几个方面,说明风电电源接入系统发生故障时,风电电源处电气量有别于同步发电机类型电源的共性特征。

1. 工频相量特征

故障期间为保护风电机组的变流器,风电机组提供的短路电流有限。其中,直驱风电机组仅能提供不超过额定电流 1.5 倍的短路电流;双馈风电机组在电压保护电路(也称 Crowbar 电路)起作用时,可以提供 3 ~ 4 倍额定电流的短路电流,但是在 1 ~ 2 周波内,幅值将迅速衰减至额定电流以下,在电压保护功能消失后,双馈风电机组提供的短路电流约为额定电流。因此,相同额定容量的风电机组和同步电机在相同故障情况下,提供的短路电流相差近 10 倍,且发电机端电压相差近 10 倍。

总之,风电机组所接入的电力系统发生故障时,风电机组提供的短路能量有限,同时风电机组的机端电压将跌落。因此可知,当大规模风电机组集中接入系统的联络线发生故障时,风电机组一侧将表现为弱电源侧特性。

2. 系统序阻抗特征

体现风电系统拓扑参数的故障特征为等效序阻抗。由于零序只与联络线自身接地方式有关,因此零序阻抗稳定;由于风电系统是非线性控制,所以其等值正序阻抗表现为不稳定,负序阻抗与正序阻抗相差很大。

故障期间风电系统的等效正序阻抗波动较大,负序阻抗相对稳定,两者幅值和相位角均相差较大,幅值之比大于 4,相位角之差超过 90°。

3. 频谱特征

常规系统故障时,除非周期分量和线路谐振产生的谐波外,故障电气量波形基本保持工频正弦。风力发电系统中大量使用的电力电子器件本身会产生较大的高频分量,同时在风力发电系统弱电源侧特性的影响下,高频分量电流会对电流工频量的提取造成很大的影响。

总之,在故障期间,风电电源的控制作用表现为弱电源侧特性,系统阻抗不稳定且正负序阻抗不相等,具有高频分量含量高、频率偏移的特征。

阅读资料:
10.3.2 新能源并网系统的相关继电保护问题

10.3.2 继电保护原理的改进

风电电源有别于同步发电机的故障特征,使得某些传统继电保护原理的应用受到限制,有可能造成继电保护装置的误动或拒动。针对这个问题,有必要从现有继电保护出发,研究其改进方案。同时,探索适应于电力电子化电力系统的新型保护原理。

本节以二维码阅读资料形式,介绍有关大规模风电并网等新能源并网系统的相关继电保护问题。供读者进行拓展阅读。

本 章 小 结

本章以直流输电系统、新能源并网系统、统一潮流控制器等典型应用场景为例,简要介绍了电力系统电力电子化背景下的继电保护新技术。

主要复习内容如下:

(1)直流系统保护存在的技术难题;

(2)直流输电系统保护基本概念;

(3)统一潮流控制器继电保护的基本概念。

习　　题

10.1　直流输电的主要一次设备有哪些？

10.2　直流系统的保护分区有哪些？

10.3　直流系统保护动作结果包括哪些？

10.4　UPFC 系统的保护原则是什么？

10.5　UPFC 系统的保护区域是怎么划分的？

10.6　UPFC 系统的保护动作结果有哪些？

10.7　简述 UPFC 系统的保护原则。

PDF 资源：
第 10 章习
题答案

附录 A　下标符号说明

下标	英语	含义	下标应用举例
aper	aperodic	非周期分量	K_{aper}　非周期分量系数
a	Phase A	A 相	$\dot{U}_a$　A 相电压相量
B	Base	基准	S_B　系统基准容量
b	Phase B	B 相	$\dot{U}_b$　B 相电压相量
b	branch	分支	K_b　分支系数
c	cosine	余弦值	X_{mc}　m 次谐波的电抗余弦分量
c	Phase C	C 相	$\dot{U}_c$　C 相电压相量
comp	compensation	补偿	Z_{comp}　补偿阻抗
cri	critical	临界的	U_{cri}　稳定临界电压
cro	cross	穿越	I_{cro}　穿越电流
d	direct	直轴	X''_d　直轴次暂态电抗
d	differential	差异	I_d　差动电流(差流)
E	excitation	励磁	Z_E　励磁阻抗
eq	equal	等效	X_{eq}　等效电抗
G	Generation	发电机	$U_{N.G}$　发电机额定电压
g	ground	接地	U_{ag}　a 相对地电压
L	Line	线路	l_L　线路长度
m	measure	测量值	Z_m　测量阻抗
max	maximum	最大	$I_{Load.max}$　线路最大负荷电流
min	minimum	最小	$K_{0.min}$　零序补偿系数最小值
N	Neutral point	中性点	$\dot{U}_{AN}$　A 相对中性点电压
N	Normal	额定	$I_{N.G}$　发电机额定电流
off	off	切除	k_{off}　故障切除后的功率系数
op	operation	动作	$I^I_{op.p}$　过流 I 段一次动作值
p	primary	一次的	$I_{N.p}$　一次额定电流
r	reset	返回	K_r　返回系数
rel	reliability	可靠	K_{rel}　可靠系数
res	reset	制动	I_{res}　制动电流
S	System	系统	Z_S　系统电抗
S	Slope rate	斜率	K_S　斜率系数
s	secondary	二次的	$I_{N.s}$　二次额定电流
s	sine	正弦值	X_{ms}　m 次谐波的电抗正弦分量

续表

下标	英语	含义	下标应用举例
sen	sensitivity	灵敏	K_{sen}　灵敏系数
set	setting	整定值	Z_{set}　整定阻抗
ss	same style	同型系数	K_{ss}　同型系数
T	Transformer	变压器	$S_{T.N}$　变压器额定容量
TA	国标符号,属于 T	电流互感器	n_{TA}　电流互感器变比
TV	国标符号,属于 T	电压互感器	n_{TV}　电压互感器变比
unb	unbalance	不平衡	K_{unb}　不平衡系数

附录 B　上标符号说明

上标	含义	上标应用举例	
I	数字"1"	$K_{\text{rel}}^{\text{I}}$	I 段的可靠系数
II	数字"2"	$K_{\text{sen}}^{\text{II}}$	II 段的灵敏系数
III	数字"3"	$K_{\text{rel}}^{\text{III}}$	III 段的可靠系数
(1)	单相接地	$I_{\text{Ma}}^{(1)}$	M 点 a 相接地短路电流值
(2)	两相短路	$U_{\text{Mbc}}^{(2)}$	M 点 bc 两相电压差值
(3)	三相短路	$I_{\text{N. max}}^{(3)}$	N 点三相短路时的最大电流值
(1,1)	两相接地	$I_{\text{Mac}}^{(1,1)}$	M 点 ac 两相接地短路电流值

参考文献

［1］　迈耶.牛勇,邱香,译.多媒体学习［M］.北京:商务印书馆,2006.

［2］　国家能源局,全国电网运行与控制标准化技术委员会.电力系统安全稳定导则:GB38755—2019［S］.北京:中国电力出版社,2020.

［3］　贺家李,宋从矩.电力系统继电保护原理［M］.5版.北京:中国电力出版社,2018.

［4］　J Lewis Blackburn, Thomas J Domin.中国电力科学研究院有限公司继电保护研究所,译.继电保护原理与应用［M］.北京:机械工业出版社,2019.

［5］　薛峰.怎样分析电力系统故障录波图［M］.北京:中国电力出版社,2015.

［6］　Phadke A G, Thorpe J S.高翔,译.电力系统微机保护［M］.2版.北京:中国电力出版社,2011.

［7］　李宏任.实用继电保护［M］.北京:机械工业出版社,2002.

［8］　江苏省电力公司.电力系统继电保护原理与实用技术［M］.北京:中国电力出版社,2006.

［9］　洪佩孙,李九虎.输电线路距离保护［M］.北京:中国水利水电出版社,2008.

［10］　国家能源局.3kV～110kV电网继电保护装置运行整定规程:DL/T 584—2017［S］.北京:中国电力出版社,2017.

［11］　国家能源局.大型发电机变压器继电保护整定计算导则:DL/T 684—2012［S］.北京:中国电力出版社,2012.

［12］　国家电网公司.国家电网继电保护整定计算技术规范:Q/GDW 422—2010［S］.北京:中国电力出版社,2010.

［13］　IEEE Power Engineering Society. IEEE Guide for Protecting Power Transformers:IEEE C37.91［S］.2008.

［14］　李斌,隆贤林.电力系统继电保护及自动装置［M］.北京:中国水利水电出版社,2008.

［15］　许正亚.电力系统安全自动装置［M］.北京:中国水利水电出版社,2006.

［16］　林冶.智能变电站二次系统原理与现场实用技术［M］.北京:中国电力出版社,2016.

［17］　中国南方电网超高压输电公司,华南理工大学电力学院.高压直流输电系统继电保护原理与技术［M］.北京:中国电力出版社,2013.

［18］　韩笑.电力系统继电保护［M］.2版.北京:机械工业出版社,2015.

郑重声明

高等教育出版社依法对本书享有专有出版权。任何未经许可的复制、销售行为均违反《中华人民共和国著作权法》,其行为人将承担相应的民事责任和行政责任;构成犯罪的,将被依法追究刑事责任。为了维护市场秩序,保护读者的合法权益,避免读者误用盗版书造成不良后果,我社将配合行政执法部门和司法机关对违法犯罪的单位和个人进行严厉打击。社会各界人士如发现上述侵权行为,希望及时举报,本社将奖励举报有功人员。

反盗版举报电话　(010)58581999　58582371　58582488
反盗版举报传真　(010)82086060
反盗版举报邮箱　dd@hep.com.cn
通信地址　北京市西城区德外大街4号
　　　　　高等教育出版社法律事务与版权管理部
邮政编码　100120

防伪查询说明

用户购书后刮开封底防伪涂层,利用手机微信等软件扫描二维码,会跳转至防伪查询网页,获得所购图书详细信息。用户也可将防伪二维码下的20位密码按从左到右、从上到下的顺序发送短信至106695881280,免费查询所购图书真伪。

反盗版短信举报

编辑短信"JB,图书名称,出版社,购买地点"发送至10669588128

防伪客服电话

(010)58582300

网络增值服务使用说明

一、注册/登录

访问 http://abook.hep.com.cn/,点击"注册",在注册页面输入用户名、密码及常用的邮箱进行注册。已注册的用户直接输入用户名和密码登录即可进入"我的课程"页面。

二、课程绑定

点击"我的课程"页面右上方"绑定课程",正确输入教材封底防伪标签上的20位密码,点击"确定"完成课程绑定。

三、访问课程

在"正在学习"列表中选择已绑定的课程,点击"进入课程"即可浏览或下载与本书配套的课程资源。刚绑定的课程请在"申请学习"列表中选择相应课程并点击"进入课程"。

如有账号问题,请发邮件至:abook@hep.com.cn。